Zu diesem Buch

Der modernen Wissenschaft und Technik liegen zwei Illusionen zugrunde: die Vorstellung, es gebe eine globale Wahrheit, und die Annahme, die Wirklichkeit sei statisch und bestehe aus unabhängigen Elementen, die gegeneinander abgeschlossen sind und nicht aufeinander einwirken. Diesem traditionellen Paradigma stellen die Autoren aktuelle Entwicklungen im naturwissenschaftlichen Diskurs entgegen: die Theorie komplexer Systeme (Synergetik, Chaostheorie), die Theorie der gebrochenen Formen und Dimensionen (Fraktale), die Theorie sich selbst organisierender Automaten. Sie alle fordern, ja erzwingen eine neue Sicht von Wissenschaft und Wirklichkeit: Alles, was wirklich ist, ist endlicher, lokaler, in Wechselwirkung stehender Prozeß.

Dr. Peter Eisenhardt (Mitte), geboren 1953; Studium der Philosophie und Geschichte der Naturwissenschaften; Lehraufträge am Philosophischen Seminar und am Institut für Geschichte der Naturwissenschaften, Universität Frankfurt a. M.; arbeitet an einer Habilitationsschrift über Emergenz und Zeit. *Dan Kurth* (rechts), geboren 1953; Studium der Philosophie und Geschichte der Naturwissenschaften; zur Zeit Lehrauftrag am Institut für Geschichte der Naturwissenschaften in Frankfurt a. M. *Horst Stiehl*, geboren 1948; Studium der Physik, Philosophie und Geschichte der Naturwissenschaften. Weitere Buchveröffentlichungen der Autoren: *Physik und Evolution* (gemeinsam mit F. R. Krueger, 1984), *Emergenz und Dynamik* (Peter Eisenhardt und Dan Kurth, 1993).

Foto: Ralph Müller

Peter Eisenhardt/
Dan Kurth/Horst Stiehl

Wie Neues entsteht

Die Wissenschaften des Komplexen und Fraktalen

rororo

Rowohlt

rororo science
Lektorat Jens Petersen

Veröffentlicht im Rowohlt Taschenbuch Verlag GmbH,
Reinbek bei Hamburg, August 1995
Die Originalausgabe erschien unter dem Titel
«Du steigst nie zweimal in denselben Fluß:
Die Grenzen der wissenschaftlichen Erkenntnis»

Illustrationen Hans Baumer
Umschlaggestaltung Barbara Hanke

Gesamtherstellung Clausen & Bosse, Leck
Printed in Germany
1690-ISBN 3 499 19914 9

Ich sage also, daß nur das wirklich ist, was Wirkung ausübt, sei es, auf ein anderes einzuwirken, sei es, nur die kleinste Wirkung zu erleiden, und wäre es auch nur einmal. Ich definiere somit: Alles, was ist, ist Wirkung.

PLATON

Es gibt keine tabula rasa. Wie Schiffer sind wir, die ihr Schiff auf offener See umbauen müssen, ohne es jemals in einem Dock zerlegen und aus besten Bestandteilen neu errichten zu können. Nur die Metaphysik kann restlos verschwinden.

OTTO NEURATH

Inhalt

Traditionelle und kritische Ökologie

Finale

Anhang

Die Wahrheit

Draußen, weit draußen – es ist immer weit draußen –, liegt in einer Kammer ein Buch, darin steht die ganze Wahrheit. Ein schmaler Band, blaßrot eingebunden, Goldschnitt. Die Wahrheit ist knapp und klar. Es steht in dem Bändchen die genaue Anweisung, wie es zu finden sei.

Einleitung

Die Wissenschaft ist in eine Krise geraten, weil die *Abstraktion* die Macht ergriffen hat. Aber die Krise wird die Wissenschaft nicht zerstören. Indem diese ihre Grenzen erkennt und Konsequenzen daraus zieht, wird eine neue, konkrete Wissenschaft entstehen.

Wir versuchen, die Grenzen der Wissenschaft mit wissenschaftlichen Mitteln abzustecken. Wir ziehen die Konsequenzen aus der neuen Mathematik des Konkreten (Fraktale*, Theorie zellulärer Automaten) und der neuen Physik und Mathematik komplexer Systeme (Synergetik, Katastrophentheorie) – die bisher sogenannte neue Physik, nämlich die Relativitätstheorie als makroskopische Theorie der Wechselwirkung kosmologischer Systemklassen (Galaxien) und die Quantentheorie als mikroskopische Theorie der Wechselwirkung von Elementarteilchenklassen, wird zur klassischen Physik. Diese setzt auch eine klassische Mathematik voraus, insbesondere die platonische, das heißt von unwandelbaren Wesenheiten ausgehende Mengenlehre, den Infinitesimalkalkül und die klassische Wahrscheinlichkeitstheorie. Wir beabsichtigen dabei, über die bisherigen populären Darstellungen dieser Thematik hinausgehend die grundlegenden ontologischen Konsequenzen und die damit verbundenen prinzipiellen Grenzen wissenschaftlicher Vernunft aufzuzeigen.

Die Hauptthese lautet: Die heutige neue Naturwissenschaft (und Mathematik) stößt an die Grenzen ihrer eigenen und der wissenschaftlichen Begriffsbildung überhaupt, indem sie sich *präzise* an das Individuelle, Nichtreproduzierbare und Nichtwiederholbare annähert: an die Singularität von Naturprozessen, den *Prozeß des Singulären.*

Letztlich erzählt sie die Geschichte der Natur.

* Fachbegriffe werden im Glossar genauer erklärt.

Die neue Wissenschaft bildete sich aus den unlösbaren Problemen der klassischen, die ihre Grenzen schon lange erreicht hatte.

Wir gehen von dem Prüfbarkeitsprinzip aus, welches besagt, daß wir nur darüber sprechen können, was mit uns direkt oder vermittelt in Wechselwirkung steht, wobei nicht nur wir selbst, sondern alles, was existiert, Wechselwirkung ist. Das Paradoxon der modernen Naturwissenschaft besteht darin, daß sie ihre eigenen ontologischen Voraussetzungen, die sie jahrhundertelang zu immer erfolgreicheren Naturerklärungen geführt haben, von innen heraus zerstört. Die allgemeinste noch haltbare Theorie sagt dann aus, daß die Natur aus fluktuierenden Singularitäten (Wechselwirkung) besteht, deren Verknüpfung (Algebra) von der Wissenschaft zu leisten ist – sie zwingt (präpariert) damit das Konkrete, Nichtreproduzierbare zur abstrakten, reproduzierbaren Wiederholung.

Im Verlauf der Argumentation geben wir einen Überblick über die Ergebnisse der Physik und Mathematik. Unsere Argumentation ist eng an die Resultate der Wissenschaften angelehnt beziehungsweise die äußerste, aber noch gedeckte Konsequenz daraus. Darin unterscheiden wir uns von den vielen, die meist nur die klassische Physik und Mathematik voraussetzen und dann zu weit reichende und ungedeckte Schlüsse ziehen, und von den wenigen, die zwar von einigen neuen Ergebnissen ausgehen, aber zu vage und zu allgemeine Folgerungen daraus herleiten. Auch wenn wir uns insbesondere mit der neuen Physik und Mathematik komplexer Systeme befassen, so sollen doch hier in der Einleitung auch die Kosmologie und Quantenfeldtheorie ihre Rollen als bekannte Beispielgeber spielen. Unsere Überlegungen haben auch Konsequenzen für *diese* Theorien.

Krisis der Wissenschaft

Wenn man eine Sache auf die Spitze treibt, kann es geschehen, daß sie abbricht. Diese alltägliche Einsicht behält ihre Wahrheit auch dann, wenn es sich um Angelegenheiten von Staaten, Völkern oder Kulturen handelt.

Es lassen sich genügend Beispiele dafür angeben, daß einseitige

Übertreibungen zum Untergang derjenigen führten, die sie praktiziert haben. Was aber geschieht, wenn die Einseitigkeiten und Übertreibungen gar nicht bewußt geplant und praktiziert werden? Immer wenn solche Einseitigkeiten gleichsam Bestandteile des kollektiven Unbewußten der Menschen einer bestimmten Epoche sind, dann sind eben nicht nur einzelne oder bestimmte Gruppen vom Untergang bedroht, sondern es geht diese Epoche als ganze ihrem Ende entgegen.

Das ist in unseren Tagen das Schicksal der Epoche der wissenschaftlichen Vernunft. Das soll nun beileibe nicht heißen, die Wissenschaft habe versagt, sie schade den Menschen mehr als sie ihnen nütze, sie gebe keine Antwort auf die wirklich wichtigen Fragen des Lebens und wie die bekannten Vorwürfe noch lauten mögen. An manchen dieser Vorwürfe ist «etwas» dran, aber so pauschal, wie sie im allgemeinen vorgebracht werden, sind sie schlichter Unsinn. Die Wissenschaft ist keineswegs am Ende oder hat versagt, vielmehr geht die Epoche ihres weltgeschichtlichen Aufstiegs und ihrer Durchsetzung zu Ende. Das ist etwas anderes.

Dabei ist von größter Bedeutung, daß dieser Epochenwechsel von den Ergebnissen der neuesten naturwissenschaftlichen Ansätze selbst in besonderer Weise mitverursacht und begründet wird. Der auf Idealisierung und Abstraktion beruhende physikalistische Objektivismus wird mittlerweile als ungenügend für den Zweck erkannt, die vorwissenschaftliche «Lebenswelt» zu erfassen, und aus gleichartigen Gründen als unzureichend sogar für zentrale Probleme der wissenschaftlichen Forschung selbst angesehen. Immer dann, wenn es sich um komplexe Systeme handelt, die durch ein sehr hohes Maß an beteiligten Wechselwirkungen gekennzeichnet sind, erweist sich die grundsätzliche Methode der traditionellen Wissenschaft, nämlich die Abstraktion, als langfristig ungeeignet. In allen derartigen Fällen tritt nämlich die Klasseneigenschaft solcher Systeme, das heißt ihre Zugehörigkeit als Element zu einer Menge beziehungsweise Klasse gleicher Systeme, über die man generelle Gesetzesaussagen machen kann, in den Hintergrund und ihre konkrete Individualität, also ihr Singularitätscharakter, in den Vordergrund. (Ein gutes Beispiel bieten hier ökologische Systeme.)

Thales und die thrakische Magd

Die Idealisierung oder, genauer, Abstraktion läßt sich auf die methodischen Anfänge unserer Wissenschaft im heutigen Verständnis zurückführen. Und diese Anfänge lagen in Griechenland – genauer gesagt bei den sogenannten Vorsokratikern. Sie führten, ursprünglich vor allem in der Astronomie, die Mathematisierung beziehungsweise Quantifizierung als Grundparadigma wissenschaftlicher Forschung ein, die später in axiomatischer Form Euklid für die antike Mathematik vollendete. Sie setzten die Geometrisierung des Raums und die Linearisierung der Zeit (bei Aristoteles endgültig) durch. Die Atomisten stellten die Welt, den Kosmos als aus kleinsten Teilchen zusammengesetzt dar, die hinsichtlich ihrer Gestalt, Form, ihrer Anordnung untereinander und ihrer Lage klassifiziert werden können. Die Welt wird also als ein Baukasten angesehen, dessen Konstruktionsprinzipien letztlich ebenso einfach anzugeben wären wie die unterschiedlichen Arten von Bausteinen.

Der Stammvater dieser Zauberlehrlinge aber war Thales, der etwa 620 bis 550 v. Chr. in Milet gelebt hat. Über ihn gibt es eine Anekdote, die besagt, daß er eines Tages bei der Beobachtung von Himmelserscheinungen in einen Graben gefallen sei. Da habe ihn dann eine thrakische Magd ausgelacht und gemeint, wie er denn irgend etwas von Himmelserscheinungen wissen wolle, wenn er nicht einmal sehe, was vor seinen Füßen liege.

Diese Frau hat gleich in zweierlei Weise unrecht gehabt. Einmal galt Thales als ein sehr guter Astronom seiner Zeit, was er durch die Voraussage einer Sonnenfinsternis bewies. Wichtiger aber ist der Irrtum der thrakischen Magd in anderer Hinsicht: Von Astronomie im besonderen und von abstraktiv verfahrender Wissenschaft im allgemeinen versteht man nämlich überhaupt *nur dann* etwas, wenn man sich nicht darum kümmert, was einem vor den Füßen liegt.

Zur Genugtuung aller thrakischen Mägde und der Vollständigkeit halber sei noch hinzugefügt: Dann fällt man aber auch erst richtig in den Graben – und sei es mit 2500 Jahren Anlauf.

Die Welt aus kleinsten Teilchen?

Aus den Überlegungen der Quantenfeldtheorie geht hervor, daß die Welt nicht aus kleinsten, fundamentalen Bausteinen besteht, aus denen alles «zusammengesetzt» wäre. Der erste, der dies mit äußerster Schärfe gesehen hat, war kein Geringerer als Werner Heisenberg. Er wandte sich gegen das Quarkmodell, das Murray Gell-Mann Anfang der sechziger Jahre aufgrund rein mathematischer Symmetrieüberlegungen einführte (die er zudem von Heisenberg übernahm, der damit freilich anderes im Sinn gehabt hatte).

Es gibt kein Baukastenprinzip. Die Teilchen (auch gerade die «Quarks» oder gar ihre «Teile», die sogenannten «Rischonen») sind «Darstellungen von Symmetriegruppen» (Heisenberg); der Begriff des «Teilchens» ist nur eine platonische Abkürzung für Invarianzen von Wechselwirkungen beziehungsweise Enden von Reaktionskanälen (in der S-Matrix-Theorie). Es ist leider noch kaum bis in die Sachbücher vorgedrungen, daß es eine klare, empirisch angemessene und mathematisch fruchtbare Alternative zum Quark-Baukastenprinzip der Weinberg, Gell-Mann unnd Fritzsch gibt.

Nach Heisenberg ist eine Unterscheidung von «Elementarteilchen» und zusammengesetztem System völlig willkürlich. In unserem Zusammenhang interessiert jedoch folgendes: «Die Teilchen können erzeugt und vernichtet werden, sie können in andere umgewandelt werden, und damit geht die Unterscheidung zwischen elementaren Teilchen und zusammengesetzten Systemen verloren. Es ist wichtig, sich klarzumachen, daß daher die gesamte Grundlage für einen atomistischen Materialismus im Sinne der demokritischen Philosophie zerstört wird. Schon der Begriff des ‹Teilens› verliert seine Bedeutung, wenn ein sehr kleines Materiestück geteilt werden soll; denn der Teilungsprozeß erfordert Energie, und wenn die Energie genügend hoch ist, kann das Ergebnis des Prozesses eher als die Erzeugung neuer Teilchen aus Energie als eine Teilung des ursprünglichen Materiestücks interpretiert werden» (Heisenberg, Vorlesung, Dubrovnik 1974).

Heisenberg baute also nicht auf Demokratie, sondern auf Plato, nicht auf die russischen Püppchen, aber doch auf *Sein*, nicht Werden, auf *Natur*, nicht Geschichte. Dies ist unser Stichwort: In der

Quantenfeldtheorie geht es um die Beschreibung der Geschichte des einmaligen Universums. Die Grundkräfte differenzierten sich nämlich im Laufe dieser Geschichte aus *einer* Kraft aus; im heutigen, quasi abgekühlten und erstarrten Zustand können wir vier Kräfte (und die dazugehörigen «Teilchen») unterscheiden. Diese Ausdifferenzierung kann als eine Phasenumwandlung in einem abstrakten Raum angesehen werden. (Die sogenannte «Blasentheorie» von Stephen Hawking bietet ein anderes Bild von der Entstehung des Universums und wäre – in einer wesentlich veränderten Form – akzeptabler als die Urknalltheorie.)

Es geschieht hier ein einmaliges, nichtreproduzierbares Experiment: Natur genannt.

Dies soll unsere Gewichtung sein: Wir können nichts über Anfang und Ende des Kosmos sagen, es gibt keinen Gesamtüberblick, keine Kette von Ursache und Wirkung, gar eine Anfangsursache. Wir halten es hier mit dem wieder sehr aktuellen Ernst Mach: «In der Natur gibt es keine Ursache und keine Wirkung. Die Natur ist nur *einmal* da. Wiederholungen gleicher Fälle, in welchen A immer mit B verknüpft wäre, also gleiche Erfolge unter gleichen Umständen, also das Wesentliche des Zusammenhangs von Ursache und Wirkung, existieren nur in der Abstraktion, die wir zum Zwecke der Nachbildung der Tatsachen vornehmen.»

Singularität und Prozeß

Das Universum ist eine Singularität – das ist unsere Formulierung des Machschen Satzes «Die Natur ist nur *einmal* da». Im Grunde folgt daraus alles weitere: Wenn es keine Klasse von Universen gibt, von der unseres ein Element ist (ein Element der Menge Multiversum) – und *nichts* Empirisches spricht dafür –, so gibt es strenggenommen auch keine allgemeinen Gesetze dieses Kosmos. Wir schneiden immer nur Teilstücke heraus, *machen* sie ähnlich und *zwingen* sie unter eine allgemeine Gattung. Das läßt sich gut am Zeitbegriff nachvollziehen: Die Parameterzeit ist nichts anderes als die platonisierte Eigenzeit des größten, uns noch gerade erreichbaren Teils des Universums; empirisch gesehen gibt es keine lineare

Parameterzeit, denn die Zeit ist eine evoluierte Größe. Es reicht nicht aus, das Universum als ein dynamisch verwobenes Netz von Potentialitäten zu sehen, aus denen Teilchen entstehen und verschwinden.

Wir kommen an die Grenzen der wissenschaftlichen Erkenntnis: das Individuelle, die empirisch nicht reproduzierbare Singularität, mit je verschiedenen, nicht vergleichbaren Eigenzeiten, ausgeschnitten aus einem chaotischen Prozeß, dem nur durch zwanghafte Verknüpfung eine Richtung gegeben wird (Selbstorganisation, Verfall).

Wesentlich in diesem Zusammenhang ist die von uns entwickelte *Emergenztheorie*, das heißt eine Theorie, die allgemein die Entstehung neuer Systemeigenschaften aus alten beschreiben kann. Sie ist die empirische Beschreibung der *reproduzierbaren Prozesse*, die Neues aus sich gebären. Sie erfaßt das, was gerade noch im Prozeß der Welt theoretisch erfaßbar ist. Sie blickt in den Instabilitätspunkt hinein, den Punkt, an dem ein System sich wesentlich ändert; der Punkt, an dem Wasser zu kochen beginnt oder eine Supernova explodiert.

Was aber bleibt übrig nach der Aufgabe aller und auch noch dieser letzten ontologischen Hypostasierungen, die *jede* Theorie voraussetzen muß? – Nur mehr die Bewegung, der Prozeß des Entstehens und Vergehens, des Werdens und Nichtens, der aber kein Prozeß von *etwas* ist; nicht etwas entsteht oder vergeht – vielmehr ist das Entstehen und Vergehen nur das Spiel der Wellen auf der Oberfläche des Nichts. Aber erst diese Wellen, die Fluktuationen lassen das Nichts Ereignis werden, machen es sozusagen sichtbar von Augenblick zu Augenblick und verbergen es zugleich.

So ist der Fluß, in den wir nicht zweimal steigen können, ohne daß er ein anderer geworden ist, eher ein Meer – denn: «Sich wandelnd ruht es» (Heraklit, Fragment 70).

Das Buch im Überblick

Im ersten Kapitel, «Abstraktion und Wirklichkeit», wird die Machtergreifung und die Machtausübung der Abstraktion vorgeführt. Um 500 v. Chr. beschlossen einige Griechen, bestimmte Argumentationsformen und Begriffe einzuführen, die sich grundlegend von der damals üblichen Art und Weise unterschieden, die Wirklichkeit aufzufassen, Informationen mitzuteilen und damit eine allen gemeinsame Welt zu konstruieren. Sie erklärten, man müsse bestimmte Sätze «beweisen», und zwar aus «ersten Gründen», aus Gründen, die sich schließlich auf Gegenstände bezogen, deren Unanschaulichkeit nur noch von ihrer Unverständlichkeit übertroffen wurde.

Bis dahin hatte man in einem stabilen, alles beschreibenden und Götter beschwörenden Riten einbeziehenden universellen System gelebt – dem Mythos. Sein Gehalt bestand im wesentlichen aus einer erzählenden Struktur, die nur eine überschaubare Zahl von Handlungsverläufen zuließ. Im Mythos handelten personifizierte Naturvorgänge und -gegenstände, hauptsächlich solche des Sternenhimmels, da diese konstant wiederkehrenden Phänomene (Sonnenauf- und -untergänge, Planetenkonstellationen) besser als das eher chaotische Geschehen auf dieser Erde in wenigen «Stories» aufzuschreiben (als man es konnte) und zu überliefern waren.

Aus diesem Mythos kristallisierte sich dann eine Weltauffassung heraus, die alle für eine Kultur wichtigen Dinge und Objekte in systematisierenden Listen aufzählte, ähnlich einem Warenhausbestellkatalog. Wenn alles bekannt war, hatte man alles begriffen. Auch die Sterne und Planeten hatte man benannt, und es wurden Listen aufgestellt, wann sie auf- und untergingen. Das reicht ja doch – was wollte man mehr? Nun stelle man sich vor: Da behauptete ein gewisser Thales aus Milet, alles bestehe aus – Wasser! Was, wie jeder leicht nachprüfen kann, offensichtlich falsch ist. Er behauptete ebenfalls, daß die Basiswinkel im gleichschenkligen Dreieck gleich seien. Und er sagte, man müsse es beweisen und er könne es. Was, wie jeder sieht – nämlich am gezeichneten Dreieck – offensichtlich überflüssig ist. Was soll man nun dazu sagen?

Thales behauptete nicht, daß alle Dinge naß seien, sondern daß es eine *Tiefenstruktur* der Welt gebe, die sich wesentlich von einer sinnlich wahrnehmbaren Oberflächenstruktur oder systematisierten Erzählstruktur unterscheide; sein «Wasser» bedeutete also eine abstrakte Substanz, den Stoff, aus dem die Welt im Grunde besteht – so wie heute die Physiker behaupten, die Welt bestehe letztlich aus Quarks und Elektronen. (Die Nachfolger von Thales begnügten sich dann nicht mehr mit dem Wasser, sondern sprachen vom «Unbegrenzten» oder dem «Einen».) Thales behauptete zudem nicht, daß man alles und jedes beweisen müsse. Aber gerade in der Mathematik, die bisher sehr anschaulich betrieben worden sei, müsse man einfache Begriffe finden, die als nicht mehr zu diskutierende Grundlage (Axiom) für alle anderen dienen sollten. Zwar war noch eine gewisse Anschaulichkeit vorhanden («beweisen» kommt von «zeigen», «mit dem Finger oder Stock im Sand vorführen»; Demonstration!), aber das Hauptgewicht lag auf der sprachlichen und begrifflichen Abstraktheit der Zeichen: «Ein Punkt ist, was keine Teile, sondern nur eine Lage hat», wie später Euklid sagte.

Es gibt also sowohl in der Wirklichkeit wie im Denken unanschauliche, abstrakte Gegenstände, aus denen alles andere abgeleitet werden muß. Diese Illusion beherrscht uns seitdem im Innersten, besonders seit die Pythagoräer postulierten, daß die abstrakten Gegenstände des formalen Denkens, die Zahlen, allem zugrunde lägen.

Wir zeigen, daß die Geschichte der westlichen Wissenschaft die Geschichte dieser Abstraktion und damit der Verdrängung der Wirklichkeit war. Wir zeigen dies zum Beispiel anhand des Griechen Parmenides, der behauptete, daß das Sein ist und das Nichts nicht ist. Seiner Aussage ist sicher erst einmal nicht zu widersprechen. Doch hatte Parmenides einen Schüler mit Namen Zenon, der glaubte zeigen zu können, daß es keine Bewegung gibt! Und zwar folge dies aus dem Satz des Parmenides.

Nun ist «Bewegung» einer der Grundbegriffe der Physik. Zenon war der abstrakte Katalysator der Geschichte einer noch abstrakteren Wissenschaft, die schließlich über die Infinitesimalrechnung zur neueren Physik schritt – immer wirkte untergründig Zenon –, wo der grundlegende Zustandsbegriff sich vollends durchsetzte. Er bezieht sich auf die Bewegung von Teilchen. Die Zenonschen Paradoxien waren jedoch nur verdrängt, nicht inhaltlich überwunden.

Man weiß eigentlich nicht, wovon man spricht: «Was ist Bewegung?» – «Gibt es letzte Teilchen?» Diese Fragen, die bereits Zenon stellte und aus denen er seine Paradoxien ableitete, hat auch die zeitgenössische Wissenschaft nicht beantwortet.

Die Herrschaft der Abstraktion in der Wissenschaftsgeschichte führt innerlich zwingend an die Grenzen der wissenschaftlichen Begriffsbildung. Sie hat nicht nur Paradoxien zur Folge, sondern verdrängt darüber hinaus durch die Einführung immer abstrakterer Grundbegriffe immer größere Bereiche der Wirklichkeit, die die Wissenschaft doch eigentlich erfassen will. Eine Lösung – sowohl der Paradoxien als auch des Verdrängungsdilemmas – kann nur in der Einführung konkreterer und trotzdem leistungsfähiger Begriffe bestehen. Genau dies geschieht im Augenblick. Wir stehen also wirklich an einem Wendepunkt.

Diese Überlegungen fordern dazu auf, sich einmal systematisch – nicht nur historisch – mit den notwendigen Bedingungen wissenschaftlichen Denkens und in diesem Zusammenhang mit dem Wirklichkeitsbegriff auseinanderzusetzen.

Wir zeigen, daß die notwendigen Bedingungen wissenschaftlichen Denkens in *Klassifikation, Verallgemeinerung* und *Reproduktion* bestehen. Als Wissenschaftler muß man einen Gegenstandsbereich in Klassen aufteilen, von einer Teilklasse auf andere Teilklassen schließen, bestimmte Teilklassen von der Umgebung abschirmen und jede Manipulation an ihnen wiederholen können. Der Wissenschaftler bezieht sich auf keine an sich seiende, von allen Theorien unabhängige Wirklichkeit. Aber die notwendigen Bedingungen, denen er unterworfen ist, zwingen ihm diese Ansicht auf, so wie sie ihm die Auffassung aufzwingen, die Wirklichkeit sei statisch, homogen und global strukturiert.

Diese Diskussion führen wir im zweiten Kapitel, «Statik und Dynamik». Wir zeigen dort, daß der Wissenschaftler seine Abstraktionen für die Wirklichkeit hält und nicht klar und deutlich sieht, daß die Wissenschaft eine unentwirrbare Mischung aus Abstraktion und Wirklichkeit erfaßt. Wissenschaft besteht in der Bildung von Modellen und nicht in der Abspiegelung einer an sich existierenden Realität. Heutzutage sind wir in der Lage, immer feiner strukturierte Modelle zu bilden und immer mehr Modelle miteinander zu kombinieren. Wenn wir nun diesen Prozeß der Verfeinerung und Kombination idealisieren, das heißt uns vorstellen, wir könnten ihn genauestens und mit höchster Präzision bei vollkommener Übersicht bis ins Unendliche fortführen, sähen wir ganz in der Ferne eine Grenze, an die wir möglicherweise bei immer weiterer Vollendung stießen. Diese Grenze, die wir faktisch niemals erreichen, da wir endliche Wesen sind und somit einen unendlichen Prozeß niemals durchlaufen können, nennen wir «Wirklichkeit». Modelle zu verfeinern und zu kombinieren ist uns konstruktiv möglich; es liegt in unserer Hand, auf diese Weise Schritt für Schritt zu operieren. Es liegt aber keineswegs in unserer Hand, beliebig viele Verfeinerungen und Kombinationen von beliebig vielen Modellen durchzuführen. Wir können uns dies denken und daher «Wirklichkeit» auf diese Weise durch einen Grenzprozeß definieren. Denken und Definieren ist etwas ganz anderes als eine konstruktive Durchführung, als ein Prozeß, der Schritt für Schritt zu einer Grenze führen *würde, könnte* man alle diese unendlich vielen Schritte wirklich durchführen.

Unsere Modelle weisen eine Struktur auf, das heißt, ihre Teile sind aufeinander bezogen und geordnet, sie sind selbstverständlich abstrakte Modelle, die immer weiter konkretisiert werden können. Dies geschieht durch Verfeinerung und Kombination. Die Ordnung und Relation, die entsteht, wenn wir den oben beschriebenen Prozeß der Konkretisierung sehr weit durchführen, nennen wir «Form» im Gegensatz zu «Struktur», der Ordnung der Modelle. Form ist also die Ordnung der Wirklichkeit. Wir zeigen außerdem, daß in der Abstraktion, also den Modellen, die *Zeit* ausgeschaltet wird.

Ein Beispiel für die Erfassung der Mischung von Wirklichkeit und Abstraktion wollen wir hier nennen. Die Physiker fassen das Elektron als ein punktförmiges Objekt auf, das von virtuellen Photonen umschwirrt wird. Virtuelle Photonen sind solche, die man theoretisch postuliert, die aber prinzipiell nicht gemessen werden können. Abstraktion! Ein punktförmiges Teilchen, das heißt ein Teilchen ohne innere Struktur? Abstraktion. Aber hier heißt es vorsichtig sein. Die Punktförmigkeit ist eine sehr vorläufige Annahme und auch nicht haltbar. Auch für Elektronen postuliert man jetzt eine innere Struktur – und warum? Es sieht auf den ersten Blick so aus, als würde man es aus theoretischen Gründen tun. Das ist nur in einem sehr eingeschränkten Sinne der Fall: Man kommt doch immer mehr zu der Überzeugung, daß es keine letzten Teilchen gibt, daß wir Teilchen in Beschleunigern *erzeugen* und nicht von jedem Meßprozeß unabhängige Bauklötzchen sammeln. Damit nähert man sich endlich der Heisenbergschen Auffassung, daß jedes Teilchen sozusagen aus allen «besteht». Wenn wir also *messen*, messen wir die innere Struktur des Elektrons, keinen Punkt. Wirklichkeit! In diesem Beispiel haben wir Wirklichkeit und Abstraktion aus Gründen der Anschaulichkeit getrennt. Aber wir müssen immer bedenken: Dies ist eigentlich nicht möglich.

Bezugnehmend auf die notwendigen Bedingungen wissenschaftlicher Denkweise und ihre Folgen für die Wirklichkeitsauffassung der Wissenschaftler, nämlich ihre Unterwerfung unter die Illusionen der Abstraktion, stellen wir Postulate auf, wie man die Wirklichkeit möglichst abstraktionsfrei auffassen könnte. Wir sagen:

1. Die Wirklichkeit ist *prozessual* und keineswegs statisch, sie wird und ist wesentlich in der Zeit.

2. Die Wirklichkeit ist diskret und *heterogen*, keineswegs kontinuierlich und homogen-identisch.

3. Die Wirklichkeit ist *lokal* und keineswegs global überschaubar, sie ist jeweils nur örtlich – an den Orten möglicher Beobachtung – strukturiert.

4. Die Wirklichkeit ist *Wechselwirkung*, nicht an sich seiend, sie ist überhaupt nur, insofern sie auf einen Beobachter (der zum Beispiel auch ein Meßinstrument sein kann) eine Wirkung ausübt und von diesem Beobachter eine Wirkung erleidet.

Dieser wechselseitige Prozeß, in dem lokal diskrete Größen ausgetauscht werden, konstituiert erst die Wirklichkeit.

Nehmen wir die Kosmologie als Beispiel. Die sogenannte Urknallhypothese geht davon aus, daß bei einer bestimmten hohen Temperatur vor mehreren Milliarden Jahren die Materie sich in einem undifferenzierten, eher homogenen Zustand befand, bis sich die jetzigen Teilchen ausdifferenzierten. (Über den Urknall als solchen – zum «Zeitpunkt» des Knalls – läßt sich nichts aussagen; er fand auch an keinem «Ort» statt – der Raum entstand ja erst.) Dieser Vorgang, bei dem die Teilchen entstanden seien, soll sich schließlich global ausgebreitet haben, was wir noch an der sogenannten Hintergrundstrahlung sehen. Und diese Geschichte vollzog sich selbstverständlich «an sich» wirklich. Hier haben wir alle Bestandteile einer abstrakten Wirklichkeitsauffassung: statische letzte Teilchen, einen grundlegenden homogenen Zustand, eine durchgehende Globalisierung, einen an sich seienden Vorgang oder dann besser: Zustand. Zu unserer eher konkreteren Wirklichkeitsauffassung würde eine Theorie passen, die von mehreren «Blasen» (Hawking) ausgeht statt von einem mystischen Urknall. «Teilchen» dürften nur als vorübergehende Wechselwirkungsergebnisse gelten, die lokal von Apparaten erzeugt werden. Eine Globalisierung, die den gesamten Kosmos umfaßt, dürfte nur mit größten Vorbehalten erfolgen.

Alle Instrumente sind nun bereitgestellt, um ein Problem zu formulieren, einzuschätzen und zu lösen, das eng an das Bewegungsproblem gekoppelt ist: Wie entsteht genau eine neue Eigenschaft, wie emergiert ein neuer Zustand aus einem alten? Die Wissenschaft mit all ihren Abstraktionen hat die Paradoxien der Bewegung übergangen, einen Bewegungskalkül (Infinitesimalrechnung) aufgestellt und einen grundlegenden Bewegungszustand von Teilchen definiert. Damit jedoch hat sie einen riesigen, ja den überwiegenden Teil der Wirklichkeit ausgeblendet: diese prozessuale, chaotische, wirre und sich immer wieder neu organisierende und neue Vorgänge produzierende Welt. Die Welt unter dem Monde, wie Aristoteles gesagt hätte. Denn über dem Mond, wo die Sterne und Planeten sich befinden, gehe es ruhig und geordnet zu. Für die Astronomie gibt es keine Zeit, denn sie kann die Planetenstände auf Jahrmillionen voraus- und zurückberechnen. Aber die Welt «unter dem Monde» ist überall. Dies beginnt die Wissenschaft schließlich langsam zu bemerken. Ihr Vorbild ist nicht mehr die Astronomie und die Physik, sondern die Biologie und die konkret anwendbare Mathematik.

Im letzten Abschnitt von «Statik und Dynamik» führen wir das Hauptproblem des nachfolgenden Kapitels, «Dimension und Emergenz», ein. Wir zeigen, daß die Wissenschaft inzwischen konkretere Begriffe zur Verfügung hat, sowohl um das Bewegungsproblem zu lösen als auch das Problem der Emergenz, das heißt der Entstehung neuer Eigenschaften.

Wir gehen folgendermaßen vor: In enger Anlehnung an Zenons Bewegungsparadoxon (es gibt keine Bewegung, weil man, um eine endliche Strecke zu durchlaufen, erst die Hälfte der Strecke zurücklegen muß, aber um dies zu tun, erst die Hälfte der Hälfte, aber um dieses Viertel zu durchlaufen, erst ein Achtel geschafft haben muß usw.) formulieren wir ein Paradoxon der Emergenz: Der neue Zustand muß zum alten in irgendeinem Verhältnis stehen; wenn er das tut, kann man ihn auf den alten reduzieren, somit ist nichts Neues entstanden; wenn er aber in keinem Verhältnis zum alten Zustand steht, ist dies alles völlig unbegreiflich und eher ein Wunder als ein wissenschaftlich erfaßbarer Vorgang – man kann gar nicht sinnvoll darüber reden.

Dann lösen wir beide Paradoxa auf. Unsere Auflösung liegt dann in Form von neuen Theorien vor: einer Bewegungs- und einer Emergenztheorie, wobei wir für die Formulierung der letzteren eine bestimmte Theorie diskreter Bewegung benötigen.

Die Wissenschaft hat bisher immer versucht, die «Welt unter dem Monde» zu ignorieren oder sie auf Bewegungszustände zu reduzieren. Es gibt also zwei grundlegende «Zustände» in der Wissenschaft, der eine mehr der Physik, der andere eher der Biologie zugeordnet: der «Zustand» der Bewegung und der «Zustand» der Formentstehung. Schon Aristoteles unterschied zwischen beiden und nannte sie «Ortsbewegung» und «Entstehen und Vergehen». Der Begriff «Zustand» soll ausdrücken, daß eine grundlegende mathematische Formulierung möglich sei.

Im Hintergrund haben wir immer unsere Wirklichkeitsauffassung, die nicht mehr der Illusion der Abstraktion unterliegt. Kann aber eine Wissenschaft, die ihre eigenen Abstraktionen durchschaut hat, mehr sein als das ursprüngliche Staunen: Jedes Ereignis ist neu!? Sie kann.

Wir machen zunächst plausibel, daß die Katastrophentheorie René Thoms und die Synergetik Hermann Hakens, daß beide Theorien, die emergente Vorgänge mathematisch erfassen wollen, ihre Abstraktionen noch nicht durchschaut haben, wenn sie auch nahe daran sind. Diese Theorien reichen also noch nicht aus, um emergente Phänomene zu erfassen. Sie ermöglichen keine Analyse des Vorgangs im Zeitpunkt der Neuentstehung einer Struktur, sondern zeigen nur, unter welchen Bedingungen ein bisher stabiles System plötzlich instabil wird, zusammenbricht und wieder in einen neuen, andersartigen stabilen Zustand hineinläuft. Die Synergetik kann, wenn man ihr die Bedingungen kurz vor einem Instabilitätspunkt angibt, voraussagen, welche neuen Strukturen entstehen werden. Wenn man ihr zum Beispiel die Konzentrationen bestimmter chemischer Substanzen in einem Pflanzenstengel vorgibt, kann sie prognostizieren, welche Blattform diese Pflanze ausbildet, nachdem die Konzentrationen eine bestimmte kritische Höhe (den Instabilitätspunkt) überschritten haben. Diese Höhe kann sie berechnen. (Das Beispiel ist zur Veranschaulichung extrem vereinfacht.)

Die Katastrophentheorie kann verschiedene Instabilitätsformen klassifizieren. Nachdem wir einen einfachsten Fall der Entstehung einer neuen Eigenschaft konstruiert haben, entwickeln wir unter steter Bezugnahme auf die Theorie der «Fraktale» von Benoit Mandelbrot eine eigene Theorie der Emergenz. Mit ihrer Hilfe ist es möglich, genau das zu leisten, was die bisher aufgestellten Theorien nicht konnten: Wir sehen «in» den Instabilitätspunkt hinein! Das gelingt uns dadurch, daß wir die Entstehung einer neuen Eigenschaft wie durch eine Lupe betrachten. Die Theorie der Fraktale gestattet es uns, den Punkt der Dimension Null durch ein Gebilde der Dimension *zwischen* Null und Eins, also zwischen Punkt und Linie, zu simulieren. Fraktale sind nämlich gebrochen-dimensionale Gebilde. Natürlich können wir das auch mit einer Linie oder Fläche tun. Dadurch erhalten wir mehr Information über den Vorgang präzise im Punkt der Neuentstehung.

In diesem Kapitel geben wir auch kurze Einführungen in die Katastrophentheorie, die Synergetik und die Theorie der Fraktale.

Unsere Emergenztheorie ist noch eine qualitative Theorie in dem Sinne, daß sie eine heuristische Anleitung für eine durchgehende mathematische Formulierung sein soll. Wir stehen hier noch auf der Ebene der Begriffe und Beispiele. Eine Theorie der Emergenz ist eines der wichtigsten Desiderate der postmodernen Naturwissenschaft: Wir können dichter an die Entstehung der gebrochenen Formen der Welt heranrücken, wir können in den Punkt der Verzweigung sehen, dorthin, wo sich die Linien des lokalen Weltprozesses spalten und das Neue (in jeder Form) emergiert, sei es in der Embryogenese, in der Ökologie, in der Elementarteilchenphysik oder in der Alltagswelt beim kochenden Wasser.

Im vierten Kapitel, «Traditionelle und kritische Ökologie», wird die neue Sehweise von Wissenschaft, Evolution und Emergenz auf die Ökologie angewandt. Wir kritisieren, daß die traditionelle Ökologie die Natur eher als ein stabiles Gleichgewichtssystem behandelt, in das der Mensch von außen eingreift, dadurch den Frieden mit der Natur stört und sie so erst ins Ungleichgewicht bringt. Doch ist nicht nur zu bedenken, daß die Natur, mit der wir es zu tun haben, eine von Grund auf künstliche ist, auch die «natürliche» Natur ist kein Gleichgewichtssystem, sondern läuft wesentlich über Instabilitätspunkte. Hier wäre die Anwendung der Katastrophentheorie nur von ihrem Namen her angebracht. Neunzig Prozent aller Arten sind ausgestorben, nicht vom Menschen ausgerottet worden. Vor vielen Millionen Jahren starb fast jedes Leben auf dieser Erde, als die sauerstoffatmenden Lebewesen die sich von Gärung «ernährenden» Lebewesen ausselektierten.

Aber immer wieder entstanden neue Arten.

Konklusion: Unsere zufällige Kultur soll durch eine kritische, evolutionäre Ökologie konkret vernetzter emergenter Systeme gerettet werden, nicht die Natur, wie es die traditionelle (statische und ideologische) Ökologie uns weismachen will.

Im Schlußkapitel, dem Gespräch «Über die Bewegung», wird ein roter Faden des Buches zu einem Knoten geschürzt, den dann die konkrete Forschung auflösen möge: Der Grundbegriff der Physik, die (kontinuierliche) Bewegung, soll abgelöst werden durch den Grundbegriff einer *diskreten Zustandsänderung* aller möglichen, auch komplexen Vorgänge. Bewegung wäre nur eine Abstraktion davon. Wir haben dann die zwei grundlegenden Zustandsformen der Wissenschaft, den Bewegungszustand und den Zustand der Entstehung von (komplexen) Formen, auf einen Zustand zurückgeführt, in dessen Formulierung insbesondere die Theorie zellulärer Automaten eingeht.

Auch unsere Theorie der Emergenz wäre nur ein Spezialfall einer solchen Theorie grundlegender Zustandsänderungen: Sowohl die

Entstehung neuer Blattformen als auch die Bewegung von Atomen oder Molekülen kann durch eine solche grundlegende Theorie in einem einheitlichen Kalkül beschrieben werden, je nach anderen Rand- und Anfangsbedingungen.

Abstraktion und Wirklichkeit

Der Aussteiger

Leute, jetzt ist Schluß. Immer krieg ich die Hucke voll, aber meine Geduld hat ja auch mal 'n Ende. Ich fang jetzt mal an, kurz zu erzählen, warum ich aussteigen will. Also, in der Penne – das war in Paderborn –, da war ich nie ein großes Licht. Alle hamse gesagt: Der wird nie 'n ordentlicher Wiss. Die wollten das ganz genau wissen, und sie haben mich in so 'nen Testraum reingesteckt, um zu checken, ob aus mir mal was wird. Da hab ich noch Glück gehabt, kam heil wieder raus und durfte weiterbüffeln. Einmal, da hatte ich ein richtiges Erfolgserlebnis, als ein Mädchen zu mir sagte: Laß bloß den Schreib stecken und komm rauf zu mir, ich zeig dir meine neue Rech. Die zeigte sie nur denen, die was davon verstanden.

Aber langsam ging mir die ganze Sache doch ganz schön auf den Nerv. Mein Vater hatte schon für mich beim Wissvolksrat ein Thema angemeldet, halt den Titel, die Seitenzahl und die Druckfarbe, wie üblich, und die schoben das ans Scientific Marketing Advertising Center. Ich bekam 3 min ab 18.30 t auf Channel 15. Da haben sie dann 'ne hübsche Biene mal kurz meinen Titel zeigen lassen, und 73 Prozent fanden das toll. Ich aber weniger.

Ich trollte mich dann mal zum Wisszentralrat und sagte, daß ich nicht mehr wollte. Ich würde alle meine Wissrechte aufgeben und einfach so leben wie die Leute früher. Blieb denen der Saft weg. Nach einigem Hin und Her legten sie die Sache erst mal auf Eis. Sie meinten, ich sei auf einem normalen Verweigerungstrip, und das würde sich schon geben, wenn ich erst mal mein Initiationsprogramm durchgezogen hätte. Sie gaben mir die Charta der Wissrechte und blökten, jeder hätte heute die Pflicht und das Recht, ein Wiss zu sein. Zu Hause hörte ich meine Mutter darüber jammern, daß sie immer noch nicht für meine Schwester die Habilsendezeit bekommen habe, wo doch ihr Thema so reizend sei, alle Nachbarn seien ganz entzückt, besonders die Schuberts, deren Tochter auch mit einem ähnlich tollen Thema schon vor 'nem Jahr ihren Habil gemacht hätte. Da wurde mir ganz übel, ich nahm eine Planck und ging schlafen. Am Morgen staunten dann alle meine Leute Dodekaeder, als ich meinen Schreib vom Hals nahm und ihn zerbrach.

In der Kneipe Uni 5 traf ich dann 'n paar Leute, die auch so dachten wie ich.

Wir wollten aufräumen mit dieser ganzen Wiss-Scheiße, diesen Schrödingershows, diesen Quantenquiz, diesen Lorentzzirkussen, überall Problemmäler, Paradoxboxen, Neutrinoschlager, uns reichte es.

Leute, steigt auch aus. Stimmt gegen alle Theorien, die Wissrechte sind doch alle Betrug.

Wir zeigen euch, wo's lang geht. Steigt aus, kommt zu uns.

Unwiss aller Unis, vereinigt euch.

Abstraktion und Wissenschaft

> Der Wille zur Wahrheit ist ein Fest-*machen*, ein Wahr-, Dauerhaft-*machen*, ein Aus-dem-Auge-schaffen jenes *falschen* Charakters, eine Umdeutung desselben ins *Seiende*...
>
> FRIEDRICH NIETZSCHE

Dem wissenschaftlichen Denken liegt ursprünglich eine ungeheure Abstraktionsleistung zugrunde. Das ist keine überraschende Feststellung, und man erkennt leicht ihre Richtigkeit, wenn man sich mit den avancierten Theorien der heutigen Naturwissenschaften befaßt: Weder im Bereich der Elementarteilchenphysik noch der Kosmologie, aber auch nicht in den Theorien, die sich mit der Entstehung des Lebens im Schnittpunkt von Biochemie und Molekularbiologie befassen, kann der Wissenschaftler heute noch mit Anschauung oder Anschaulichkeit erfolgreich verfahren. Gleiches gilt auch für Neurophysiologie, Neuropsychologie, aber auch für die Wirtschafts- und Sozialwissenschaften, kurz: sobald hinreichend komplexe mathematische Modelle, fast immer in Verbindung mit statistischen Verfahren, angewendet werden. Doch verbirgt sich hinter dieser imposanten Fassade aus Abstraktionen, Quantifizierungen und Metrisierungen die eigentliche, die *ursprüngliche* Abstraktionsleistung eher, als daß sie durch sie zum Ausdruck kommen würde.

Wissenschaft ist nämlich durchaus etwas Besonderes im Verhältnis zu dem, was man allgemein als «Theorie(n)» bezeichnen kann. Die Menschen haben beziehungsweise bilden Theorien, seitdem es sie gibt. Viel eher denn als *zoon politikon* (politisches Lebewesen) könnte man den Menschen als ein *zoon theoretikon* (ein theorienbildendes Lebewesen) definieren. Ja, man kann im Anschluß an die evolutionäre Erkenntnistheorie von Konrad Lorenz, Rupert Riedl und anderen noch weitergehen und feststellen, daß die Menschen nicht nur theorienbildende Lebewesen sind, sondern wie alle anderen Lebewesen auch selbst eine Theorie verkörpern beziehungsweise sind. Sie sind das Resultat eines stammesgeschichtlichen Lern- und Erkenntnisprozesses.

Ganz anders verhält es sich mit der Wissenschaft. Sie ist dem Menschen weder angeboren noch ist sie eine natürliche Denkform. Wissenschaft ist ein historisches Phänomen.

Es gibt also eine Reihe von Theorien beziehungsweise theoretisch strukturierten Denkformen und Weltbildern, zum Beispiel solche moralischer, ästhetischer, politischer oder religiöser Natur bis hin zu systematisch aufgebauten Weltanschauungen oder Ideologien, die weder Bestandteil der im engeren Sinne wissenschaftlichen Tradition sind, noch jemals mit dieser konvergieren werden. Die Besonderheit der Wissenschaft und wissenschaftlicher Theorien gegenüber derartigen anderen Arten von Theorien ist ihre Verknüpfung mit dem Begriff der *Wahrheit*.

Wie kam es zu dieser Verknüpfung? Die Grundlagen der Wissenschaft und des wissenschaftlichen Weltbildes stammen aus der Zeit, die etwa zweieinhalbtausend Jahre zurückliegt. In dieser Epoche (ca. 700–400 v. Chr.) wurden sie im antiken Griechenland von den sogenannten Vorsokratikern erfunden oder gefunden. Im Anschluß an Überlegungen des Physikers Erwin Schrödinger, die sich auf die historischen Voraussetzungen der Wissenschaft beziehen, wollen wir versuchen, die Prinzipien deutlich zu machen, die dieser «Erfindung» zugrunde lagen. Man kann diese «Erfindung» auch als eine Transformation bezeichnen, die von der mythisch-kosmogonischen Denkform zu einem (ursprünglich geometrischen) Modelldenken geführt hat. Voraussetzung für diese Transformation war eine neue «erkenntnistheoretische Einstellung», die man in vier erkenntnistheoretischen Prinzipien zusammenfassen kann:

1. Das *Unabhängigkeitsprinzip* besagt, daß die Gegenstände der Erfahrung unabhängig
a) von transzendenten, übernatürlichen Kräften oder Mächten und
b) von den spezifischen kulturellen, sozialen und individuellen Einbindungen und Funktionen des erkennenden Subjekts existieren.

2. Das *Verständlichkeitsprinzip* besagt, daß die unabhängig für sich existierenden Gegenstände der Erfahrung aus sich selbst heraus verständlich sind und wenigstens im Prinzip auch *vollständig* erkannt werden können.

3. Das *Reduzierbarkeitsprinzip* besagt, daß die Mannigfaltigkeit der Gegenstände der Erfahrung durch Reduktion auf einfache Grundlagen *(archai)* aus diesen *ableitbar* sind; daraus folgt

3′ das *Axiomatisierbarkeitsprinzip*, das besagt, daß alle wahren Aussagen *(logoi)* aus einer grundlegenden Erkenntnis abzuleiten seien. Darauf beruht demgemäß ein Wahrheitspostulat (aufgrund der Wahrheit dieser Erkenntnis) und ein Beweisbarkeitspostulat (aufgrund der Ableitbarkeit). Dieses Prinzip hat bei den Eleaten seine erste Formulierung erhalten.

Eine Variante von 3 ist

4. das *Mathematisierbarkeits- beziehungsweise Quantifizierbarkeitsprinzip*, dem zufolge die universale Reduktionsbasis (das heißt eine einfachste Art des Seienden, das in allen Erscheinungen als seinen komplexeren Ausprägungen enthalten ist) die Zahl sei beziehungsweise die Zahlen seien (Pythagoräer). Diese Annahme besagt, es sei eine gemeinsame Eigenschaft aller Gegenstände der Erfahrung, quantifizierbar zu sein.

In abgeschwächter Form geht 4 als

4′ *Berechenbarkeitsprinzip* in 1, 2 und 3 ein. Es besagt, daß die Gegenstände der Erfahrung in mathematischer Form, also arithmetisch, algebraisch oder in geometrischen Modellen, darstellbar seien.

Die mit Hilfe dieser Prinzipien gewonnenen Erkenntnisse über die Gegenstände der Erfahrung sollen also zugleich objektiv, fundamental beziehungsweise elementar (in gewissem Sinne also auch «einfach»), universal gültig und formalisierbar (zumindest im Rahmen einer Theorie begrifflich zusammenhängend und konsistent) sein. Die Gegenstände der Erfahrung sollen somit *homogenisiert* und durch Homogenisierung in Gegenstände wissenschaftlicher Theorien transformiert werden. Mit anderen Worten: Ziel ist, sie zu bloßen Elementen von Klassen gleichartiger Dinge oder Tatsachen zu versklaven. Und nur Erkenntnisse, die diesen Anforderungen abstrahierenden Denkens genügen, sollen als «wahr» gelten.

Die Idee der Wahrheit ist also wesentlich verknüpft mit der Vorstellung einer wenigstens im Prinzip einheitlichen Struktur, sowohl des Wissens als auch der korrespondierenden Wirklichkeit, dem Gegenstandsbereich der wissenschaftlichen Theorien.

Die oben erwähnten Prinzipien kommen uns heute selbstverständlich vor; sie prägen unser alltägliches Denken, das immer schon in Erziehung und Ausbildung vermittelt wird – nicht nur in der zum Wissenschaftler.

Um das Bewußtsein dafür zu schärfen, daß es überhaupt noch einen anderen Zugang zur Wirklichkeit, eine andere Weise der Erfahrung gibt, müssen wir schon suchen. Hören wir einmal auf die folgenden Worte:

> «Der kleine Silberreiher
>
> Es ist ähnlich gefärbt wie der braune
> Kranich: es ist aschfarben, grau. Es
> riecht wie Fisch, fauler Fisch,
> stinkender Fisch. Nach Fisch riecht es,
> nach faulem Fisch.
>
> Eine Muschel
>
> Es ist weiß. Einmal ist es groß, einmal
> klein. Es ist spiralig, wunderbar. Es ist

das, was tönt, worauf man blasen kann.
Ich blase die Muschel. Ich reibe die
Muschel, ich mache sie schöner.

Ein Pilz

Es ist rund, groß, wie ein abgetrenntes Haupt.»

Seltsame Töne, aber es handelt sich nicht um Dichtung. Hier wird beschrieben, eine ganze Welt soll wiedererstehen, sie wird durch Beschreibung wiedererschaffen. Eine wiedererschaffene Welt, die den Anforderungen des abstrahierenden Denkens nicht genügt – da ist kein Anspruch auf Wissenschaftlichkeit. Trotzdem werden keine Phantasien hingesponnen.

Das Zitat stammt aus der ‹*Universalgeschichte und Beschreibung aller Dinge von Neu-Spanien*›; es berichteten um die Mitte des 16. Jahrhunderts überlebende Azteken einem Franziskanerpater, um ihre Kultur, ihr Wissen über die Natur zu rekonstruieren, und zwar genau so, wie es der Titel verspricht: als Beschreibung aller Dinge, der Götter, der Zeremonien, der Planeten und der Sterne, der Geburt des Jahres, des Königs und des Adels, der Kaufleute und des Volkes, der Naturdinge und des Eroberers. Das Zitat stammt aus der Beschreibung der Naturdinge. Natürlich fließen in sie auch die Mythen ein, doch geht die Beschreibung über den mythischen Gehalt hinaus.

Ist das nicht eher ein singulärer Fall? Kann man denn vor Einführung der Abstraktion, des Beweises, vor Aufstellung von Prinzipien und Axiomen von etwas anderem sprechen als einer bloßen Erzählung, einem Mythos? Welche Informationen über die Natur gibt uns denn eine solche Beschreibung – ist sie nicht völlig willkürlich und zufällig?

Auf einen anderen Kontrast zu der durch die Abstraktionsprinzipien definierten Wissenschaft stoßen wir zum Beispiel bei den Babyloniern.* Bei ihnen findet die *Ordnung alles Seienden* ihren Ausdruck in *Listen*, in denen Objekte nach Gattungen gegliedert *aufgezählt* werden (zuerst orientiert an den Wörtern, den Bezeich-

* Vgl. Bruno Meißner, ‹*Babylonien und Assyrien*›, Band 2.

nungen der Gegenstände): Bäume, Pflanzen, Sterne, irdene Sachen, Fische, Vögel, Menschenklassen, Kleider, Metalle etc. Ein Beispiel:

> «Fischernetz
> Getreidesack
> Sack für Geräte
> Löwenkäfig» usw.

Natürlich werden in der Medizin sowohl Heilmittel als auch kurze Rezepturen und in der «Chemie» sowohl Stoffe als auch Herstellungsprozeduren angegeben. Aber die Vorgehensweise ist überall dieselbe: Die Babylonier kennen keine Reduktion auf erste Prinzipien *(archai)*. So gibt es in der Mathematik, die meist Aufgabenrechnung ist, keinerlei Beweise und Axiome. Die Geschichtsschreibung besteht meist aus Königslisten mit nur knappen, schematisierten Angaben zu den Taten der Herrscher. Es ist eine «statische» Geschichte:

> «Nabu-bel-usur von der Stadt Arbaxa. Am 13. Ijjar setzte sich Tiglatpilesar auf den Thron. Im Monat Tisri zog er nach Mesopotamien. – Bel-dan von der Stadt Kalax. Nach dem Lande Namri. – Tiglatpilesar, König von Assyrien. Nach der Stadt Arpad. Die Streitmacht Urartus wurde geschlagen.»

Sehr oft sind die Listen willkürlich zusammengestellt; ihre Art der Klassifikation, die ja, wie wir noch zeigen werden, eine der Wurzeln der Abstraktion darstellt (vgl. den Abschnitt «Die Grenzen der wissenschaftlichen Begriffsbildung», S. 56ff), unterscheidet sich aber wesentlich von der Klassifikation im Rahmen deduktiv-axiomatischer Theorienbildung, da sie je aus lebensweltlichen Verwendungszusammenhängen heraus erfolgt. Sie tritt nicht mit dem Anspruch der Universalisierbarkeit auf.

Wir werden sehen, daß die axiomatische, deduktive Form der Wissenschaft in letzter Konsequenz nicht mehr haltbar ist. Aber sie wird nicht zu bloßen Beschreibungen oder Listen dieser Art zurückkehren.

Sein oder Nichtsein

> Parmenides hat gesagt «man denkt das nicht, was nicht ist»; wir sind am anderen Ende und sagen «was gedacht werden kann, muß sicherlich eine Fiktion sein».
>
> FRIEDRICH NIETZSCHE

Die inhaltliche Durchsetzung eines Weltbildes, das an die Stelle der Vielheit und Unterschiedenheit unmittelbarer Erfahrungen, Erlebnisse oder Ereignisse, die je für sich als einzelne (singuläre) bedeutungsvoll waren, die wirkungsmächtige Fiktion ableitender, einheitlicher Erklärbarkeit und Vergleichbarkeit setzte, basierte auf dem Begriff *archē*. Dieser Begriff hat verschiedene Bedeutungsaspekte, zum Beispiel «Prinzip», «Ursache», «Ursprung» und «Grund».

Zu Beginn der vorsokratischen Philosophie (Thales, Anaximander, Anaximenes) wurde mit *archē* eine angenommene Urmaterie *(hylē)* bezeichnet, aus der der Kosmos ursprünglich bestand und aus der alle weiteren Erscheinungen in einem kosmogonischen Sinne emergierten (hervorgingen). Hier bedeuteten die angenommenen stofflichen Entsprechungen der *archē*, zum Beispiel *hydor* (Thales) und *pneuma* (Anaximenes), nicht einfach empirisches Wasser oder Luft, sondern einen fundamentalen Stoff mit den ihm innewohnenden Eigenschaften vollkommener Veränderlichkeit und Beweglichkeit. Den besten Ausdruck für einen solchen fundamentalen Stoff fand Anaximander; er nannte ihn *apeiron*, was man wohl am besten mit «unbegrenzt-unbestimmte Materie» übersetzt.

Aber da man diesen fundamentalen Stoff nicht mit irgendwelcher wirklich vorfindlichen Materie vergleichen kann, ist es nicht verwunderlich, daß sich im folgenden die Bedeutung von *archē* verschoben hat – weg von einem auch nur andeutungsweise naturalistischen Begriff hin zu einem rein epistemischen (auf die Erkenntnis bezogenen) Terminus mit der Bedeutung «Prinzip».

In der pythagoräischen Tradition sind die Zahlen, das Prinzip der Quantifizierbarkeit, die *archē*. Den epistemischen Charakter dieses Prinzips versteht man aber erst, wenn man den Zusammenhang mit dem Begriff *logos* betrachtet. *Logos* hat bei den Pythagoräern die

Bedeutung eines mathematischen Terminus technicus, nämlich «mittlere Proportionale». Aber diese mathematische Bedeutung hat auch eine ontologische Komponente. Die grundlegenden Elemente dieser Ontologie waren, wie gesagt, die Zahlen, die pythagoräische *archē*. Das Mittel aber, um die jeweiligen Vorkommnisse der Zahlen untereinander vergleichen zu können, war die Proportion, und zwar auf so unterschiedlichen Gebieten wie Geometrie, Astronomie, Kosmologie, Ästhetik und bei den (musikalischen) Harmonien.

Wir zitieren hier ein Fragment des Pythagoräers Philolaos von Kroton in der Übersetzung von Wilhelm Capelle, ‹*Die Vorsokratiker*›: «Denn niemandem wäre irgend etwas von den Dingen deutlich, weder in ihrem Verhältnis zu sich selbst, noch das des einen zum andern, wenn es nicht die Zahl gäbe und ihr Wesen. Nun aber macht diese alle Dinge, indem sie sie in der Seele mit der Wahrnehmung in Einklang bringt, erkennbar und einander entsprechend, gemäß der Natur des ‹Weisers›, indem sie ihnen körperhafte Existenz verleiht und die Verhältnisse der Dinge, jedes für sich gesondert, scheidet, sowohl der unbegrenzten wie der begrenzten.» Mit dem «Weiser» ist hier der Schattenzeiger (Gnomon) gemeint, der zum Beispiel die Bahn der Sonne am Himmel auf eine kleine Fläche auf der Erde als Schattenbahn projiziert und somit dem Menschen als *Analogon* eine «Himmelsbahn» in *seinem* – irdischen – Bereich abbildet und meßbar macht.

Dabei war die mittlere Proportionale das Ideal der Proportionalität und somit der Vergleichbarkeit. Wenn also die Zahlen die Elemente waren, so war die mittlere Proportionale, der *logos*, das Medium, in dem diese Elemente zu einem Universum verschmolzen wurden – dem Kosmos. Mittels dieses Mediums wurden die einzelnen unvergleichbaren Erlebnisse und Ereignisse ihrer Besonderheit entkleidet und allesamt über den gleichen Leisten der Abstraktion, der Quantifizierung geschlagen. Es ist daher nicht verwunderlich, daß man den Begriff *logos* später als «Vernunft» und «Gesetz» verstand.

Die für die Idee der Wissenschaft folgenreichste Antwort auf die Frage nach der *archē* aber haben die Eleaten gegeben. Das Haupt dieser Philosophenschule war Parmenides (ca. 530–470 v. Chr.).

Sein Lehrer, Xenophanes (ca. 570–485 v. Chr.), vertrat eine Kosmogonie, in der die Mischung von Wasser und Erde als treibendes Moment fungierte. Von großer Bedeutung war seine Annahme eines einzelnen obersten Gottes, der die Totalität der Erscheinungen mit der Kraft seines Bewußtseins beherrscht. Wichtig sind hier die Eigenschaften, die Xenophanes seinem Gott zuspricht: Unbewegtheit und Umfassendheit. In diesem System wird also die *archē* zu einem umfassenden, einheitlichen «Prinzip», das als eine konkret existierende, universelle Gewalt alle Erscheinungen beherrscht. Die Gewaltsamkeit der Abstraktion, die gleichermaßen die Entwicklungsgeschichte der abendländischen Hochreligionen wie die parallel zu ihr verlaufende Entwicklungsgeschichte abendländischer wissenschaftlicher Rationalität durchzieht, zeichnet sich hier schon in deren Ursprung deutlich ab.

Es ist nicht böser Wille, Priestertrug, Dogmatismus oder schlichter Herrschaftsanspruch, der die Unterwerfung und Verfügbarmachung jeder Kontingenz, jeder individuellen Besonderheit, jeder partikulären Abweichung und jedes spezifischen Widerstandes zum charakteristischen Merkmal der antik-abendländischen Geschichte gemacht hat. Ketzer- und Hexenverfolgung, weltweite Expansion und Kolonialgeschichte, die Entwicklung von der Kriegskunst zur Massenvernichtungstechnologie entspringen genauso wie die Durchdringung aller konkreten Lebensbereiche mit Administration, Bürokratie und ihre Verrechtlichung, aber auch wie die Ablösung handwerklicher Fertigkeiten durch standardisierte Verfahren und die Ignoranz gegenüber lokalen Randbedingungen derselben Wurzel: der Abstraktion. Aber Xenophanes' abstrakter Gott der Abstraktion ist nur eine Vorstufe. Ganz deutlich ist hier noch die Differenz zwischen dem einen Gott und der Welt der Erscheinungen, die er ordnet und beherrscht. Die Aufhebung dieser Differenz von *archē* und Totalität des Seienden *(kosmos)* ist dann die Leistung des Parmenides. Er überträgt die Eigenschaften der Unbewegtheit und Umfassendheit, die Xenophanes dem Gott zuschrieb, auf die Inkarnation aller bisherigen Abstraktionen: das Sein.

So waren zum Beispiel die Zahl und der *logos* der Pythagoräer letztlich nicht so fundamentale, letzte Bestimmungen des Wesens der Erscheinungen, daß nicht neben diesen Bestimmungen immer auch andere, gleich universale denkbar gewesen wären. Mit anderen Worten: Ihre beanspruchte Universalität folgt nicht schon aus ihnen als Begriffen.

Eine solche universale begriffliche Bestimmung der Totalität der Erscheinungen, das heißt alles dessen, was ist, ergab sich endlich für Parmenides: Alles, was ist, ist begrifflich bestimmt dadurch, *daß es ist*. Anders ausgedrückt: Alles Seiende ist bestimmt durch sein Sein. Dies ist gewiß eine heute so nicht mehr sinnvolle Aussage, aber in der geschilderten historischen Umgebung war sie ganz und gar zwingend. Parmenides geht in einem entscheidenden Punkt über die Frage nach der *archē* hinaus: Das Sein des Parmenides ist nicht *archē*. Denn die Differenz zwischen dieser und den aus ihr abgeleiteten Erscheinungen ist aufgehoben: in der vollkommenen Identität des Seins mit sich selbst. Genau dieser Totalitarismus der Abstraktion, der Homogenisierung aller Erscheinungen, bildet das Fundament der Wissenschaft. Diese Homogenität und Statik des Seinsbegriffes überträgt Zenon, ein Schüler des Parmenides, auf die Voraussetzungen des physikalischen Bewegungsbegriffes, was paradoxe Folgen nach sich zieht – eben die Zenonschen Paradoxien. Zenon wollte beweisen, daß keine Vielheit sei, keine Differenz, *keine Bewegung*, keine Information – vorausgesetzt, die These seines Meisters wäre korrekt. Wir brauchen uns hier nur an die vergeblichen Bemühungen des Achill zu erinnern, eine Schildkröte einzuholen – auch heute kann man zumindest noch streng beweisen, daß es der Hummel unmöglich ist, zu fliegen.

Also Bewegung sollte unmöglich sein? Diese Hauptsache, mit der sich die Physik befaßt?

Was bedeutet das in unserem Zusammenhang? Wie kann denn eine Theorie – die des Parmenides, über die wir gleich etwas hören werden – das Fundament der Wissenschaft bilden, wenn aus ihr scheinbar folgt, daß es keine Vielheit, keine Differenz, ja nicht einmal Bewegung gibt?

Erinnern wir uns an die «Lösung» der Zenonschen Paradoxien: Wenn ich mich von A nach B bewegen will, muß ich erst die Hälfte der Strecke AB durchmessen, dann die Hälfte der Hälfte, dann die Hälfte der Hälfte der Hälfte … Wie kann ich so jemals von der Stelle kommen? Na ja, durch einen Grenzübergang – die Infinitesimalrechnung hat die Angelegenheit doch gelöst!

Oder?

Das ist nicht der Fall! Es gibt empirisch keinen Grenzübergang.

Ja, hat denn Zenon recht?

Oder ist die Bewegung diskret, vollzieht sie sich Schritt für Schritt?

Leibniz, der Begründer der Infinitesimalrechnung, hatte eine sehr aparte Theorie der Bewegung: Der Körper bewegt sich nicht, er wird zu jedem einzelnen Zeitpunkt vernichtet und zu dem jeweils nächsten an seinem neuen Ort wiedererschaffen. Zur Veranschaulichung denken Sie an die Aufnahme einer kontinuierlichen Bewegung, die von einer stakkatoartig auf- und abgeblendeten Lichtquelle beleuchtet wird (Stroboskop) – der Körper bewegt sich ruckartig.

Liegt in diesem alltäglichen Begriff der Bewegung, den doch die Physiker so vollkommen im Griff haben, noch ein Rätsel? Ja. Ein so prominenter Physiker wie David Bohm hat sich intensiv damit beschäftigt. Auf den Seiten 110 ff und im Gespräch «Über die Bewegung» werden wir darauf zurückkommen. Hier nur soviel: Die grundlegende mathematische Fiktion in der physikalischen Behandlung des Bewegungsphänomens ist die Annahme, es gebe einen Grenzübergang. Tatsächlich aber handelt es sich um nichts anderes als die Projektion methodischer Grundlagen mathematischer Rechenkünste – nicht physikalischer Messung, wohlbemerkt – in die vermeintliche Natur derartig behandelter Phänomene. Bei der Definition eines Grenzübergangs muß man Gebrauch machen von «beliebig kleinen Größen». Allein die Voraussetzung, es sei zulässig, immer kleinere Größen erzeugen zu können, ohne bei einer stehenzubleiben, erst recht die Annahme, daß es derart unendlich kleine Größen gebe, hält einer empirischen Überprüfung, sprich Messung, nicht stand. Und genau an diesem Punkt setzt Zenon die eine Backe seiner Zange an, mit der er sowohl den physikalischen als auch unseren alltäglichen Bewegungsbegriff knacken will. Er sagt nämlich zu Recht: «Unendlich Kleines kann man nicht messen.»

Der Ausweg scheint naheliegend: Wir messen die Bewegung mittels einer empirisch kleinsten Größe, also einer unteilbaren, atomaren. Und genau bei diesem Versuch haben die Atomisten, die diesen Standpunkt als erste vertreten haben, die andere Backe von Zenons Zange zu spüren bekommen. Er hat sie gefragt: «Warum hört ihr [irgendwo] auf zu schneiden [teilen]?» Diese Frage war sowohl gegenüber den frühgriechischen als auch den modernen physikalischen Atomisten berechtigt, deren Atome längst zerteilt sind, jedoch wird diese Frage sinnlos gegenüber den *nicht* auf ihren Quarks oder Rischonen als letzten atomaren Bausteinen bestehenden modernen Elementarteilchenphysikern, die vielmehr anstelle abstrakter Teilung physikalische Messung als einzigen Zugriff auf Objekte zulassen und diese Messung in letzter Konsequenz sogar als die Erzeugung dieser Objekte begreifen.

Wir hoffen, Sie ein wenig neugierig auf die Theorie des Parmenides gemacht zu haben. Folgen wir zwei, drei Seiten lang dem Pfad seiner Abstraktion.

Das Lehrgedicht des Parmenides beginnt mit einem kosmologischen Gleichnis: Der Jüngling fährt auf der Sonnenbahn zum Haus der Wahrheit, die hier nach einer Lesart wie später das Sein selbst als «wohlgerundet» bezeichnet wird. Auf seiner Reise begleiten ihn die Heliaden, die Töchter der Sonne. Er ist gesandt von Themis und Dikē, dem göttlichen Recht und der ausgleichenden Gerechtigkeit, die schon Anaximander und so auch Parmenides in einem grundsätzlichen Sinne als natürliche Gesetzlichkeit: Naturgesetz fassen. Im folgenden lehrt man den Jüngling die *alētheia* (Wahrheit) und informiert ihn im Unterschied dazu über die *doxa* (Meinung, Täuschung, Schein, Erfahrung, Vorstellung, Annahme) der Sterblichen. Die Wahrheit ist, daß das, was ist, ist, und es ist nicht (die Wahrheit, der Fall), daß etwas ist, das nicht ist. Was mit dieser apodiktischen Setzung gemeint ist, findet eine erste Erklärung in Fragment 3 des Lehrgedichts: «Dasselbe ist Denken *[noein]* und Sein *[einai]*.»

Man muß diese Stelle zusammen mit Fragment 8, 34–35 sehen: «Denn dasselbe ist Denken und das, weswegen der Gedanke ist [worauf der Gedanke gerichtet ist], denn nicht ohne das Sein, worin es ausgesprochen ist, wirst Du das Denken finden.» Hier ist ganz klar der Primat des Seins, der ontologische Ansatz ausgedrückt.

Wir haben gesehen: Es ist wahr – das Sein ist. Sein und Denken sind dasselbe. Ja, das Denken ist ausgesprochen im Sein; *noein* ist hier nicht als beliebiges «Nachdenken» oder «Andenken» von irgend etwas zu verstehen, es bezeichnet vielmehr ein Vermögen – die Fähigkeit, Wirklichkeit zu erfassen, fast hervorzubringen, wie später bei Anaxagoras und Aristoteles (Zweite Analytik) der *nous* ein schöpferisches Vermögen ist. Die angemessenste Übertragung des Fragments 3 – «Dasselbe ist Denken und Sein» – ist unseres Erachtens im Zusammenhang von *alētheia, noein* und *einai* zu sehen. Parmenides formuliert hier eine Identitätstheorie der Wahrheit: Wahrheit *(alētheia)* = Denken *(noein)* = Sein *(einai)* = Vernunft, Sinn *(logos)*.

Den Schlüssel zum Verständnis dieser Identitätstheorie der Wahrheit liefert die Analyse der Bedeutungen, die der Ausdruck «Sein» bei Parmenides hat:

1. Allheit (kosmologisches Sein, bestimmt als *hen kai pan* = Einheit und Ganzheit);
2. Sein als Existenz (im Sinne des Existenzquantors: es gibt ein x, für das gilt...);
3. Sein als Identitätsrelation (im Sinne des Gleichheitszeichens: a = b);
4. prädikatives Sein (im Sinne des logischen Prädikators, in mengentheoretischer Schreibweise im Sinne der Elementschaftsrelation, generell: im Sinne der Kopula, zum Beispiel in Sätzen wie: Das Haus *ist* groß – Die Rose *ist* rot usw.);
5. veritatives Sein (im Sinne von: es *ist* so, der Fall, wahr usw., daß...

Nehmen wir Fragment 6, 1–2, und sehen, wie alle diese Bedeutungen von Sein hier ineinander übergehen:

«Man muß (es) sagen, denken und als Sein [Allheit = Totalität, Ganzheit und Einheit; Existenz = Gegebenes; Wahrheit] festhalten; denn es ist [das] Sein [Allheit; Existenz] [mit sich identisch qua Prädikation]; Nichtsein ist aber nicht [existent; wahr; mit sich identisch].»

Es wäre aber falsch anzunehmen, Parmenides habe den Begriff des Seins systematisch vage oder unbestimmt gelassen. Im Gegenteil: Er gibt eine systematische und dem Anspruch nach vollständige Reihe von Prädikaten des Seins an, die er in Fragment 8 *sēmata* (Kennzeichen) nennt. Demzufolge ist das Sein: *hen kai pan* (eines und alles, das Ganze), (in sich) zusammenhängend, kontinuierlich, zeitlos, homogen, ungeworden und unvergänglich, unteilbar, unerschütterlich, unbeweglich, vollkommen.

Einige dieser Prädikate erlangten eine große wirkungsgeschichtliche Bedeutung. So definierten die Atomisten die Atome als unteilbar, unveränderlich und qualitätslos. Die Grundidee der Invarianz, der Unveränderlichkeit des Seins, geht in die Ideenlehre Platons ein und kennzeichnet dort die Stellung der Ideen gegenüber den Gegenständen der Erfahrung, und sie findet sich wieder in der Funktion und Bedeutung der Aristotelischen Kategorien, die ebenfalls Invarianten bezüglich der Gegenstände sind, die unter sie fallen. Besonders deutlich geht die Bestimmung der Einheit in die ‹*Elemente*› des Euklid ein, in denen der Grundbegriff der Einheit der Zahldefinition zugrunde liegt. Euklid: «Zahl ist die aus Einheiten zusammengesetzte Menge.» Die 1 wird dabei nicht als Zahl angesehen, sondern vielmehr als Name für die Einheit, die jedem Ding als solchem wesentlich zukomme («Einheit ist das, wonach jedes Ding eines genannt wird»). Einheit ist also hier als die universale, wesentliche quantitative Bestimmtheit für alle Gegenstände der Erfahrung gesetzt. Am Begriff der Einheit beziehungsweise der Eins zeigt sich deutlich die Herkunft des parmenideischen Denkens vom Pythagoräismus und von Xenophanes. Bei beiden Ansätzen war die Einheit, das Einssein grundlegende Bestimmung der *archē*. Die ontologische Wende des Begriffs der Einheit, die bei Euklid längst vollzogen ist, ereignet sich aber gerade im Lehrgedicht des Parmenides. Gerade in diesem Begriff sind die beiden wesentlichen Merkmale der Abstraktion verwurzelt: Zum einen bildet er die Grundlage beliebiger Partikularisierung und Auflösung von Wirklichkeit durch willkürliche Schnitte, zum anderen ist er aber auch Ausdruck verwischender Unifizierung, Gleichmacherei unter den Dingen, die ja in Wirklichkeit nicht als Einheiten in Erscheinung treten, sondern als Singularitäten mit unverwechselbarem Charakter.

Es ist bemerkenswert, daß zu ungefähr derselben Zeit, in der Parmenides lebte, auch die grundsätzlich gegenläufige Tradition begründet wurde, und zwar von Heraklit (ca. 544–483) in Griechenland und von Lao Tse (ca. 604–510) in China. Der Grundgedanke der von ihnen – natürlich unabhängig voneinander – formulierten Gegenposition ist Bewegung im Sinne von Veränderung, Entwicklung, Werden und Vergehen, also Dynamik anstelle von Statik, Werden anstelle von Sein.

In den Fragmenten des Heraklit finden wir als Grundbegriff *logos*, aber hier hat dieser Begriff eine ganz andere Bedeutung als bei den Pythagoräern. Meist wird er mit «Gesetz» oder «Weltgesetz» übersetzt, aber eigentlich ist das aller Veränderlichkeit der Erscheinung zugrundeliegende Prinzip gemeint, das diese Veränderlichkeit selbst «vernünftig» sein läßt. Dabei ist bedeutsam, daß Heraklit das Invariante, den *logos*, nicht statisch positiviert (verdinglicht), sondern, obgleich er von den Erscheinungen unterschieden ist, doch nur zusammen mit ihnen denkt, eben als Ausdruck und Prinzip ihrer Prozeßhaftigkeit.

Als Symbol beziehungsweise Metapher für dieses Prinzip der Prozessualität verwendet Heraklit das Feuer *(pyr)*, weil dieses als einziges der vier Elemente nicht als «Stoff» angesehen werden kann, sondern selbst nichts als ein bloßer Prozeß ist. In prägnanter Weise bringt Heraklit sein Denken in dem berühmten Wort zum Ausdruck: «Es ist unmöglich, zweimal in denselben Fluß zu steigen» (Fragment 96).

Wirkungsgeschichtlich allerdings blieb dieses Denken weitgehend folgenlos, und auch für die ideengeschichtliche Rekonstruktion ist die Anzahl der erhaltenen Fragmente zu gering und deren Sinn oft zu dunkel. Es war aber doch ein immer wiederkehrender Gegenpol zur abstrakt-wissenschaftlichen Denkweise, und zwar in der Alchimie, der Astrologie und der Mystik.

Anders verhält es sich mit Lao Tse. Auf seinen Schriften fußt der Taoismus, die neben dem Konfuzianismus bedeutendste Denkschule in der chinesischen Geistesgeschichte. Im Zentrum dieses Denkens steht der Begriff «Tao», der für die Entwicklung der frühen chinesischen Philosophie und «Wissenschaft» (die jedenfalls nicht im gleichen Sinne «Wissenschaft» war, wie wir diesen Begriff hier eingeführt haben) von vergleichbarer Bedeutung war wie der Begriff *archē* für die antike Wissenschaft. Doch fällt es sehr schwer, eine genaue Bedeutung von «Tao» anzugeben. In dem Lao Tse zugeschriebenen Werk ‹*Tao Te King*› heißt es:

> «Das Tao, über das ausgesagt werden kann,
> Ist nicht das absolute Tao.
> Die Namen, die gegeben werden können,
> Sind keine absoluten Namen.
>
> Das Namenlose ist der Ursprung des Himmels
> und der Erde,
> Das Benannte ist die Mutter aller Dinge.»

Die Unmöglichkeit, das Tao genau zu benennen, ist also der adäquate Ausdruck dafür, daß die Wirklichkeit nicht in Elemente, Gesetze und Strukturen aufgelöst und somit als bloßes Ensemble oder Aggregat, zusammengesetzt aus isolierten Dingen, angesehen werden kann.

Der Physiker Erwin Schrödinger schreibt in seinem Aufsatz «Die Besonderheit des Weltbildes der Naturwissenschaft»: «Am Meeresstrand hinschreitend, finden wir an einer Stelle nebeneinander auf den Sand gespült einen toten Fisch, ein Stück Balken von besonderer Form und ein verschlossenes grünes Fläschchen. Wir mögen daran achtlos vorübergehen; oder wir mögen uns für einen oder für jeden dieser Gegenstände besonders interessieren; daß sie dort nebeneinander zu liegen gekommen sind, kann uns höchstens zum Nachdenken veranlassen, wenn wir einen Grund für das Zusammentreffen vermuten, etwa daß sie von demselben Schiffbruch herrühren könnten. Der denkende, aber noch nicht westlich beeinflußte Chinese ist geneigt, im schicksalhaften Zueinandergeraten auch von gleichgültigen, nicht gefühlsbetonten Dingen einen *Sinn* (Tao) zu suchen, nicht notwendig einen abergläubischen; es mag ihn fesseln, einem solchen kleinen Ausschnitt des Sinnes der großen, für ihn ganz und gar sinndurchwirkten Natur nachzudenken, vielleicht in ähnlicher, rein anschauender Haltung, wie der westliche Forscher ein kleines Experiment, das er antrifft, beobachtet und überlegt; zum Beispiel Wassertropfen, die an einer Glasscheibe herabfließen, sich vereinigen, alsogleich schneller fließen, dann wieder durch Zurücklassen kleiner Fragmente kleiner werden und sich verlangsamen usw. Er sucht das Gesetz – der andere den Sinn. An ein allgemeines Gesetz mag der weniger denken. Er sieht den Einzelfall. Die Natur ist nur einmal vorhanden. Jede einzelne ihrer Handlungen muß ihren besonderen Sinn haben, der aus ihrer frei sich fügenden, man möchte sagen künstlerischen Gestaltung abzulesen ist wie bei einem der Tausende feingeformter Zeichen der chinesischen Begriffsschrift.»

Der nach Lao Tse bedeutendste taoistische Philosoph Tschuang Tse hat in bezug auf die weiter oben zitierte Passage aus dem ‹*Tao Te King*› den Unterschied zwischen der *Einsicht* in die Namen- und Gestaltlosigkeit des Tao einerseits und dem *Wissen* um positive empirische Tatsachen andererseits gleichnishaft beschrieben: «Die Erkenntnis der Männer des Altertums erreichte letzte Höhen. Was war die letzte Höhe der Erkenntnis? Sie erkannten, daß es nichts gibt, außer dem Nichts. Das ist die Grenze, über die nicht hinausgegangen werden kann. Danach gab es solche, die meinten, die Materie existiere, aber nur die unbedingte (unbestimmte) Materie. Als nächste kamen diejenigen, welche an eine bedingte (bestimmte) Materie glaubten, aber die Unterscheidung von Wahr und Falsch nicht anerkannten. Als die Unterscheidungen von Wahr und Falsch erschienen, verlor das Tao seine Ganzheit. Als das Tao seine Ganzheit verlor, setzten Sonderneigungen ein» (‹*Lao Tse*›, herausgegeben von Lin Yutang).

Wir sehen hier in reflektierter Weise den schärfsten Gegensatz zu der in der antiken griechischen Tradition verkörperten Rationalisierungs- und Abstraktionsleistung ausgesprochen. Alle positivierbaren Tatsachen sind nur Oberflächenphänomene, heute kann man sagen: evolutive oder emergente Ereignisse auf der Oberfläche letztlich des Nichts. Dabei darf man sich das Nichts nicht als zugrundeliegende Erhaltungsgröße oder sonst als irgend etwas mit eigenem Bestehen denken. Das Nichts, das Me-On, geht vielmehr unterschiedslos in den Prozeß, die Evolution der Ereignisse, ein – und in ihm auf. Dieser Prozeß ist einer des Werdens und Vergehens, des Nichtens. Es besteht dabei keineswegs eine Symmetrie zwischen Aspekten des Seins und solchen des Nichts, besser: des Nichtens, denn Bestand hat keines dieser Ereignisse, auch nicht das Ereignis, das wir «Universum» nennen; erhalten bleibt nichts, nicht einmal das Nichts, nur der Prozeß des Nichtens, der aber selbst keinem Bestand, keinem Sein entspricht.*

Gerade aber dieser Prozeß des Nichtens findet seinen Ausdruck in der sinnhaften Namenlosigkeit des Tao, die die fortwährende Vergänglichkeit und *zugleich* konkrete Existenz lokaler Ereignisse veranschaulicht. Es ist ein Prozeß, der sich uns *ganz* zeigt – entgegen unserer tiefverwurzelten Gewohnheit, ein Prinzip zugrunde zu legen – als die Oberfläche der Erscheinung, die auf nichts verweist, auch nicht auf ein konstitutives Prinzip.

Naturgesetz und Erscheinung

> Wenn ich ein regelmäßiges Geschehen in eine *Formel* bringe, so habe ich mir die Bezeichnung des ganzen Phänomens erleichtert, usw. Aber ich habe kein «Gesetz» konstatiert, sondern die Frage aufgestellt, woher es kommt, daß hier etwas sich wiederholt: es ist eine Vermutung, daß der Formel ein Komplex von zunächst unbekannten Kräften und Kraft-Auslösungen entspricht, und: es ist Mythologie zu denken, daß hier Kräfte einem Gesetz gehorchen, so daß infolge ihres Gehorsams wir jedesmal das gleiche Phänomen haben.
>
> FRIEDRICH NIETZSCHE

Was wir durch Messung in Erfahrung bringen können, sind *immer* nur Wechselwirkungsmöglichkeiten. «Objektive» Eigenschaften sind sozusagen nur idealisierte Grenzfälle von gut reproduzierbaren Wechselwirkungsmöglichkeiten. Dies läßt sich für den Eigenschaftsbegriff ganz allgemein zeigen. Er ist grundlegend an die ef-

* Vgl. dazu das Buch ‹*Physik und Evolution*› von Franz R. Krueger, Peter Eisenhardt, Dan Kurth und Horst Stiehl, Berlin/Hamburg 1984, in dem der hier kurz skizzierte Ansatz der Me-Ontologie entwickelt wird. In ihrer Grundtendenz hat die Me-Ontologie große Ähnlichkeit mit den Auffassungen Heraklits und Lao Tses.

fektiven, das heißt zu einem bestimmten Zeitpunkt ausführbaren und erfahrbaren experimentellen Möglichkeiten gebunden.

Fragt man zum Beispiel: Welche Farbe hat Gold? – also nach einer Farbeigenschaft –, so erscheint diese Frage auf den ersten Blick ausgesprochen naiv. Jeder kennt die Antwort: goldgelb. Aber ist sie unter allen Bedingungen richtig? Für den alltäglichen Gebrauch ist ihre Gültigkeit unumstritten. Weder in Fort Knox noch im Bastlergeschäft, in dem Blattgold verkauft wird, tauchen Zweifel über die richtige Antwort auf. Ein einfaches physikalisches Experiment zeigt aber, daß Erkenntnisse aus unserer Erfahrungswelt nicht ausreichen und verbesserungsbedürftig sind, also auch einer neuen Bewertung unterzogen werden können.

In einer luftleer gepumpten Glasglocke befindet sich ein mit einer kleinen Menge Gold gefüllter Metalltiegel (zum Beispiel aus Tantal), der elektrisch auf die Siedetemperatur des Goldes aufgeheizt wird. Oberhalb dieses Tiegels ist eine durchsichtige Glasplatte befestigt, die von hellem Licht bestrahlt wird. Schaut man durch diese Platte hindurch, kann man folgende Beobachtung machen: Zunächst bleibt die Glasplatte ungefärbt, obwohl sich Spuren des verdampften Goldes auf ihr niedergeschlagen haben. Erst wenn die Goldschicht eine bestimmte Dicke erreicht, erscheint das durchfallende Licht grün und nicht etwa goldgelb. Man könnte also als Farbeigenschaft des Goldes «grün» angeben. Erst bei noch stärkerer Bedampfung nimmt die Platte dann schließlich die vertraute Farbe des Goldes an.

An diesem einfachen Experiment sieht man, daß der Begriff der Eigenschaft nicht in seiner alltäglichen Verwendung als Ausdruck eines feststehenden Merkmals in der Wissenschaft Bestand haben kann, sondern schon sehr viel, das heißt aus vielen Operationen gewonnenes Wissen und von je verschiedenen Randbedingungen abhängige komplizierte Prozeduren voraussetzt. In der Sprache der Logik ausgedrückt, handelt es sich *mindestens* um ein zweistelliges Prädikat: Etwas hat die und die Eigenschaft bezüglich dieses und jenes Meßverfahrens.

Für unseren Gesetzesbegriff heißt dies: Die Modifikation und Spezifikation unseres besten Wissens über uns und unsere Umgebung müssen, über längere Zeiträume gesehen, undogmatisch gehandhabt werden. Eine oft mißachtete Banalität. Denn nicht nur die je stabilsten Fragmente unseres Wissens (die gültigen Gesetze und Theorien) unterliegen einem beständigen Wandel, sondern auch, wenn auch in beträchtlich längeren Zeiträumen, die Gesamtheit der Gegenstände, auf die sich dieses Wissen bezieht.

«Einfache» biologische Systeme, beispielsweise eine Hefezelle, erkennen als Eigenschaft Zuckerkonzentration in wäßriger Lösung und Temperatur als ihre Anaboliten und Kohlendioxid und Äthylalkohol als Kataboliten. Farbeigenschaften zum Beispiel dürften für sie überhaupt nicht existent sein. Deren Wahrnehmung ist einer höheren evolutiven Stufe des Lebens vorbehalten.

Dieser relationale Eigenschaftsbegriff führt nun zu einer Auffassung des naturwissenschaftlichen Gesetzes, die es seiner apodiktischen Gestalt entkleidet. Gesetzesaussagen werden dann als fiktive Verallgemeinerungen von situativen Aussagen über das Auftreten von vermeintlich konstanten Eigenschaften und die dafür nötigen experimentellen Bedingungen erkannt.

Mit Hilfe weiterer Gesetze lassen sich sogar die Fehlergrenzen von Prognosen über das Auftreten von Eigenschaften unter bestimmten Prüfbedingungen angeben. Mit anderen Worten: Erst ein Netz von Gesetzen gestattet «realistische» Angaben über das jeweils Erfahrbare, denn alle erfahrbaren scheinbar konstanten Größen bilden ein System von Wechselwirkungen, sowohl auf der Ebene der Erscheinungen wie auf der der Begriffe, der Gesetze und der Theorien. Eine isolierte Betrachtung eines einzelnen Gesetzes ist daher unangemessen für alle empirischen Wissenschaften und wäre auf der Ebene der Wissenschaftstheorie genauso verfehlt wie die Betrachtung einer einzelnen Eigenschaft als platonisierte auf der Ebene der betrachteten Gegenstände.

Ein Naturgesetz legt also eine Invarianzbeziehung fest. Jacques Monod schreibt in seinem Buch ‹*Zufall und Notwendigkeit*›: «An jedem beliebigen Beispiel, das man auswählen könnte, ist leicht einzusehen, daß es in der Tat unmöglich ist, irgendeine Erscheinung anders zu analysieren als in Begriffen der in ihr bewahrten Invarianten.» Sind diese Invarianten Fiktionen, fragt er noch, oder platonische Ideen? Wir können dazu sagen: Ein Naturgesetz erspart uns Information. Die Erscheinungen produzieren immer neue Informationen; wenn ich aber das Gesetz der Erscheinung kenne, kann ich jede neue Information nur als eine Folge der alten betrachten. Es kann freilich passieren, daß die Produktionsrate der Erscheinungen (zum Beispiel chaotische Bewegung) so hoch ist, daß scheinbar kein Gesetz, keine Invariante formuliert werden kann. Dann muß man durch Einführung neuer Dimensionen im Darstellungsraum die Rate der Informationsproduktion «beeinflussen», also neue Invarianten einführen.

Ein einfaches Beispiel: Stellen wir uns unter einer chaotischen Bewegung in einem *zweidimensionalen* Raum ein wirres Fadengeknäuel (in einem endlichen Abschnitt) vor, quasi als Bahn eines unberechenbar umherschwirrenden Massenpunktes. Nun wäre es möglich, daß sich bei Einführung einer weiteren Dimension (z-Achse) eine berechenbare Bewegung in Richtung dieser Dimension ergibt, eine Bewegung des «ganzen Knäuels». Dies dient natürlich nur zur Illustration.

Wissenschaft und Wirklichkeit

> In *unserm* Denken ist das *Wesentliche* das Einordnen des neuen Materials in die alten Schemata (= Prokrustes), das Gleich-*machen* des Neuen.
>
> FRIEDRICH NIETZSCHE

Die Wissenschaften sind darauf angewiesen, «Wirklichkeit» mit Hilfe von Abstraktionen zu erfassen. Hier stoßen wir auf ein grundlegendes Problem: Die «Wirklichkeit» – wir werden uns noch mit der Verwendung dieses Begriffes befassen – unterliegt dabei einer Transformation, einer Umwandlung. Nichts wird einfach «abgespiegelt». Mit einer Verdoppelung der Wirklichkeit könnten wir gar nichts anfangen; wir benötigten ja wieder ein Transformationssystem, das diese zweite Wirklichkeit umänderte. Wenn ein Spiegelgleichnis angebracht ist, dann eher das eines Arrangements von – teilweise erblindeten – Zerrspiegeln, innerhalb dessen wir, ohne uns auf die Originalquelle einer anfänglichen Reflexion stützen zu können, versuchen würden, Invarianzen, unveränderliche Größen herauszusuchen, die wir nur im Rahmen dieses Arrangements aus Spiegeln als «objektiv», als «wirklich», als unabhängig von Perspektive und Standortwechsel bezeichnen könnten.

Nehmen wir uns ein Beispiel vor, das auch Max Born schon verwendet hat, um «Wirklichkeit» zu definieren: Eine Kreisscheibe *aus starrem Material* möge von einer Lampe angeleuchtet werden und einen Schatten an die Wand werfen. Man sieht nun alle möglichen Figuren, wenn der Kreis *beliebig* gedreht und gewendet wird, vom Vollkreis über die Ellipse bis zum dünnen Strich, aber eine Größe bleibt immer invariant: der Durchmesser. Deshalb läßt sich aus den Schattenprojektionen folgern, daß es sich um einen Kreis handelt.

Welche Bedeutung hat dies für unseren Zusammenhang? Nun, die Vorgehensweise, die dieses Beispiel veranschaulicht, kann in Begriffen einer abstrakten mathematischen Theorie, der Gruppentheorie, erfaßt werden. Gehen dabei nicht Abstraktion und Wirklichkeit eine glückliche Verbindung ein? Ist nicht eine Abstraktion das Wirkliche, nämlich die Invarianz von Transformationen? Ja, wie sollte denn die Wissenschaft da die Wirklichkeit «verfehlen»?

Wir sollten uns nicht täuschen lassen. Die Begriffs-, die Gesetzes-, die Theorienbildung – unauflösbar miteinander verwoben –, kurz: die Bildung des Wissens über die Natur hat Voraussetzungen, die auch die Grenzen dieses Wissens abstecken; und die wollen wir uns jetzt einmal näher ansehen. Wir müssen fragen: Was kann denn überhaupt der Gegenstand einer wissenschaftlichen Theorie sein? Hat nicht die Wissenschaft unbegriffene Abstraktionen zur Voraussetzung? Was läßt sich denn ohne Mystifikation über «Wirklichkeit» sagen?

Wie wir schon gesehen haben, ist die Wissenschaft an individuellen, konkreten Dingen und Ereignissen gar nicht interessiert. Sie befaßt sich nicht mit dem reinen Klang des Steinway-Flügels im Salon, nicht mit dem Berlioz-Konzert vorigen Sonntag, sondern sie ist darauf beschränkt, die Regelmäßigkeit und Invarianz der zahlenmäßigen Intervalle festzustellen, ob sie nun auf der Gitarre, dem

Klavier oder einfach an verschieden gefüllten Gläsern erklingen. Das ist die Errungenschaft des Pythagoras. All die Töne, die diese Instrumente hervorbringen, werden in Äquivalenzklassen zusammengefaßt, das heißt, sie gelten als identisch in bezug auf die Konstanz der Intervalle, die sie erzeugen; und es wird ein neuer, abstrakter Gegenstand erschaffen, eben das harmonische Intervall.

Ein Herr Aristokles mit dem Spitznamen «der Breite» (Platon) ging noch einen Schritt weiter. Die Töne, die wir hören, lehrte er, sind gar nicht die wirklichen Töne; diese bestehen vielmehr in der abstrakten Struktur, die ein Musikkenner sofort von der Partitur ablesen kann.

Die abstrakten Symmetrien sind das Wirkliche?

Drei «Dinge» braucht der Wissenschaftler: *Klassifikation, Verallgemeinerung, Reproduktion.* Für jedes Naturgesetz ist eine Klassifikation von Erscheinungen die notwendige Voraussetzung. Die Erscheinungen (darunter kann man sich sowohl Objekte als auch Ereignisse vorstellen) müssen gemäß gemeinsamen Merkmalen oder Eigenschaften ausgesondert, von ihrer Umgebung isoliert, aus dem Zusammenhang ausgeschnitten werden. Man betrachtet dann diese immer endliche Anzahl von Erscheinungen als Elemente einer *Menge* – sie sind die Individuen des Gegenstandsbereiches einer wissenschaftlichen Theorie. Aber eine Theorie spricht schon über Mengen von Mengen. Sie behauptet auf einer elementaren Ebene einfache Ähnlichkeitsbeziehungen zwischen scheinbar getrennten Gegenstandsbereichen, indem sie diese in einer gemeinsamen Obermenge zusammenfaßt. Als Gesetze werden diese Ähnlichkeitsbeziehungen in Funktionen von Variablen umgeschrieben: Wir betrachten zum Beispiel Ähnlichkeitsbeziehungen zwischen Körpern und bilden anhand der Eigenschaft der Schwere eine Äquivalenzklasse, nämlich die der schweren Körper. Sie ziehen sich gegenseitig an, und diese Anziehung ist eine Funktion ihrer jeweiligen Masse und ihres jeweiligen Abstandes, die als Kraft bezeichnet wird. Wir haben somit als unterste Ebene die Äquivalenzklasse der schweren Körper, auf dieser die Äquivalenzklasse von Massen, die in einer Abhängigkeit von einer Äquivalenzklasse von Abständen steht. Die Kraft als Funktion ist eine Äquivalenzklasse der Verhältnisse von Abständen und Massen:

A. Eine Menge von Objekten fällt zur Erde. Diese Objekte haben etwas gemeinsam: ihre schwere Masse. Hinsichtlich dieser bilden sie eine Äquivalenzklasse.

Ihre Fallgeschwindigkeit kann gemessen werden.

B. Eine andere Menge von Objekten umkreist die Erde oder die Sonne (oder einen anderen Zentralkörper). Auch sie haben etwas gemeinsam: ihre träge Masse, wiederum eine (andere) Äquivalenzklasse.

Ihre «Fallgeschwindigkeit» auf ihren Zentralkörper kann ebenfalls gemessen werden.

Diese beiden Arten von Objekten haben etwas gemeinsam – die Gravitation; sie ziehen sich proportional ihrer Masse und umgekehrt proportional dem Quadrat ihrer Entfernung an (eine Äquivalenzklasse A und B bezüglich der Gravitation).

Obwohl immer nur eine endliche Anzahl von Erscheinungen beobachtet werden kann und obwohl alle Erscheinungen einzigartig (individuell) sind, behauptet eine wissenschaftliche Theorie: Diese bestimmte Eigenschaft gilt für alle beliebig wiederholbaren Erscheinungen einer Klasse an jedem Ort, zu jeder Zeit.

Wie ist so etwas überhaupt möglich? Ist denn die Wirklichkeit, die Natur irgendwie in Klassen aufgeteilt, nach typischen, reproduzierbaren Vorgängen normiert? Oder – präparieren wir nicht «etwas»? Man sollte sich stets klar vor Augen halten: Vor uns liegt die «Wirklichkeit» nicht sauber aufgeteilt und klassifiziert, festgepflockt und umzäunt; auf Knopfdruck sind nur schon festgelegte Vorgänge wie das Zigarettenziehen wiederholbar, und auch die haben ihre Tücken.

Die Wirklichkeit ist weder Chaos noch Ordnung. Wir kommen darauf zurück, denn die Aufteilung in geordnete und chaotische Vorgänge ist eine grundlegende unbegriffene Abstraktion heutiger Theorienbildung.

Um eine Theorie aufzustellen, müssen wir also drei Dinge tun: (A) klassifizieren, (B) verallgemeinern, (C) reproduzieren. Ein Beispiel:

(A) *Bestimmte* Objekte einer bestimmten Größenordnung mit einer bestimmten Geschwindigkeit haben eine *Masse*, sie ziehen sich an.

Andere Objekte anderer Größenordnung mit anderer Geschwindigkeit mögen keine Masse haben, sie haben vielleicht ein *magnetisches Moment.*

(B) *Alle* Objekte einer bestimmten Größenordnung mit einer bestimmten Geschwindigkeit haben eine *Masse.*

Alle Objekte anderer Größenordnung mit anderer Geschwindigkeit haben ein *magnetisches Moment.*

(C) *Immer wieder*, wenn wir einen entsprechenden Meßvorgang wiederholen, beobachten wir dieselben Objekte mit der Eigenschaft *Masse.*

Immer wieder, wenn wir diesen Vorgang wiederholen, beobachten wir dieselben Objekte mit der Eigenschaft *magnetisches Moment.*

Man erkennt hieran zunächst einmal dreierlei:

1. Klassifikation, Verallgemeinerung und Reproduktion setzen sich stets gegenseitig voraus. Sie bilden ein Netz, ohne das die «Wirklichkeit» nicht eingefangen werden kann.

2. Jedes Netz setzt immer schon elementarer werdende Netze der gleichen Art voraus, die wieder aus diesen drei Elementen bestehen. Nie stehen wir vor der «nackten» Wirklichkeit, immer ist uns schon eine Einteilung vorgegeben.

3. Reproduktion ist – eben nicht als bloße Schau (Theorie) von Dingen – die Grundlage des Experiments und der Technik: Wir greifen ein, regeln die Wirklichkeit. (Man soll nur nicht glauben, ein Experiment sei etwas «Konkretes». Es ist nur als idealisiertes Experiment «wissenschaftsfähig». Jedes Experiment muß präpariert werden, das heißt, es muß eine Vorbereitungsphase geben, in der die Reproduktionsfähigkeit sichergestellt wird.)

Kurz: *Die Wissenschaft präpariert Gesamtheiten «identischer» Objekte.*

Indem wir eine Theorie aufstellen, prägen wir mindestens zwei schon vorgeformten Gegenstandsbereichen eine neue Ähnlichkeitsstruktur auf, eine neue mathematische Ordnung.

Und immer gibt es die zwei Pole, so glaubt man: die Ordnung, die Struktur, das Allgemeine, die Theorie auf der einen Seite; die Unordnung, das Strukturlose, das Besondere, der Gegenstandsbereich auf der anderen Seite – Gesetzlichkeit und Kontingenz.

Diese Begriffe sind natürlich immer Relationsbegriffe: Etwas ist mehr oder weniger in bezug auf eine Struktur geordnet. Aber kann man nicht die idealisierten Pole bilden: die vollkommene, starre, statische Ordnung – das völlig fließende, unklassifizierbare Chaos?

Wir sagen nichts Sinnvolles über die «Wirklichkeit an sich» aus. «Wirklichkeit» ist ein Relationsbegriff, immer bezogen auf eine andere (anders strukturierte) Wirklichkeit; die Wirklichkeit an sich ist der Grenzbegriff einer Theorie, das heißt, sie ist der Limes eines ideellen Grenzprozesses; der Grenzübergang jedoch findet nicht statt! Immanuel Kant würde sagen: Der Grenzbegriff ist nur von negativem Gebrauch.

Um ein Bild des Logikers Willard van Orman Quine ein wenig anders zu verwenden: Wir sind gefangen in einem Kraftfeld von Theorien, aus dem wir nie entfliehen können. Wir schweben irgendwo in diesem Kraftfeld und können nur feststellen: Zum Zentrum hin wird es homogener, gleichförmiger, zur Peripherie hin heterogener, vielfältiger. Nie gelangen wir zum ruhigen Zentrum oder zur chaotischen Peripherie. Wir wissen nichts von beider wirklicher Existenz. Aber wir können unsere begrenzten Daten verallgemeinern und sagen: Im Zentrum wird alles ähnlich den platonischen Ideen, den Vernunftbegriffen, der Logik, dem Immergleichen, den Gesetzen, dem Identischen; an der Peripherie dem heraklitischen Fluß, dem Gewühl der Empfindungen, dem Chaos der Empirie, dem Neuen, den Einzelfällen und Randbedingungen, dem Differenten.

Bisher schwebte die Wissenschaft, zum Beispiel die klassische Mechanik, mit ihren Theorien zu nahe am stabilen Zentrum. Nie aber wurde eine Wirklichkeit an sich «falsch dargestellt» oder «vergewaltigt». Solche Ausdrücke von Kritikern im Zuge sogenannter «Paradigmenwechsel» verschleiern nur, daß es eine Wirklichkeit «an sich», das heißt eine absolute, nicht immer schon auf eine andere Wirklichkeit bezogene, nicht gibt.

Daß die Wissenschaft an ihre Grenzen stößt, heißt einfach, daß man die «Peripherie» erreicht hat, die freilich, wie das «Zentrum», niemals wirklich erreicht werden kann, da es unmöglich ist, sie präzise zu lokalisieren, zu «orten».

Also Vorsicht vor der «Hauptfrage jeder Wissenschaft»: «Wie kommt Ordnung in das Chaos?» oder «Wie regelt man das

Chaos?» oder «Wie fische ich die Wirklichkeit mit meinem Netz?» Um in unserem Kraftfeldbild zu bleiben: «Wie messe ich den Grad der Heterogenität?»

Wir werden sehen, daß die Wirklichkeit schon immer heterogen und different ist (diesmal setzen wir «Wirklichkeit» nicht in Anführungszeichen) und daher eine *Minimalordnung* hat, *die zunächst einmal nicht von der Ordnung der Abstraktion ist.* Dazu später mehr.

Angesichts der oben gestellten Fragen kommt uns eine Gestalt aus der griechischen Mythologie in den Sinn: Prokrustes. Er dehnte alle, die zu kurz für sein Streckbett waren, und kürzte alle, die nicht hineinpaßten. Alles wird in das Streckbett der drei Voraussetzungen einer wissenschaftlichen Theorie gespannt, ob es nun paßt oder nicht.

Nun, es paßt nicht.

Zudem handelt es sich nicht einmal um ein «wirkliches» Streckbett – aber niemand gebe sich der Illusion hin, Fiktionen besäßen keine Macht.

Die Grenzen der wissenschaftlichen Begriffsbildung

> Jeder Begriff entsteht durch Gleichsetzen des Nichtgleichen... Das Übersehen des Individuellen und Wirklichen gibt uns den Begriff... wohingegen die Natur keine Formen und Begriffe, also auch keine Gattungen kennt...
>
> FRIEDRICH NIETZSCHE

Klassifikation

Klassifizieren kann man Erscheinungen nur nach einem leitenden Gesichtspunkt, einem Auswahlkriterium. Aber deren gibt es unendlich viele. Immer treten neue Aspekte, neue Gesichtspunkte in den Blick, niemals ist auch nur eine einzelne Erscheinung erschöpfend zu beschreiben. Wir müssen auswählen, weglassen, trennen, isolieren, Äquivalenzklassen bilden – mit einem Wort– abstrahieren. Wir haben dadurch nur die *Illusion* einer natürlichen Klassifikation, da sofort immer eine künstliche vorgegeben ist.

Dies zu Ende gedacht bedeutet: Die Klassifikation hat als solche keinen Grund.

Sie ist freilich nicht beliebig.

Sie ist so beliebig wie die Verallgemeinerung.

Verallgemeinerung

Verallgemeinern kann man nur gültig, wenn es einen *gerechtfertigten Induktionsschluß* gibt (mit Newtons Worten: wenn die Natur mit sich selbst übereinstimmt). David Hume hat jedoch nachgewiesen, daß es dergleichen nicht gibt, und *niemand* hat seine Argumente bisher widerlegt.

Das Humesche Problem lautet in seiner allgemeinen Fassung (nach einer Formulierung des Münchener Wissenschaftstheoretikers Wolfgang Stegmüller): «Es gibt keine wahrheitskonservierenden Erweiterungsschlüsse.» Wahrheitskonservierend bedeutet: In einem Schluß muß sich die Wahrheit von den Prämissen (Alle Menschen sind sterblich; ich bin ein Mensch) auf die Konklusion (also bin ich sterblich) übertragen. Das heißt: Wenn die Prämissen wahr sind, dann ist auch die Konklusion wahr.

Andererseits darf bei einem gültigen Schluß die Menge der aus der Prämisse logisch ableitbaren Sätze nicht echt in der Menge der aus der Konklusion logisch ableitbaren Sätze enthalten sein. Mit anderen Worten: Die Konklusion darf nicht mehr aussagen als die Prämisse, sie muß in ihr schon enthalten sein, sie wird nur, wie das ein deutscher Philosoph treffend ausdrückte, aus der Prämisse «analytisch herausgeklaubt». Wenn dem nicht so ist, handelt es sich um einen Erweiterungsschluß. Aber der konserviert die Wahrheit nicht. (Hume zeigte auch, daß die Sache keinen Deut besser wird, wenn man statt «wahr» einfach «wahrscheinlich» einsetzt.)

Also: Entweder ich will Wahrheit, dann bleibt meine Information (über die Welt) konstant; oder ich will mehr Information (über die Welt), dann weiß ich nicht, ob sie wahr ist. Verallgemeinerung ist ein Fall dieses Dilemmas.

Etwa möge A bedeuten «kaputt», a_1 = «Münzfernsprecher 1», a_2 = «Münzfernsprecher 2», a_k = (irgendein weiterer) «Münzfernsprecher k». Der Schluß von $A(a_1) \wedge A(a_2) \wedge \ldots \wedge A(a_k) \rightarrow \bigwedge x\, A(x)$ *, auf deutsch: «Münzfernsprecher 1 ist kaputt, und Münzfernsprecher 2 ist kaputt, und ... und Münzfernsprecher k ist kaputt» (inzwischen bin ich's auch) impliziert (beinhaltet) «*Alle* Münzfernsprecher sind kaputt» wäre ein wahrheitskonservierender Erweiterungschluß. Gültig wäre eben nur $\bigwedge_k x\, A(x)$, das heißt $A(a_1) \wedge A(a_2) \wedge \ldots \wedge A(k) \rightarrow A(k)$. Dann habe ich – milde ausgedrückt – zwar Wahrheit, aber leider keine Information. Ich weiß also, daß, sagen wir, die k = 3 Münzfernsprecher in meiner Umgebung kaputt sind. Aber jeder vierte könnte funktionieren. Wäre der Erweiterungsschluß jedoch gültig, bräuchte ich mich nicht auf den Weg zu machen.

Drastisch zeigt sich die Grenze der Verallgemeinerung in einem Scherz des Mathematikers Ernst Kummer, den Herbert Meschkowski mitteilt (stellen Sie sich vor, Sie wüßten wenig über Zahlen): «Meine Herren, 120 ist teilbar durch 1, 2, 3, 4 und 5... Ich probiere weiter und finde, sie ist auch durch 6 teilbar; um nun ganz sicher zu gehen, versuche ich es noch mit der 8, mit der 10, mit der 12, und schließlich auch mit 20 und 24. Wenn ich jetzt Physiker bin, dann sage ich: Es ist sicher, daß 120 durch alle Zahlen teilbar ist.»

Natürlich ist die Sache nicht immer so augenscheinlich. Dies ist aber das Zentralproblem aller Theorienbildung: Eine Theorie konstatiert allgemeine Gesetze (Alle Körper sind schwer) über eine endliche Anzahl von Gegenständen (Körper a_1 ist schwer, Körper a_2 ist schwer... Körper a_k ist schwer). Es soll also gelten: Körper a_{k+n} sind schwer, wobei k = endlich und n = abzählbar unendlich. Der Sprung von k zu n ist irrational und nicht zu rechtfertigen. Man kann ihn beschreiben (etwa als Gewohnheit wie Hume, als evolutionäre Projektion oder Wahrscheinlichkeitserwartung wie Gerhard Vollmer und Rupert Riedl), man kann ihn als Notwendigkeit

* $\wedge$ = «und» (Konjunktion); $\bigwedge x$ = «für alle x gilt» (Allquantor).

für Erfahrung überhaupt postulieren (wie Kant), man kann ihn ignorieren und ein anderes Problem (Falsifikation *) an seine Stelle setzen (wie Karl Popper) oder ihn – wie Stegmüller – ernst nehmen und andere Probleme als Popper (Bestätigungs- beziehungsweise positive Bewährungstheorie **) an seine Stelle setzen. Eine adäquate Beschreibung setzt die Lösung jedoch bereits voraus; aus der Not eine Tugend zu machen wie Kant heißt beliebig Funktionen als Bedingung der Erfahrung postulieren zu können; die Befolgung der Vorschrift der Falsifikation würde zur völligen Zerstörung jeder Wissenschaft führen, denn dann hätten wir nach kurzer Zeit überhaupt keine Theorien mehr zur Verfügung (fast *alle* Theorien sind nach Popper widerlegt); und eine angemessene Bewährungstheorie ist nicht in Sicht – zu guter Letzt: Was rationales Handeln ist, weiß kein Mensch.

Rien ne va plus.

Fazit: Das Problem der Verallgemeinerung ist kein wissenschaftliches Problem – weder eines der Rechtfertigung, noch der Postulierung von notwendigen Funktionen, noch der Erfindung von ebenfalls ungelösten Nachfolgeproblemen. Es ist eher ein Problem der *Macht*, die wir über die Natur ausüben wollen, der Macht, das angeblich totale Chaos zu beherrschen, ihm ein Schema aufzuzwingen – ein Problem, das bereits Nietzsche deutlich erkannt hat, wenn er auch keine (mitteilungsfähige) Lösung dafür fand. In jeder wissenschaftlichen Theorienbildung wiederholt sich die Gewaltsamkeit und die Hybris der ursprünglichen Machtergreifung der wissenschaftlichen Vernunft.

So ist also die Wissenschaft – Verallgemeinerung – Wille zur Macht und nichts außerdem?

* Falsifikation: *Widerlegung* einer Theorie durch mindestens ein Gegenbeispiel.

** Bewährung: *Stützung* einer Theorie durch viele sie bestätigende Fälle.

Reproduktion

Reproduzieren kann man nur, wenn uns die Natur mehrmals gegeben ist und sie wieder in denselben Zustand zurückkehrt. Aber das ist nicht der Fall. Die Natur ist nur einmal da (Ernst Mach), und zudem sind *alle* Naturvorgänge irreversibel. Ein *einmaliger* Vorgang wird meist als «geschichtlich» bezeichnet. So schreibt Werner Döring, ein theoretischer Physiker, in seinem Aufsatz «Naturwissenschaftliche und historische Weltbetrachtung» (1959): «Der Gegensatz zu einem historischen Vorgang... ist ein physikalischer Vorgang, der wiederholt in der gleichen Weise abläuft, weil die Unterschiede bei den verschiedenen Abläufen für ihn unwesentlich sind. *Nur an solchen Vorgängen lassen sich physikalische Gesetze feststellen*» (Hervorhebung von uns).

Reproduktion läßt sich auf Verallgemeinerung im Sinne des Kausalgesetzes zurückführen, das heißt, «daß auf einen genau bestimmten physikalischen Anfangszustand eines Systems, sooft er sich wiederholt, stets genau derselbe Ereignisablauf, genau dieselbe Sukzession von Zuständen folgen wird» (Erwin Schrödinger, ‹*Was ist ein Naturgesetz?*›). Aber wenn das Kausalgesetz der Reproduzierbarkeit gültig wäre, müßte der Anfangszustand (die Anfangsbedingungen) beliebig genau bestimmbar sein, denn wir müssen ihn ja wiederholen können. «Beliebig genau» meint in diesem Falle: «exakt so wie der vorige» oder: «in einem beliebig kleinen Konfidenzintervall». Ist der eine Anfangszustand nur «fast» so wie der andere – und er ist es, denn er ist kontingent, ein historischer, einmaliger Vorgang, der sich nicht wiederholt –, wird sich das physikalische System in *allen* nichtidealisierten Fällen (also in allen wirklich vorfindbaren Fällen) *anders*, ja in der Mehrzahl der interessanten (komplexen, randbedingungssensitiven, nichtstabilen) Fälle *völlig* anders entwickeln als beim ersten Versuch.

Die Gesetzlichkeit ist von der immer völlig anderen Kontingenz abhängig – das zeigt die Theorie der nichtlinearen Dynamik, besonders die Stabilitätstheorie, in der der Begriff der «Anfangsbedingungen» eine zentrale Rolle spielt. Die Synergetik, begründet von dem Stuttgarter Physiker Hermann Haken, die nichtlineare Thermodynamik (fern vom Gleichgewicht) des Brüsseler Physikochemikers Ilya Prigogine sowie die Hyperzyklustheorie des Göttinger Biochemikers Manfred Eigen haben zur Folge, daß die Präparation der Anfangsbedingungen zum Zweck, wirkliche Reproduzierbarkeit zu erreichen, unanwendbar ist.

Damit wird unser Argument verstärkt. Wir werden auf diese modernen Theorien im dritten Kapitel noch ausführlich eingehen. Ihre Bedeutung für die Frage des Verhältnisses von Abstraktion und Wirklichkeit besteht darin, daß sie bei der Behandlung nichtlinearer, komplexer, dynamischer Systeme immanent, das heißt mit wissenschaftlichen Methoden an die Grenzen der wissenschaftlichen Begriffsbildung vordringen: Alle reversiblen, wiederholbaren, reproduzierbaren Prozesse sind nicht nur abstrakt und unwirklich, sondern sogar widersprüchlich. Genauer: Die klassischen Theorien erachten unbegriffene abstraktive Voraussetzungen als real, und der Versuch einer Konkretisierung *weist sie gerade als inkonsistente Abstraktionen aus*, wenn wir Anfangsbedingungen und dynamisches Gesetz scharf trennen und unabhängig voneinander betrachten wollen.

Physikalische Systeme sind also nicht reproduzierbar. Dies ist in einem ganz strengen Sinne gemeint.

Sehen wir uns noch einmal die *Klassifikation* an. Jede fruchtbare Klassifikation setzt Verallgemeinerung im Sinne von Gesetzlichkeit voraus. Wir suchen immer im Bereich der durch unsere bisherigen Klassifikationen vorgeprägten Fragestellungen.

Dies mag an dieser Stelle erst einmal genügen, um anzudeuten, daß die Wissenschaft mit im Grunde unerfüllbaren Forderungen an sich selbst zu arbeiten versucht. Es gelingt ihr nicht, das Gesetzliche und das Kontingente zu vermitteln. Statt dessen greift sie zu einem Gewaltakt: dem Versuch, das Kontingente aufs Streckbett des Gesetzlichen zu spannen.

Sie ist auf Treibsand gebaut.

Dies ist nun keine philosophische Spitzfindigkeit, sondern mit den Mitteln der Wissenschaft selbst zu zeigen. Wir finden in ihr selbst ihr Maß, wir können nicht aus ihr heraustreten, denn auch das (imaginäre?) unklassifizierbare Chaos ist noch ein wissenschaftlicher (Grenz)begriff, gebildet aus der durch die nichtlineare

Dynamik und die Synergetik möglich gewordene Klassifikation chaotischer Phänomene. Diese Theorien geben exakte numerische Kriterien dafür an, wie «chaotisch» ein Prozeß ist, besonders in Systemen von hoher Individuenzahl und hohem Energiedurchfluß. Schon aus diesem Ansatz ergibt sich, daß das Chaos keine homogene Größe ist.

Wir haben schon erwähnt, daß sich Grenzen von Begriffen *innerhalb* der Wissenschaft ziehen lassen, zum Beispiel die Grenzen der Begriffe «Teilung», «Objekt» oder «Eigenschaft». In diesem Abschnitt geht es um die Grenzen der wissenschaftlichen Begriffsbildung *überhaupt*. Wir haben drei notwendige Bedingungen der wissenschaftlichen Theorienbildung angegeben: Klassifikation, Verallgemeinerung, Reproduktion, die den Mechanismus analysieren, wie das Kontingente, Zufällige, Differente, immer Neue und Andere in eine abstrakte Gesetzlichkeit eingeht. Die drei Bedingungen sind Aspekte *eines* Prozesses.

Was heißt es denn, daß die Wissenschaft das Kontingente und das Gesetzliche – das Besondere und das Allgemeine – nicht «vermitteln» kann? Wilhelm Windelband, ein Neukantianer, gab darauf in seinem 1907 postum erschienenen Aufsatz «Geschichte und Naturwissenschaft» die Antwort: Die Verbindung von allgemeiner Gesetzlichkeit und besonderen Randbedingungen ist nicht in ihnen selbst begründet. Und je weiter die Wissenschaftler in Forschung und Theorienbildung voranschreiten, desto deutlicher tritt diese Unvereinbarkeit zutage. In dem Buch ‹*Erwägungen zu einer Theologie der Natur*› weist der Physiker A. M. Klaus Müller darauf hin, daß die heutige Physik einen «Primat des Kontingenten vor dem Gesetzlichen aufdeckt», was insbesondere ein Problem der Geschichte der Naturgesetze selbst sei (wohlgemerkt: nicht der Geschichte der Gesetze in der Geschichte der Naturwissenschaften, sondern in der Geschichte der Natur).

Wir drücken die Konsequenz aus dieser Entwicklung zunächst einmal in einem Satz als Fazit aus: *Die Grenzen der Wissenschaft liegen darin, daß ihr letztes «Objekt» weder klassifizierbar, noch verallgemeinerbar, noch reproduzierbar ist.*

Ein solches Objekt nennen wir eine Singularität.

Was eine Singularität ist, sehen wir am klarsten an dem Satz: Die

Geschichte wiederholt sich nicht; geschichtliche Ereignisse sind nicht verallgemeinerbar (es gibt keine historischen Gesetze), und sie sind nicht im strengen Sinne klassifizierbar (es gibt nicht die Klasse der «Gänge nach Canossa»). Jedes geschichtliche Ereignis ist singulär. (Immer wieder Mach. Auch die Natur ist nur einmal da, also singulär.) Wir können freilich auf zweiter Ebene in einer *Theorie* der Geschichte «ähnliche» Ereignisse vergleichen; auf geschichtliche Ereignisse zugreifen können wir nicht, denn sie sind unwiederbringlich vergangen.

Was verbindet naturwissenschaftliche Theorien mit historischen Theorien? Beide beschreiben Prozesse, also zeitliche «Ereignisse» (in diesem Begriff ist schon eine Zeitlichkeit mitgedacht), und beide klassifizieren nach Ähnlichkeiten, das heißt, sie suchen nach spezifischen Bedingungen, unter denen bestimmte Prozesse ablaufen, und passen damit Erfahrungen an «die Wirklichkeit» an.

Besteht nun nicht aber ein grundlegender Unterschied zwischen historischer und naturwissenschaftlicher Theorie darin, daß die Naturwissenschaften durch das Experiment präzise auf die «Wirklichkeit» zugreifen können? Wir glauben, diese Frage verneinen zu müssen: Naturwissenschaftlichen Experimenten sind Grenzen gesetzt, sowohl in räumlicher wie in zeitlicher Dimension, im Großen wie im extrem Kleinen. Je kleiner die «Teilchen» sind, also je lokaler man Information gewinnen will, desto mehr Energie muß aufgewendet, desto stärker müssen die Elementarteilchen beschleunigt werden. Im Großen, in der Kosmologie, ist die Experimentierkunst an ihrem anderen Ende angelangt: Galaxien lassen sich nun einmal nicht unseren Versuchsbedingungen unterwerfen.

Dennoch hat man in der Astrophysik sehr viel Information produziert, und es wäre unsinnig, ihren wissenschaftlichen Rang anzuzweifeln. Hier wird – und darin stimmt sie mit historischen, zum Beispiel paläontologischen Theorien überein – mit Hilfe experimentell geprüfter Theorien von Indizien auf Vorgänge geschlossen, zu denen man keinen direkten Zugang hat. In der Astrophysik schließt man zum Beispiel von Strahlungsspektren auf die Zusammensetzung von Sonnen und Nebeln, in der Geschichtswissenschaft von Fundgegenständen, Radiocarbon-Datierungen oder auch Schriftstücken auf vergangene Zustände und Prozesse in der Natur und insbesondere auf solche menschlicher Gemeinwesen und Individuen.

Unterliegt nun wirklich *jede* wissenschaftliche Disziplin den Bedingungen der Abstraktion, ist jede Wissenschaft unfähig, das Kontingente und das Gesetzliche zu vermitteln? Es bieten sich zwei Sonderfälle an: die Ökologie und die Synergetik.

In der Ökologie ist der Begriff des Gegenstands mit seiner individuellen Geschichte untrennbar verwoben. Wenn die Aufgabe lautet, ein Feuchtbiotop zu erhalten, dann geht es nur um die lokalen Randbedingungen, die individuelle Zusammensetzung der Lebensformen, die Stellung gerade dieses Feuchtbiotops im Wirkungsgefüge seiner Umwelt. Paradigmatisch ist die Ökologie, weil ihre Wendung vom abstrakt-mengenmäßig gefaßten Gegenstandsbereich zum konkret-individuell gefaßten Anwendungsbereich sich auch in den avanciertesten Theoriebildungen vollzieht, die in der Tradition der bisher abstraktiv verfahrenden Wissenschaften stehen (zum Beispiel Synergetik, Nichtgleichgewichtsthermodynamik). Wir werden freilich sehen: Eine total neue Wissenschaft ist die Ökologie nicht; sie beschreibt die lokale Dynamik der Evolution und macht dadurch Entstehung und Vernichtung von Umwelten sichtbar.

Sowohl die Synergetik als auch die Ökologie deuten dadurch, daß sie das traditionelle Verhältnis von Gesetzlichkeit und Kontingenz, von Prinzip und Phänomen in Frage stellen, auf eine mögliche prinzipielle Revision der Grundlagen wissenschaftlicher Theoriebildung hin. Dies wird besonders deutlich, wenn wir noch einmal einen Blick auf die Singularität, das «letzte Objekt» der Wissenschaft, werfen. Dieses Objekt ist nichts anderes als das Universum, das heißt die Natur (allgemeine Gesetzlichkeit) in ihrer Geschichte (besondere Randbedingungen). *Die Evolution des Universums ist ein singulärer Vorgang – und damit auch jeder Teilprozeß.*

Die traditionelle Wissenschaft betrachtet strenggenommen nicht Teilprozesse, also konkrete Teil-Ganzes-Verhältnisse, sondern abstrakte Teilklassen-Verhältnisse. Ihr geht es um die Unterordnung von *typisierten* Einzelfällen unter Klassen, von reproduzierbaren, identischen Teilsystemen unter ein Gesamtsystem. Bei dieser Vorgehensweise genügt es, daß faktisch nur ein Einzelvorgang vorliegt, ja es ist noch nicht einmal das nötig, es genügt die Vermutung, daß er irgendwann einmal vorliegen wird.

Ein Naturgesetz in seiner einfachsten Form (Alle Gegenstände der Eigenschaft A haben die Eigenschaft B) setzt Mengenbildung voraus – nur für Klassen von Gegenständen lassen sich Gesetze aussprechen: x hat die Eigenschaft A, daß heißt, x fällt unter die Klasse der Gegenstände, die durch A ausgesondert sind. Zwischen allgemeinem Gesetz und besonderem (durch Randbedingungen gekennzeichneten) Gegenstandsbereich besteht immer eine durch einen Abstraktions- und Verallgemeinerungsprozeß verursachte Kluft. Das Teilhabeverhältnis von Idee und Einzelding ist in der logischen Rekonstruktion der Naturwissenschaft durch die Mengenbeziehung von allgemeinem (statistischem *oder* deterministischem) Gesetz und typisierten Einzelfällen ersetzt; das Gesetz ist allgemein beziehungsweise notwendig dadurch, daß die Einzelfälle typisiert und potentiell unendlich sind. (Wobei – nebenbei sei es gesagt – bisher keine klaren Kriterien für die Auszeichnung der Gesetzlichkeit vor zufälliger Verallgemeinerung vorliegen.) Es werden also die Einzelfälle homogenisiert, indem man sie in einer Menge zusammenfaßt, in der keine neue Eigenschaft von ihnen auftritt. Jeder neu hinzukommende Einzelfall hat die typischen Eigenschaften, sonst wird *er* verworfen, nicht das Gesetz.

Um diese Kluft zu schließen, wäre ein neues Verständnis des Begriffs Naturgesetz notwendig, in dem nicht die *Teilhabe* von Fällen am Gesetz im Vordergrund steht, sondern das *Zusammenwachsen* von Individuen zu aggregierten Gesamtheiten, nicht die gestufte und typisierte Element-Mengen-Abstraktion, sondern ein umfassender und konkreter Teil-Ganzes-Prozeß.

Identität und Differenz

> 1. Das gröbere Organ sieht viele scheinbare Gleichheit.
> 2. Der Geist *will* Gleichheit, d. h. einen Sinneneindruck subsumieren unter eine vorhandene Reihe: ebenso wie der Körper Unorganisches sich assimiliert... *der Wille zur Gleichheit ist der Wille zur Macht* – der Glaube, daß etwas so und so sei (das Wesen des *Urteils*), ist die Folge eines Willens, es *soll* so viel als möglich gleich sein.
>
> FRIEDRICH NIETZSCHE

Aber mit diesem Anklang haben wir unser Problem noch nicht bis auf den Grund durchdacht. Wir müssen noch einmal zurück zur herkömmlichen Denkweise und – diesmal ganz explizit – die Grenzen der wissenschaftlichen Begriffsbildung am Verhältnis von Abstraktion und Wirklichkeit erörtern. Denken wir an unser Kraftfeldbild.

Die Abstraktion sieht von der Wirklichkeit ab, sie sieht von *Teilen* der Wirklichkeit ab, sie selektiert die Wirklichkeit, sie formt sie um. Was aber ist denn die «Wirklichkeit», die die Wissenschaft ja nur durch den Filter der Abstraktion kennt? Gibt es nicht irgendeinen Satz, mit dem wir eine notwendige Bedingung der Wirklichkeit ausdrücken könnten? Was ist «Wirklichkeit», wenn wir von der Abstraktion absehen? (Erinnern wir uns an die Pappscheibe, ihre Invarianzen.) Schon unsere Sinne abstrahieren, wählen aus der möglichen Bandbreite der Reize einige wenige aus und isolieren sie. Wir setzen immer schon an Unterschieden an, wir machen keine Schnitte in ein völlig homogenes Kontinuum, denn Homogenität ist Abstraktion, und am Anfang war *nicht* die Abstraktion.

Sie haben gerade ein Buch in der Hand, Sie lesen Wortblock für Wortblock, Zeilenblock für Zeilenblock, Ihr Auge wandert hin und her. Draußen fährt ein Auto vorüber. Oder nein, gerade hören Sie kein Motorengeräusch, es ist alles still, das fällt Ihnen auf. Vorher fuhren die ganze Zeit Autos vorbei, aber Sie hörten sie nicht. Erst jetzt achten Sie darauf.

Was wir wahrnehmen, ist die Heterogenität – der *Unterschied*, die *Grenze*, das *Gefälle* der Energie. Sonst gibt es keine Information. Was auch immer also die Wirklichkeit sein mag, wie auch immer wir sie nur perspektivisch erkennen können, eines ist sie auf jeden Fall und notwendigerweise: heterogen.

Einen gleichbleibenden Reiz nehmen wir schließlich nicht mehr wahr, ein in gleichen Abständen kommender Reiz berührt uns nach einiger Zeit nicht mehr. Ständig bewegen wir unsere Augen, damit wir überhaupt sehen können: die Grenzen der Körper. Festgestellte Augen sind blind. Wir drehen und wenden den Kopf, um Geräusche zu «erhören». Permanent sind unsere Arme, Beine, unsere Muskeln aktiv, sie spannen und entspannen sich, sonst schlafen sie ein.

Wir sind Unterschied und Grenze – und Bildner von Abstraktionen. *Unsere* Abstraktionen setzen Unterschiede voraus. *Diese Unterschiede selbst schon für Abstraktion zu halten, ist ein grundlegendes Mißverständnis unserer Denkweise*, das noch tiefer reicht als etwa Descartes' Unterscheidung zwischen denkender und ausgedehnter Substanz, denn der Unterschied sieht ab vom kontinuierlichen Zusammenhang, er isoliert, er trennt einen Teil vom anderen, er hebt heraus, er selektiert. Dabei setzt das Unterscheiden schon immer einen Unterschied voraus. In einem absolut homogenen Medium ist es unmöglich, einen Unterschied zu machen.

Abstraktion ist das Absehen vom schon getroffenen Unterschied, das Gleichmachen des Unterschiedes, das Reproduzieren eines immer gleichen Unterschiedes: Homogenität. Diese ist das Ergebnis, nicht die Voraussetzung der Abstraktion. Die Konsequenz des Mißverständnisses lautet: Nur durch Abstraktion wird Wirklichkeit überhaupt aufgebaut, konstituiert – dadurch, daß die Wissenschaft vermeintlich das Chaos ordnet, die Homogenität trennt. Hier tritt der Fehler in dieser Denkweise deutlich zutage.

Betrachten wir noch einmal den konkreten Fall der sinnesphysiologischen Wahrnehmung: In einem begrenzten Zeitraum wirken auf uns einzelne Sinnesreize ein, die einen begrenzten Energiebetrag repräsentieren, also eine Wirkung Energie mal Zeit. (1) Ist die Energie in Relation zur Zeit sehr hoch, entsteht Chaos, wir nehmen nichts wahr. Genauso verhält es sich (2), wenn die Zeit in Relation zur Energie sehr lang ist: Es entsteht ein Rauschen. Alle dazwischenliegenden Verhältnisse erzeugen einen wahrnehmbaren Reiz. Für andere Wesen mit anderen Konstanten der (körperlichen) Organisation mag (1) oder (2) einen solchen Reiz erzeugen, also ein für uns nicht wahrnehmbares Verhältnis Energie mal Zeit. Diese Indifferenz (oder *eine* Art der Homogenität) ist also nur für *uns* vorhanden.

Das Verhältnis zwischen den unsere Sinnesreize auslösenden Umwelteinflüssen und ihrer Wahrnehmung durch uns ist aber nicht das zwischen einer äußeren Wirkung und einem passiven Aufnehmen; vielmehr ist jede Wirkung eine Wechselwirkung. Jede Wirkung, die wir ausüben, ist *immer* auch eine Wirkung auf uns, wahrnehmbar vielleicht nur von einem kleinen Teil unserer Organisation, und jede Wirkung, die auf uns ausgeübt wird, ist *immer* auch eine Wirkung, die wir ausüben, wenn auch nur auf einen kleinen Teil unserer Umwelt. Deswegen machen wir keine Schnitte in eine indifferente Umwelt, weil wir mit Indifferenz nicht in *Wechselwirkung* treten können. Ein kleiner Teil der Umwelt wirkt also immer auf uns ein, ist somit different. Schon die erste denkbare Wechselwirkung, die zwischen einem Subjekt und einem Objekt, einem Objekt und einem Subjekt, ist Differenz, da das Subjekt immer auch Objekt, das Objekt immer auch Subjekt ist, das Schneidende das Geschnittene, das Geschnittene das Schneidende. Aufgrund dieses ständigen Wechselwirkungsprozesses können wir also vorläufig definieren: *Wirklichkeit ist Differenz der Differenz* der Differenz... wobei kein Grenzwert angestrebt wird, das heißt, die Differenz wird nicht beliebig kleiner, die Abstände der Schnittfolge werden nicht beliebig geringer, bis ein homogenes Feld zustande käme. Die Wirklichkeit bleibt «gekörnt». Sie ist der *Prozeß der Differenz*, der Akt der Unterscheidung, wobei wir durch Festlegung des Maßes dieser Unterscheidung die Diskretheit beziehungsweise Differenz homogenisieren, also ein «Kontinuum» erzeugen können. Man kann sich diesen Vorgang anhand des unterschiedlichen Auflösungsvermögens von Druckrastern veranschaulichen.

Damit etwas wirklich ist, muß also auf jeden Fall ein *Unterschied* dasein, und dieser Unterschied muß sich *ändern* (denken Sie an die Reizschwelle) – eine absolut notwendige Bedingung für «Wirklichkeit».

Abstraktion hingegen ist Identität der Differenz, Gleichheit des Unterschiedes, des Unterscheidens: gleiche Schnitte, gleiche

Schnittfolge. Sie ist eine abgeleitete Größe, sie setzt den Unterschied voraus.

Abstraktion ist nicht Differenz, sondern setzt Differenz voraus. Abstraktion verfehlt die Wirklichkeit, das heißt: sie homogenisiert Heterogenität, sie ebnet die Differenz ein. Wie entsteht nun der falsche Eindruck, Abstraktion sei wirklich? Um den Unterschied zu unterscheiden, benötigen wir natürlich die Abstraktion. Aus dieser Not unserer Erkenntnis heraus setzen wir die Abstraktion als Wirklichkeit. So ist die Differenz unsere Informationsquelle, die Identität dagegen, die wir ihr aufprägen, Informationsverlust. Wir nehmen ihn in Kauf, um uns überhaupt orientieren zu können. Abstraktion ist schlicht ein Mittel, um Heterogenität bis zu einem für uns brauchbaren Umfang zu unterdrücken.

1. Die Wirklichkeit kann uns «davonlaufen», mehr Information, mehr Unterschiede produzieren, als wir wahrzunehmen vermögen.

2. Wir können der Wirklichkeit «davonlaufen», mehr Identitäten (eine gröbere Klassifikation) erzeugen, als die Wirklichkeit Information produziert. Die Wirklichkeit erscheint homogen.

Wenn Sie auf einer Autobahnbrücke stehen und die Fahrzeuge huschen unter Ihnen vorbei, kommt es normalerweise zu Fall 2. Sie können vorausberechnen, was geschieht. Wenn Sie mit Ihrer Beobachtung lange genug fortfahren, können Sie sagen, wann sich ein Stau bildet, wie groß die Überholfrequenz ist etc. Aber wenn zum Beispiel ein Unfall geschieht, tritt Fall 1 ein. Die Ereignisse laufen zu schnell ab, nichts ist (erst einmal) voraussehbar, kein statistischer Durchschnitt, keine Beobachtung eines anderen Unfalls nützt Ihnen etwas bei diesem singulären Geschehen.

In Fall 2 erscheint die Wirklichkeit abstrakt: Wir können Gesetze bilden, Identitäten herauslesen. Zwar ist ein *Unterschied* da, aber er ist immer *gleich*. Er wird der Gleichheit untergeordnet. *Abstraktion* ist somit nicht nur Identität der Differenz, sondern auch *Identität von Differenz und Identität.*

Genauso verhält es sich mit der Wirklichkeit. In Fall 1 liegt die Gewichtung auf der Andersartigkeit, der Heterogenität, dem Unterschied – aber eine Minimalgleichheit ist natürlich immer da, sonst würden wir gar nichts wahrnehmen. Also ist Wirklichkeit nicht nur Differenz der Differenz..., sondern auch *Differenz von Identität und Differenz.* Ein Universum entsteht, wenn ein Unterschied getroffen ist.

Wir werden in den folgenden Kapiteln unsere Überlegungen an der Darstellung der wissenschaftlichen Entwicklung und ihrer Grundlagen vervollständigen und konkretisieren. An dieser Stelle weisen wir noch darauf hin, daß die «Theorie des Unterschiedes» *die* entscheidende Rolle in einer Systemtheorie spielen muß. Entwürfe dieser Art haben zum Beispiel Humberto R. Maturana in biologischer (neurophysiologischer) Gewichtung und Niklas Luhmann, der von letzterem beeinflußt wurde, in soziologischer Gewichtung vorgelegt. Es geht immer um dieselben zentralen Fragen: Wie grenzt sich ein System vom Co-System (Umwelt, Menge der anderen Systeme) ab? Wie stabilisiert und selbstorganisiert es sich dadurch? Wie bezieht es sich auf sich selbst?

Das ist freilich nur *ein* Anwendungsfall. Auch in der neuen Mathematik und Physik wird die «Theorie des Unterschiedes» (= der Information) eine entscheidende Rolle spielen.

Wir werden noch weiter unterscheiden.

Statik und Dynamik

Die Dinge

Alain saß am Schreibtisch und schrieb. Er beschrieb die Dinge, und die Dinge verhielten sich so und so. Ihm ragte ein geöffneter Fensterflügel entgegen, und sein Blick fiel nach draußen in die widerliche Leere des Raumes. Es hellte auf, die Konturen wurden schärfer; schon die ganze Nacht schrieb er die Dinge an; immer noch wartete er auf eine Antwort, so als müßten irgendwann die Dinge seine Hand packen und sie führen, als würden die Dinge sich voneinander ablösen und in seine Augen dringen, durch den Sehnerv wandern, die Synapsen überspringen und irgendwo in ihm ankommen und dasein, so wie sie sind. Denn die Dinge verhalten sich so. Und so.

Aber die Dinge wollten sich nicht prostituieren. Alain war geduldig, seine Hand hielt den Kugelschreiber locker, und sanft rollte die winzige Stahlkugel über das rissige Papier; aus der hauchfeinen, runden Ritze zwischen der Kugel und der Minenspitzenumrandung quoll unhörbar die viskose blaue Tinte. Der rote Kugelschreiber aus Plastik nahm eine Neigung von 45 Grad relativ zur Ebene des weißen Papiers an, er wog 50 Gramm. Er war ein Ding, und die Tinte war ein Ding, und das Papier war ein Ding, und Jacqueline rumorte hinter ihm in der widerlichen Leere des Zimmers. Seit Beginn der Nacht sprach sie nicht mehr mit ihm, denn er saß einfach da und schrieb und wartete auf die Dinge. Er wartete auf das Einströmen auf die Sättigung auf den Konzentrationsausgleich auf die Korrespondenz auf die Antwort. Jacqueline störte seine Versuchsanordnung. Also saß er so noch den ganzen Tag, und wieder brach die Nacht herein. Jacqueline war gegangen, alles war ruhig, und die Dinge fingen an zu flimmern und zu zucken, und er hatte einen Traum:

Die Angeln der Eisentür quietschten in ihren Pfannen. Die steinerne Schwelle rotgestrichen von der aufgeblähten Abendsonne.

Zutritt verboten. Privateigentum. In Kleinschrift: Die befugte Benutzung des Privatweges geschieht auf eigene Gefahr. Die wackligen Türflügel, eben noch von einem mit braunem Plastik überzogenen Draht zusammengehalten, klappten aneinander. Am Strand.

Er zog sich stehend aus und setzte sich auf den Strandsand kalt und klebrig. Er bemerkte die hockende Gestalt in einer Mulde am Drahtzaun neben dem Eingang. Die ihn hatte empfangen wollen, aber jetzt in künstlicher Zerstreuung seinen Wagen ansah. Ein Spiel. Die Gestalt erhob sich betont langsam, kam näher, kickte den Sand bei jedem Schritt. Er drehte sich zum Meer. Hinter ihm ein Knistern Rauschen Fallen. Dann eine Hand, die zögernd die Linien seines Schulterblattes nachzeichnete. Jacqueline zog die fischige Luft prüfend durch ihre Nase und hielt inne, als erwarte sie eine Antwort. Er konnte sich nicht entschließen, sie zu geben. Er starrte zum Horizont, der die Sonne zusammendellte. Sie verdunstete... Da war es wieder, worauf er gewartet hatte. Die Sonne erzählte ihm eine Geschichte schon seit Tagen. Sie grub ihre ehemals hellen rosenfingrigen, nun durch die Arbeit des Tages schon dunkelroten Strahlen in den Sand; seltsam bedeutungsvolle Zeichen warfen lange Schatten. Sie erschlossen sich ihm in ihrer Gestalt. Fußspuren von Menschen; Seesterne; Muscheln; faules Holz; Zigarettenkippen; eine bräunlichgrünlich angerostete Konservendose Bonduelle-Bohnen.

Die Zeichen wechselten flugs und flatternd ihre Markanz, aber noch fügten sie sich nicht sinnvoll zusammen. Die Zeichen geruhten nichts anzuzeigen.

Stakkatoartig streiften sie ihre Gestalt ab und nahmen eine neue an, wie die ratternden Anzeigetafeln in den Abflughallen. Er durfte sie nicht erkennen. Nicht hier. Nicht jetzt. Nicht schauen. Die Lichtung ist geschlagen. Augen zu. Er beugte sich über sie.

Aber plötzlich schickt die Sonne noch einen purpurnen Abschiedsgruß über den Atlantik. Übersetzt die Zeichen im Sand.

Alain, zögernd, erhaschte dies.

Er schnellte hoch alles weg.

Er kniete sich hin, da stand es wieder.

Er verkrampfte sich in seiner Stellung, und mit dem Zeigefinger, die Kuppe glitschte über schleimiges Mehl und Sandpapier, zog er die Zeichen nach. Jacqueline rollte sich weg, fast lautlos. Kein Platz, zuviel Sand zertreten um ihn herum, er schrieb im Kreis, hüpfte näher zum Meer, eine frische Stelle. In gleicher Höhe verharren, immer in gleicher Höhe, schneller, schneller...

Bürgerliche Dämmerung nautische Dämmerung astronomische Dämmerung aus. Keine Schatten mehr. Bewahren, alles bewahren, bis zum Morgen. Eine Lampe!

«Jacqueline!»

Nur nicht auf die Zeichen treten. Er rief nach Jacqueline, nach einer Taschenlampe, und die Larynx pfiff und knirschte. Sein Gedächtnis war kurz, der Sand hier locker, da verbacken. Es hält nicht lange. Er schrie, bis seine Stimme zersplitterte. Er kniete im Schmutz, eine groteske weiße nackte Gestalt, und starrte auf sein Reich.

Der Scherenschnitt Jacquelines, gegen die helleren Wellen, die weißere Gischt, glitt lautlos auf ihn zu. Die Zeichen. Nicht... durch die Zeichen!

Accelerando appassionato Bolero.

Aus der Traum.

Am nächsten Morgen fand Jacqueline Alain starr am Schreibtisch sitzend, naß und mit weißem Sand beklebt. Er war ans Ziel gelangt: Die Dinge hatten ihm geantwortet.

...ne cadat in obscurum...

Form und Zeit

> Denn nur Geschöpfe der Fahrt sind wir,
> und unsere Gestalt ist Fluktuation.
> Zerrauschene Wolke.
>
> BOTHO STRAUSS

Wir verändern uns, und unsere Umgebung verändert uns. Da wir Materie, Energie und Information mit der Umgebung austauschen, sind wir *offene Systeme*. Aber wir grenzen uns auch von der Umgebung ab, bilden uns als autonome Einheiten; insofern sind wir auch *geschlossene Systeme* (nicht im Sinne der Thermodynamik natürlich). Unsere Umgebung verändert sich, und wir verändern unsere Umgebung. Als geschlossene Systeme erhalten wir unsere Identität und schließen uns ab, sind in gewissem Sinne gleichgültig unseren Co-Systemen gegenüber, gestehen ihnen aber andererseits eine eigene Identität und Autonomie zu. Als offene Systeme treten wir in Kontakt zu unseren Co-Systemen, sie sind uns jetzt keineswegs mehr gleichgültig, wir lieben oder hassen sie, wir möchten sie ummodeln und benutzen für unsere Zwecke, für unsere Selbsterhaltung. *Wir erhalten uns selbst als geschlossene Systeme, indem wir offene Systeme sind.*

Wir sind *beides* – das ist unsere Rettung und birgt zugleich die Gefahr unseres Untergangs. Dieses Leitthema wird im folgenden immer wieder anklingen. Die Ökologie in einem ganz grundlegenden Sinne erweist sich als die Wissenschaft des Verhältnisses von System und Co-System im allgemeinen. Das ist bekannt. Weniger bekannt aber sind die geistes- und kulturgeschichtlichen Voraussetzungen und Einflüsse, deren Verständnis es uns erst erlaubt, die Ökologie und unsere im Augenblick gefährdete Situation wirklich zu begreifen, um dann auch durchdacht handeln zu können. Die Gefahr des Untergangs liegt im verfehlten Streben nach dem Extrem, dem *Einen*. Niemals können wir eins werden mit der Natur, uns öffnen, uns durchfließen lassen, sanft lächeln, die Augen schließen... wir würden verlöschen. Niemals können wir uns rigide abschließen gegenüber der Natur, unsere Identität um jeden Preis erhalten, uns einkapseln, aufblasen... Mit einem gigantischen Knall würden wir zerplatzen. Dies alles betrifft unsere *prinzipielle* Lebensfähigkeit im wesentlichen unabhängig vom Stand der Technik, Kultur und Naturbeherrschung. Unsere Membran zur Umgebung hat also einen Durchlässigkeitsgrad, der sich biologisch im Laufe der Evolution herausgebildet hat. Wir nennen ihn den *Kopplungsgrad* zwischen System und Umgebung (Co-Systemen). Er zeigt an, in welchem Maße wir mit der Umgebung verschmelzen oder – das andere Extrem – uns von ihr abtrennen.

Die Variationsbreite des Kopplungsgrades ist uns vorgegeben. Wir können nicht alles aus uns machen, wir sind nicht beliebig verformbar – als Menschen. Aber wir können gewichten und wählen in unseren jetzigen Grenzen. Dieser kurze Augenblick, in dem wir endgültig feste Gestalt annehmen, dieser Augenblick des Lärms zwischen der Stille vor Zeugung und Geburt und der Stille nach dem Tod ist für uns die Zeitspanne der *Entscheidung*.

Diese prinzipielle Grenze ist verwoben mit dem Geflecht der Grenzen, die uns von Geschichte und Kultur gesetzt werden. Jenes Geflecht macht unsere Entscheidung inhaltsvoll und material, sie muß sich orientieren an irreduzibler, vorgegebener Komplexität.

Dieser *Augenblick*, das Leben des einzelnen, ist nicht wiederholbar. Wir müssen uns also zuerst mit der *Zeit* befassen, deren Rätsel bis heute noch nicht gelöst sind. Unsere Hauptfrage in diesem Abschnitt richtet sich auf «Form und Zeit».

Was ist die Zeit? fragte Augustinus. Wenn mich niemand fragt, so weiß ich es; will ich es aber jemandem auf seine Frage hin erklären, so weiß ich es nicht. Es gibt darauf eine allererste und eine allerletzte Antwort: Zeit ist die Anwesenheit des identischen Seins. Das ist der Sprung aus dem Augenblick in die Ewigkeit. Parmenides ist der Anstifter dieses Denkens: Nichts verändert sich wirklich, nichts entsteht, nichts vergeht, nichts wandelt sich. Das Sein ist nicht entstanden und kann nicht vergehen. Alles, was ist, ist so, wie es ist, und nicht anders. Etwas, das wird, ist nicht wirklich. Wie sein Schüler Zenon zu beweisen suchte: Es ist *in* der Zeit – aber wo ist die Zeit? Eine sinnlose Frage? Machen wir uns nicht einfach mit Wortspielen Schwierigkeiten, substantivieren flüchtige Vorgänge, sagen: dem Hauptwort muß ein Objekt entsprechen, ein Objekt muß irgendwo sein?

Augustinus sagte: Die Zeit ist nicht Sein, sie ist Nichts. Fast nichts. Das Maß der Zeit ist das Denken, in Erwartung der Zukunft, Wahrnehmung der Gegenwart, Erinnerung der Vergangenheit.

Was denn ist die Zeit? Sein, Nichts, Werden? – Wörter.

Wir müssen diese Frage beantworten, denn wir handeln in der Zeit und entscheiden dort über Leben und Tod. Wir entscheiden über die Formen unserer Welt und über unsere. Wenn wir nur hin- und hergeworfen sind zwischen einer Zeit, die vollständig aufgesaugt ist von der Anwesenheit des allgegenwärtigen Seins, die letztlich nur eine einzige allumfassende Struktur zuläßt, und andererseits der verschwindenden Zeit, mühsam ins Sein gehalten durch unser kurzes Gedächtnis und unsere fehlbare Erwartung, dann müssen wir schleunigst dieser Alternative entfliehen und eine andere Lösung suchen.

Sie besteht erst einmal in nichts anderem als einer klaren und deutlichen Klassifikation verschiedener «Zeiten». Hinzu tritt als Pendant die Klassifikation von Formen. Daraus ergeben sich verschiedene Verhältnisse von Systemen und ihren Co-Systemen. Das Kriterium der Aufeinanderfolge lautet zunächst einmal nur: wachsende Komplexität. Wir nehmen also eine Feineinteilung vor, wobei wir darauf achten, wie die Grenzen der Wissenschaft, die Einheit von Form und Zeit und unser Leben als Systeme und Co-Systeme in Systemen und Co-Systemen zusammenhängen.

Vorher müssen wir noch einmal an das im Kapitel «Abstraktion und Wirklichkeit» Gesagte erinnern. Wir stellten dort fest, daß die Grenzen der Wissenschaft in ihrer abstrakten Vorgehensweise liegen, darin, daß die Wissenschaft die Abstraktion für Wirklichkeit hält und damit an die Grenzen ihrer Begriffsbildung stößt: sie *muß* klassifizieren, generalisieren, reproduzieren. Dadurch jedoch erhält sie ein bestimmtes Bild der Wirklichkeit, das wir jetzt noch einmal näher betrachten wollen.

Unser Kernsatz lautet: Die eben wieder aufgezählten drei notwendigen Bedingungen wissenschaftlichen Denkens schalten so weit wie möglich den Einfluß der Zeit aus; denn die Abstraktion ist nur als empirisch-psychologischer Moment ihrer Entstehung, nicht jedoch als Abstraktion selbst in der Zeit. Ihr Bedeutungsgehalt unterliegt keiner Erosion. In welcher Weise wird nun die Zeit ausgeblendet? In der Klassifikation stanzen wir einen feststehenden Gegenstandsbereich aus, wir ordnen Gegenstände zu Mengen und erachten sie als gleichartig bezüglich der Mitgliedschaft in solchen Mengen. Einmal klassifiziert, ändern sie sich nicht mehr in dieser Klassifikation. Die Gegenstände haben feste Eigenschaften, die sie nicht verlieren.

In der Verallgemeinerung bilden wir Gesetze und machen Voraussagen, wir versuchen, den Fluß der Zeit einzufrieren und zu homogenisieren, denn wir würden gern beliebig in Vergangenheit und Zukunft rutschen können, ein Ideal, das in der Astronomie

– fast – verwirklicht ist. Gesetze dürfen sich nicht auf bestimmte Individuen und Raum-Zeit-Stellen beziehen, diese gehen nur durch Anfangs- und Randbedingungen in komplexe Gesetzesaussagen ein – Gesetze sind bedingte Allsätze: Für alle Gegenstände x gilt: Immer wenn x die Eigenschaft A hat, dann hat x die Eigenschaft B.

Arthur Schopenhauer drückt diese Zeitenthobenheit der Naturgesetze sehr schön aus, wenn er sagt, daß das Naturgesetz die Beziehung der platonischen Idee auf die Erscheinungen sei (Beziehung auf Erscheinungen gleich Anfangsbedingung). An anderer Stelle in ‹*Die Welt als Wille und Vorstellung*› behandelt er das gleiche Thema: «‹Die Schwere ist Ursache, daß der Stein fällt›; vielmehr ist die Nähe der Erde hier die Ursache, indem diese den Stein zieht. Nehmt die Erde weg, und der Stein wird nicht fallen, obgleich die Schwere geblieben ist. Die Kraft selbst liegt ganz außerhalb der Kette der Ursachen und Wirkungen, welche die Zeit voraussetzt, indem sie nur in bezug auf diese Bedeutung hat: jene aber liegt auch außerhalb der Zeit.» («Kraft» soll hier eine Abkürzung für «Kraftgesetz» sein.)

Auch bei der Reproduktion haben wir dieses Phänomen: Die Konstanz, mit der derselbe Verlauf immer wieder eintritt, der Versuch, identische Bedingungen zu schaffen, weisen auf Unwandelbarkeit als Ideal hin. Überall, zu jeder Zeit soll ein System denselben Verlauf zeigen.

Durch den Filter der wissenschaftlichen Abstraktion gesehen, haben wir also eine statische, homogene, globale Wirklichkeit, und zwar eine Wirklichkeit, die «an sich» sein soll, die entdeckt und nicht erschaffen wird. Eine tiefgehende Täuschung.

Wir sehen, daß aus der abstraktiven Methode bestimmte Annahmen darüber folgen, wie die Wirklichkeit letztlich beschaffen sei. Wir explizieren noch einmal: Die Wirklichkeit ist feststehend, in ihrer Grundstruktur zeitlos; sie ist identisch und homogen strukturiert, denn sie kann übersehen und vorausgesehen werden; sie ist überall und zu jeder Zeit strukturiert; und sie ist an sich strukturiert, ohne daß eine Operation ihr eine Struktur aufgeprägt hätte. Wir sehen, daß alle diese Annahmen von der Art der Abstraktion sind! Die Abstraktion ist die Wirklichkeit, lautet die Täuschung, wie wir im Kapitel «Abstraktion und Wirklichkeit» sahen. Und die Abstraktion liegt außerhalb der Zeit.

Diese Annahmen sind natürlich nicht explizit als Voraussetzungen wissenschaftlichen Denkens akzeptiert, sondern sie folgen plausibel aus den drei notwendigen Bedingungen – deren Akzeptierung in der wissenschaftlichen Forschergemeinschaft sicherer ist –, wenn man sie ernst nimmt und idealisiert. Viele Wissenschaftler würden leugnen, daß sie die Wirklichkeit so sähen. Aber es ist eine Sache, etwas zu tun, und eine andere, zu wissen, was konsequenterweise aus diesem Tun folgt. Das «Ansichsein» der Wirklichkeit ist freilich eine Zusatzannahme, die jedoch die meisten Wissenschaftler nicht leugnen würden, selbst die Quantenmechaniker nicht.* In der wissenschaftlichen Denkweise steckt ein gewisser Realismus *(scientific realism)*, der davon ausgeht, daß wir in einer kausalen Interaktion mit der Wirklichkeit stehen. Das ist, recht gesehen, gar nicht einmal so falsch, wenn man diese Interaktion nicht als erkenntnismäßigen Korrespondenzakt (Übereinstimmungsakt) zwischen dem Denken auf der einen und der Realität auf der anderen Seite interpretiert, eine Deutung, der die Annahme zugrunde liegt, die an sich seiende Struktur der Realität bilde sich aufs Denken ab. Diese Interpretation ist rein ideologisch. Unsere Projektion von Modellen (wir kommen darauf im nächsten Abschnitt zurück) im Kraftfeld unserer Theorien verselbständigt sich und erscheint uns an sich seiend – eine globale Verselbständigung (Ansichsein) homogener Statik.

Den oben genannten Annahmen genau entgegengesetzt stellen wir vier Postulate auf, die möglichst abstraktionsfrei Aussagen über die Wirklichkeit machen. Wir sagen erstens: Die Wirklichkeit ist prozessual und keineswegs statisch, sie wird und ist wesentlich in der Zeit; zweitens: Die Wirklichkeit ist diskret und heterogen, keineswegs kontinuierlich und homogen-identisch, sie ist gekörnt oder in Zellen eingeteilt, deren Besetzungszustand jeweils definiert werden muß; drittens: Die Wirklichkeit ist lokal und keineswegs global überschaubar, sie ist jeweils nur örtlich – an den Orten mög-

* Vgl. zum Beispiel Franco Selleri, ‹*Die Debatte um die Quantentheorie*›, S. 139.

licher Beobachtung – strukturiert; und viertens: Die Wirklichkeit ist Wechselwirkung, nicht an sich seiend, sie ist überhaupt nur, insofern sie auf einen Beobachter (der kein Mensch zu sein braucht) eine Wirkung ausübt und von diesem Beobachter eine Wirkung erleidet. Dieser wechselseitige Prozeß, in dem lokal diskrete Größen ausgetauscht werden, konstituiert erst die Wirklichkeit. Die Größen oder Wirkungen sind physikalisch von der Dimension Energie mal Zeit, sie sind nicht kleiner als h, das Plancksche Wirkungsquantum.

Wir nennen nun das, was gemäß unseren Postulaten relativ feststeht, *Form* – als Pendant zu *Struktur* (geordnete Menge), die das Statische der Abstraktion ist. Die Wissenschaft muß abstrahieren und Modelle bilden, Phänomene auf Strukturen abbilden, aber sie muß keineswegs immer der Täuschung unterliegen, diese Strukturen wären die Wirklichkeit. Aber auch unsere postulierte Wirklichkeit existiert nicht an sich. Sie ist das Ergebnis eines Iterationsprozesses von Modellen, ein Grenzbegriff, der entsteht, wenn man sehr viele abstrakte Strukturen hintereinanderschaltet. Eine Iteration ist ein Annäherungsverfahren an eine exakte Lösung. In unserem Fall ist diese Lösung unzugänglich. Wir werden aber sehen, daß die Wissenschaft sich dieser Lösung immer mehr nähert, ohne sie jedoch – wie gesagt – zu erreichen.

Wir wollen diese Näherung im folgenden durch einige Szenarios plausibel machen, die das Verhältnis von Form und Zeit in der Wissenschaftsgeschichte behandeln. Es können immer konkretere Formen und komplexere Prozesse beschrieben werden, bis man zur Unvergleichbarkeit (Inkommensurabilität) gelangt, bei der die Begriffsbildung aussetzt.

Abbildung 1 (S. 82/83) bietet einen Überblick.

Wir werden gleich jedes dieser Stadien in Szenarios näher kommentieren und uns anschauen, wie sie sich «aufführen». Vorerst jedoch eine kurze historische Einordnung, wobei wir sehen werden, daß unsere Anordnung eher eine begriffliche als eine chronologische Abfolge wiedergibt. Sie ist eine sogenannte rationale Rekonstruktion der Geschichte: Wir tragen bestimmte Kriterien an die Geschichte heran – hier die zunehmende Konkretisierung und schließlich Unvergleichbarkeit (von Form und Zeit) –, die wir für vernünftig halten, das heißt für angemessene Mittel bezüglich eines

DIE RÄUMLICHE ZEIT Die Zeit wird aufgesaugt vom Sein und den Gesetzen der *doxa*	Es *ist* nur eine, allumfassende Form, nichts entsteht. Statische Abstraktion	
DIE KOORDINATENZEIT Die Zeit ist eine Koordinate unter anderen	Geometrische Formen globaler homomorpher Transformationsklassen	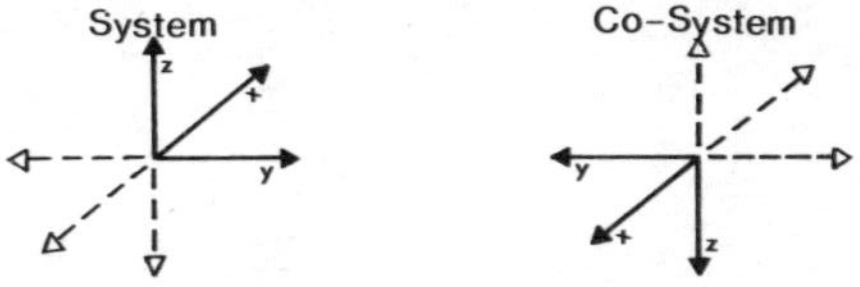
DIE ERSTARRTE ZEIT Die Zeit als externe ist eine physikalische Variable unter anderen gleichwertigen Variablen	Es bilden sich durch äußere Kräfte (Sy-Cos) additiv einfache Formen	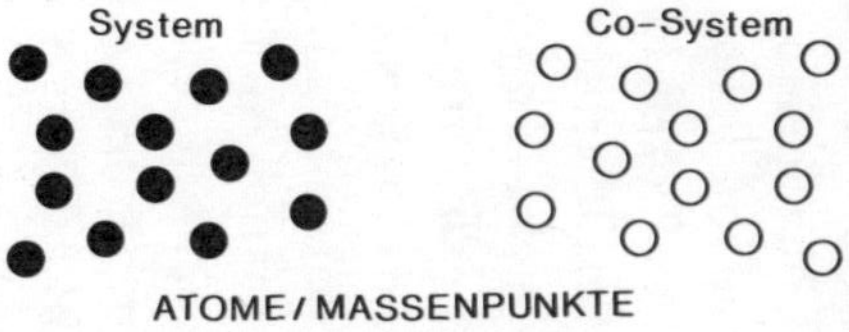
DIE PROGRAMMIERTE ZEIT Die Zeit wird noch artifiziell konstruiert, ist aber schon interner Quasi-Prozeß	Lokale Transformationsklassen von Zellen	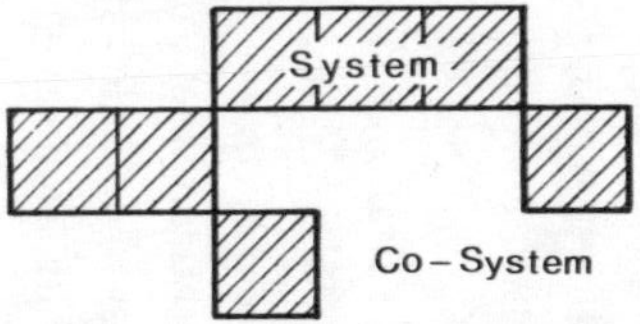

DIE SELBSTORGANISIERTE ZEIT		
Die Zeit wird Operator, und gekoppelte Eigenzeit(en) ist/sind «substantiell» intern	Es selbstorganisieren sich komplexe Formen durch inhärente Kräfte (Sy-Cos)	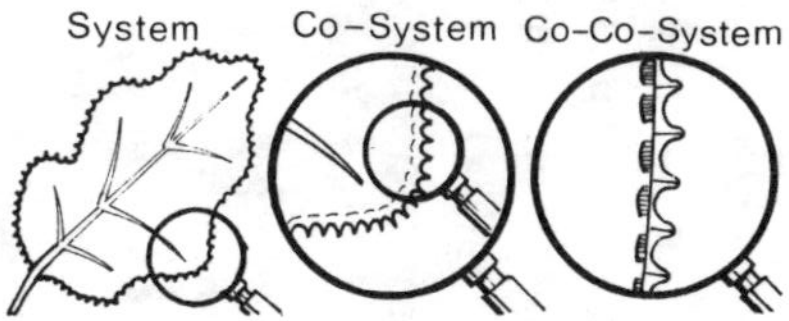
DIE GESCHICHTLICHE ZEIT		
Die Eigenzeiten werden individueller bis zur Inkommensurabilität	Die Komplexität der Formen reißt sie auseinander. Möglichkeit der kommensurabilisierenden (vergleichbar machenden) Abstraktion	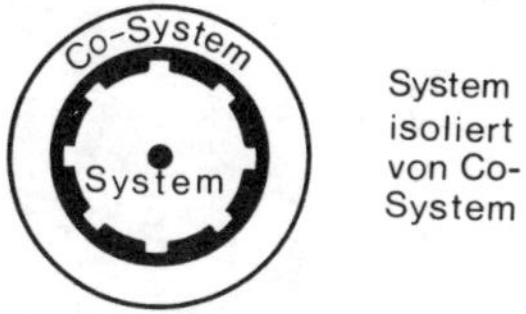
DIE EXISTENTIELLE ZEIT		
Der *Entschluß* zur singulären Unwiederholbarkeit des Augenblicks	Unmöglichkeit der kommensurabilisierenden Abstraktion	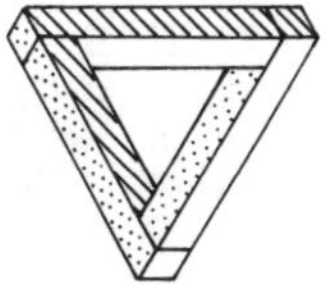

Abb. 1 Das Verhältnis von Form und Zeit – sieben Szenarios

Zweckes, nämlich der Betrachtung der Wissenschaftsgeschichte unter den Begriffen von Form und Zeit überhaupt.

Die räumliche Zeit ist die Zeit des Parmenides, worauf sofort die Koordinatenzeit Descartes' folgt. Sie schafft die mathematischen Voraussetzungen für die erstarrte Zeit von Newton bis Ludwig Boltzmann, Einstein *und* Heisenberg. John von Neumann und Benoit Mandelbrot legen in der programmierten Zeit die mathematischen Grundlagen für die selbstorganisierte Zeit von Ilya Prigogine und Hermann Haken, die mit ihr teilweise die aristotelische Prozeßzeit wieder aufgreifen (wobei Aristoteles schon die begrifflichen Voraussetzungen der Koordinatenzeit diskutiert). In der geschichtlichen Zeit Wilhelm Diltheys und Hans-Georg Gadamers greift die evolutionäre Begriffsbildung schon schlechter, während sie in der existentiellen Zeit Kierkegaards und Heideggers vollends versagt.

Fangen wir an mit der «räumlichen Zeit» des Parmenides.

Hier ist alles, was ist, eins ohne Unterschied, ohne Vergangenheit und ohne Zukunft; es ist die Ewigkeit der Gegenwart. Man hockt auf der Erde, starrt auf seine Nasenspitze und murmelt: «Sein, Sein, Sein, Sein... ist, ist, ist, ist...» ohne Unterlaß. Eine kalte, abstrakte, einfache Welt steht uns vor Augen: Nichts entsteht, nichts vergeht, nur die Kugel des Seins ist festgebacken im Nichts. Ja, Parmenides gab dem Sein eine Form – rund ist es, wohlgerundet. Dabei dachte er an den Kreis als die vollkommenste Kurve, in sich zurücklaufend, begrenzt und unendlich. Wir sagen besser: Er drückte dem Sein eine Struktur auf mit Hilfe der statischen Abstraktion.

Ein gewaltiges, helles, rundes System: das Sein; das abgründige, düstere Nichts: das Co-System. Somit gibt es nur *ein* System, denn das Nichts ist nicht, und das Sein ist dicht und unteilbar. Es birgt keine Relationen, man kann es nicht zerschneiden und zerteilen, auch nicht in Gedanken. Die Vorstellung, die Parmenides dabei hatte – und deswegen kommt noch Licht und Dunkel ins Spiel bei unserer Veranschaulichung –, ist heute viel einfacher hervorzurufen: ein riesiger weißer Planet in der Einsamkeit des schwarzen Alls. Er steht mit nichts in Wechselwirkung, nicht einmal mit sich selbst, er dreht sich nicht, er steht nicht still, er ist milliardenmal kompakter, als jede «zusammengequetschte» Materie es überhaupt sein kann – eine Welt ohne Umwelt; eine Welt, in der, wie wir heute wissen, das Nichts schon längst das Sein geschluckt hätte; eine Welt, in der die Zeit toter Raum ist, tote Struktur des Seins, abstrakter Raum.

Und die Zeit, die wir einteilen in Vergangenheit (V), Gegenwart (G), Zukunft (Z)? – Alles eins ohne Unterschied:

V		G		Z
G	=	G	=	G

(identisch)

Schreiten wir zum nächsten Szenario. Da, es ist schon aufgebaut, an der Himmelstafel steht: Koordinatenzeit. (Descartes hat die Koordinatenzeit in seiner ‹*Geometrie*› als erster eingeführt.)

Dort treffen wir auf Abszissen und Ordinaten jeder Art, freilich sieht man sie im leeren Raum nicht, man muß sie imaginieren. An irgendwelchen Koordinaten ist auch ein kleines t angebracht – die Zeitkoordinaten. Sie heben sich in keiner Hinsicht aus den anderen hervor, das heißt, bei Einführung eines Koordinatensystems (x-, y-, z-Achse) ist keine der Achsen ausgezeichnet bezüglich einer physikalischen Interpretation, zum Beispiel der Zuordnung der Zeit t zur y-Achse. Jedes Koordinatensystem wird zu seinem eigenen Co-System, zum Beispiel dann, wenn man es am Nullpunkt «umklappt». Auf den Achsen kann beliebig vorwärts und rückwärts gefahren werden, auch auf der Zeitachse: Es bleibt sich gleich, ob man sich vorwärts in die Zukunft oder rückwärts in die Vergangenheit bewegt. Die Koordinatensysteme lassen sich mühelos ineinander transformieren, es gibt keine Brüche und Risse, nichts wesentlich Neues entsteht. Der Unterschied von Vergangenheit, Gegenwart und Zukunft ist schwach ausgeprägt:

V		G		Z
VG	≡	GG	≡	ZG

(äquivalent)

Die Gegenwart ist in Vergangenheit und Zukunft immer anwesend, was wir durch VG = vergangene Gegenwart, GG = gegenwärtige Gegenwart und ZG = zukünftige Gegenwart ausdrücken. Die

«Formen» sind geometrisch, und sie sind abbild- und projizierbar. Auf globale Eigenschaften dieser geometrischen Strukturen wird größter Wert gelegt. Sonst geht es recht langweilig in diesem Szenario zu. Es ist nicht so großartig wie das vorige: Permanent erwartet man, daß etwas Besonderes geschieht – aber nichts tut sich.

Dafür hat sich im nächsten Modell um so mehr getan: Die Seinskugel ist in lauter kleine Stücke, auch Atome genannt, zerbrochen. Die Atome bewegen sich durch den leeren Raum, verklumpen und fliegen wieder auseinander; sie formen sich zu ganz verschiedenen Gebilden, auch sehr zerfledderten und abenteuerlichen – aber wenn man sie mittels Koordinaten ordnet und mißt, werden solche Schmutzeffekte vernachlässigt. Die Bewegung wird durch äußere Kräfte verursacht, die Zeit ist externe Variable, aber sie hat schon gewissermaßen eine Vorzugsrichtung; denn manchmal, wenn die Bewegungsrichtung umgedreht wird, wenn die Zeit rückwärts läuft, geschehen seltsame und unwahrscheinliche Dinge: In einem winzigen Raumabschnitt versammeln sich plötzlich Myriaden von Atomen und wimmeln wie Fliegen auf dem Kadaver. Nichts hat sie dort hingelockt.

Sie bewegen sich entgegen einer schwach ausgezeichneten Zeitrichtung:

V	G	Z
$\underline{V}G$	$\neq$ $\underline{G}G$ $\neq$	$\underline{Z}G$

(ungleich)

Die Unterstreichungen betonen Vergangenheit, Gegenwart und Zukunft, um sie von einer ständig anwesenden oder stark zu berücksichtigenden Gegenwart abzuheben. Sie drücken schon eine Irreversibilität der Zeit aus, das heißt, es ist nicht mehr möglich, die Zeitkoordinate umzuklappen und damit Vergangenheit und Zukunft zu vertauschen. Es gibt wesentliche Ereignisse, die nur in *einer* Zeitrichtung ablaufen können. Wenn wir einen Film über diese Ereignisse drehten, dürften wir ihn nicht rückwärts laufen lassen. Zum Beispiel geschieht es (zum Glück) höchst selten (um es einmal sehr milde auszudrücken), daß sich alle Luftmoleküle in einem Raum plötzlich an einer der oberen Ecken versammeln. Möglich wäre das! Aber so extrem unwahrscheinlich, daß man es ausschließen kann: Der Raum müßte mehrere Universenalter existieren, damit man der Wahrscheinlichkeit überhaupt einen praktikablen Wert zuordnen könnte.

In diesem Szenario werden physikalische Kräfte eingeführt, die das Geschehen lenken und die Welt im Innersten zusammenhalten; sei es nur die Kraft, welche Ursache der Beschleunigung ist, oder seien es die vier Grundkräfte: Gravitation, Elektrizität, starke und schwache Wechselwirkung.*

Jedes Atom, sofern man es als System ansieht, ist auch gleich sein eigenes Co-System. Da dies bei allen so ist, kommt es zu einer durchgehenden Globalisierung: Das Co-System des einen Atoms sind alle anderen. Das bedeutet wiederum, daß das Co-System des Co-Systems, das «Co-Co-System», wiederum das eine Atom ist.

Noch vier Szenarios haben wir vor uns.

Wir treten jetzt in einen kühl temperierten Computerraum. Auf den Bildschirmen wachsen komplizierte Gebilde, aufgebaut aus endlich kleinen, vielfältig dimensionalen, größenmäßig transformierbaren, prinzipiell teilbaren Einheiten. Den Gebilden ist nach Programm eine Eigenzeit des Wachstums «von außen auferlegt». Die Zeit ist nicht externe Variable oder Koordinate, sondern das «Alter» des Systems wird aufgrund der Zahl der feststellbaren inneren Verformungen bestimmt – je höher diese Zahl, desto älter das System.

Ilya Prigogine nennt diese Zeit die «interne Zeit». Er führt ein Beispiel an, das wir vereinfacht wiedergeben wollen, die sogenannte Bäckertransformation (nach dem Bäcker, der uns die Brötchen liefert): Gegeben sei ein Würfel (aus Teig oder Knete). Wir quetschen den Würfel von oben so auf seine Grundfläche, daß seine Höhe halbiert wird. Dann schneiden wir den zerquetschten Würfel einmal in der Mitte längs nach unten durch und legen die eine läng-

* Man muß eine fünfte Grundkraft annehmen, wenn man die Superstring-Theorie akzeptiert. Sie beschreibt die *Elementar*teilchen nicht als punktförmige, sondern als eindimensionale saitenförmige Gebilde, die sich durch eine zehndimensionale Raum-Zeit bewegen. Durch Symmetriebrechungen werden diese Strings (Saiten) in die jetzt bekannten Elementarteilchen transformiert, aber da der Ausgangspunkt eine so hohe Dimensionszahl voraussetzt, bleibt in diesen Symmetriebrechungen noch ein Platzhalter für eine bis jetzt physikalisch noch nicht entdeckte fünfte Kraft frei.

liche Hälfte auf die andere. Jetzt quetschen wir wieder und wiederholen die Operation sehr oft. Wir betrachten den «Würfel» immer nur von einer Seite parallel zur Schnittrichtung. Was wir sehen: jeweils sich aufstapelnde, gleich hohe, aber nach jeder Fragmentierung insgesamt dünner werdende Schichten aus Teig. Unter Vermeidung aller mathematischen Komplikationen können wir jetzt sagen: Das *interne* Alter des Würfels ist korreliert mit der Anzahl der Schichten. Sein *externes* Alter wird von der Uhr abgelesen – beide Alter brauchen keineswegs übereinzustimmen (so, wie auch Ihre eigene Zeit manchmal schneller, manchmal langsamer als die Ihrer Uhr verläuft; man sieht: unsere externe Zeit ist eigentlich die Eigen- oder interne Zeit aller synchronisierten Uhren). Die Korrelation von externer Zeit und Eigenzeit läßt sich beliebig programmieren.

Ordnet man den Fragmenten der Systeme, die eine Eigenzeit haben – hier der Würfel –, und damit auch den je verschiedenen Fragmentierungsstadien des Würfels Zahlen zu, so hat man eine Abbildung von einem Stadium ins andere, das heißt, die Fragmentierungszahlen werden einander zugeordnet. Aber nicht immer ist eine Abbildung möglich, sondern nur eine schwächere Form der Zuordnung von Fragmentierungszahlen. Die beiden (geordneten) Wertebereiche – hier die Stadien – einer Abbildung kann man als äquivalent bezüglich dieser Abbildung angeben. Gilt keine Abbildungsvorschrift, sind sie nicht äquivalent, aufeinander reduzierbar, und Neues ist entstanden. System und Co-System – der Schnitt zwischen ihnen hängt von den Programmbedingungen ab – sind schon lokal gekoppelt.

Die Zeit schwingt sich auf zur Eigenzeit (Abb. 2; der gebogene Pfeil soll andeuten, daß eine enge mathematische Kopplung aller Eigenzeiten noch möglich ist – eine Umdrehung entspricht einem Fragmentierungsstadium).

Wesentlich irreversibel wird die Zeit erst als selbstorganisierte Zeit. Die Simulation weicht einem viel eingeschränkteren, eher natürlichen Prozeß. Die für die Prozesse von vornherein charakteristischen Eigenzeiten, die Systeme definieren und von anderen trennen, das heißt lokalisieren, werden gekoppelt. Das Co-System des Co-Systems des Systems ist nicht wieder das letztere. Fast immer ent-

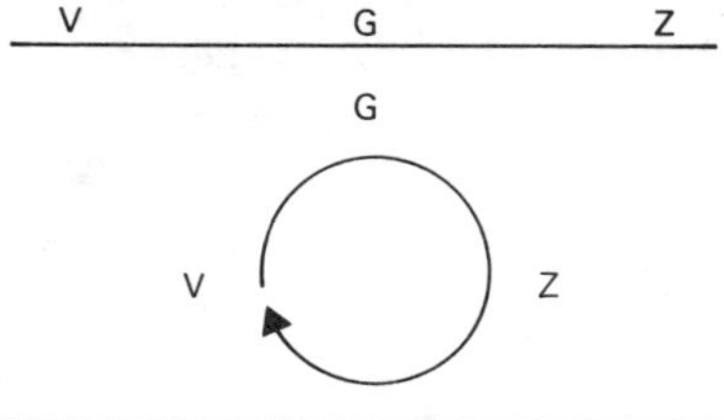

Abb. 2

steht Neues. Kaum wiederholen sich die Prozesse. Die Formen sind komplex und durch Strukturen so gut wie nicht mehr zu erfassen.

Noch lassen sich aber manchmal, wenn auch oft künstlich und der möglichen Voraussage und Berechnung größerer Komplexe dienend, lineare Zeitachsen als äußerer Rahmen angeben:

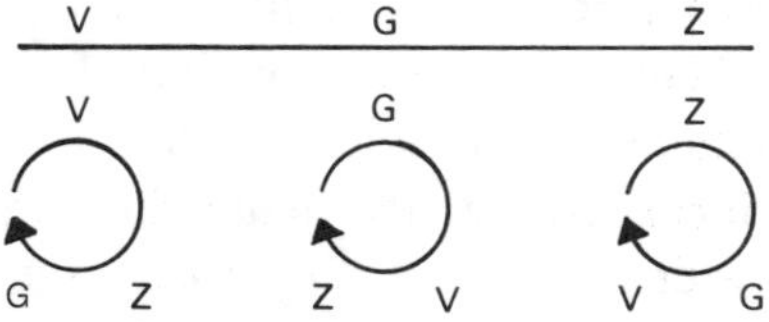

Abb. 3

Bei der geschichtlichen Zeit fängt der Rahmen selbst an zu tanzen:

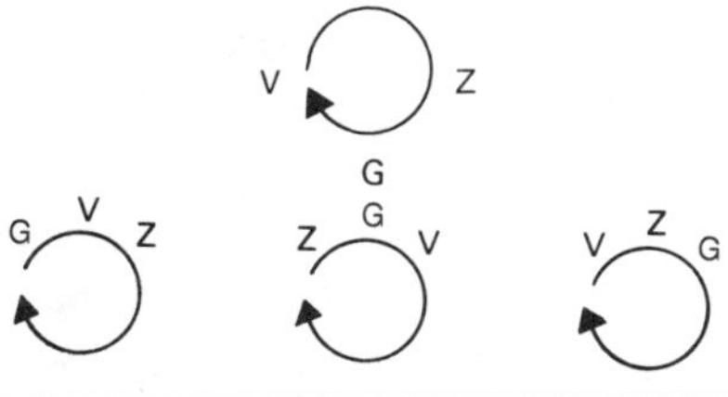

Abb. 4

Die Eigenzeiten koppeln sich kaum und werden fast unvergleichbar – ihr Alter (Fragmentierungsstadium) ist schwer feststellbar; ihr relatives Alter, das heißt die Relation ihrer Stadien. Dadurch isolieren sich System und Co-System. Die Komplexität der Formen führt meist zu chaotischen Zuständen. Aber noch kann man die Prozesse mit Hilfe von Abstraktionen, durch die man sie vergleichbar macht, im wesentlichen ordnen und eichen.

Dies ist nicht mehr möglich in unserem letzten Szenario. Besichtigen können wir es nicht; jeder hat sein eigenes.

Wir sind nun schnell zu dem Punkt gelangt, der außerhalb aller Theorien liegt. Der Punkt zeigt sich bloß. In der existentiellen Zeit wächst keine Form. Existenz ist Zeit; der Augenblick wiederholt sich nicht, nie. Nichts zwingt ihn.

Unsere Szenarios sind bis zum Extrem getriebene Idealbilder. Sie sind Typen, die das Wesentliche der jeweiligen Zeiten unserer Tabelle (Abb. 1) erfassen sollen.

Wir haben gesehen, wie die Grenzen der wissenschaftlichen Begriffsbildung in der «Zeit» liegen. Einerseits muß die Wissenschaft abstrahieren in Form der drei Bedingungen (Klassifikation, Verallgemeinerung, Reproduktion) und partiell die Zeit ausschalten, Phänomene auf Strukturen projizieren; andererseits darf sie nicht der Illusion unterliegen, die Abstraktion für die Wirklichkeit zu halten. Sie muß die Formen der Wirklichkeit erfassen mittels Iteration von Strukturen, das heißt, sie muß in diesem Iterationsprozeß die Zeit einbeziehen, denn die Wirklichkeit ist wesentlich in der Zeit. Dies gelingt der Wissenschaft bis zu einem gewissen Grad, ja sie vermag im Verlauf ihrer Geschichte die Formen immer konkreter zu erfassen, kurz: Sie kann immer bessere Iterationsprozesse durchführen. Aber selbstverständlich stößt sie an die Grenzen der Zeit – selbstverständlich, weil sie natürlich streng an ihre drei Bedingungen, also die Abstraktion, gebunden ist. Sie simuliert zeitliche Prozesse, kann aber niemals den Grenzübergang zur Wirklichkeit vollziehen, denn dann müßte sie unendlich viele Iterationen konstruktiv durchführen. Bei einem Grenzübergang müssen wir eine diskrete, endliche Größe zum Beispiel gegen Null «streben» lassen. Dies geben wir für die Mathematik zu, denn hier muß nichts konstruktiv durchgeführt werden. In einer begrifflichen Konstruktion, einer endlichen Operation, gelingt es jedoch nicht. (Die Mathematik kann ein Kontinuum vorgeben; um uns auf die Wirklichkeit zu beziehen, dürfen wir es nicht benutzen.)

Die Größe, gegen die «gestrebt» wird, wäre in unserem Bild die Wirklichkeit. Die Größe, die strebt, müßte ein Kontinuum von Werten durchlaufen. Dies kann nur *in Gedanken*, nicht wirklich konstruktiv Schritt für Schritt geschehen. Wollten wir also im erkenntnistheoretischen Bild diesen Grenzübergang vollziehen, müßten wir die Schrittfolge wirklich konstruktiv durchlaufen, damit wir schließlich an die Realität «stoßen» könnten – ein bloß gedankliches Nachvollziehen wäre völlig unzureichend, denn es bliebe eben in der Abstraktion. Aber wir können eine unendliche Schnittfolge nicht peu à peu nachvollziehen.

Beim Versuch, diesen Grenzübergang wirklich zu vollziehen – das heißt die zeitlichen Formen definitiv zu erfassen, indem wir interne Zeiten dieser Formen einführen –, passiert nur leider ein Malheur: Diese Eigenzeiten werden unvergleichbar, und die Wissenschaft bleibt wieder auf halber Strecke stehen und berührt die Formen nicht.

Wir werden im Kapitel «Dimension und Emergenz» zeigen, *wie* nahe die Wissenschaft an die Formen herankommt.*

Modell und Wirklichkeit

Die Wissenschaft ist an einen Punkt gekommen, wo sie ihren eigenen Anspruch, die Wirklichkeit zu erfassen, in Frage stellen muß. Aber was erfaßt die Wissenschaft dann?

Sie erfaßt ein Gemisch aus Wirklichkeit und Abstraktion, das sich kaum entmischen läßt. Sie erfaßt nicht eine Wirklichkeit hinter allen Theorien, Modellen und Begriffen. Dahinter ist nichts. Die Beziehung von Modell und Wirklichkeit gleicht der Beziehung von Struktur und Form, und Form – wie wir gesehen haben – ist nur der Ausdruck einer extrem häufig iterierten Struktur.

Was bedeutet das für die Wissenschaft?

Viele Wissenschaftler, die meisten Physiker, sind Realisten – in

* Für eine völlig andere Betrachtung der «Evolution» oder der Aufeinanderfolge von Zeiten (Zeitauffassungen) in der Wissenschaftsgeschichte empfehlen wir: Julius Thomas Fraser, ‹*The Genesis and Evolution of Time*›.

dem Sinne, daß sie glauben, unsere Theorien bildeten symbolisch eine von ihnen, das heißt von allen Theorien unabhängige, auf irgendeine Weise strukturierte Wirklichkeit immer besser ab. (Karl R. Popper behauptet in seinem Buch ‹*Objektive Erkenntnis*›, auch der Alltagsverstand setze diesen Realismus voraus.) Eine Konsequenz dieses Realismus besteht in seiner Annahme mindestens zweier nicht in Wechselwirkung stehender Systeme. Einstein drückte das in seinem mit Boris Podolsky und Nathan Rosen 1935 geschriebenen Aufsatz «Can Quantum-Mechanical Description of Physical Reality Be Considered Complete?» folgendermaßen aus (wir paraphrasieren): Es gibt eine separierbare Realität, das heißt, zwei Systeme existieren auch dann in Raum und Zeit, wenn sie nicht beobachtet werden, wobei ihre Wechselwirkung gegen Null strebt, wenn ihr Abstand gegen Unendlich strebt.

Die Diskussion über die Rolle des Beobachters in der Quantenmechanik – und in der Biologie über die Leistung des Organismus beim kognitiven Aufbau der Welt – führte zur Gegenposition, dem Konstruktivismus. In letzter Konsequenz geht dieser davon aus, daß es nur ein System gibt, nämlich den Konstrukteur, der jede Wirklichkeit so aus sich konstruiert, als ob sie existiere. Es handelt sich also um einen erkenntnistheoretischen Solipsismus (lateinisch: *solus ipse* = allein das Selbst [existiert wirklich]); nur der Konstrukteur agiert, und seine Existenzannahmen sind Fiktionen.

Wir haben hier die beiden äußersten Enden eines Spektrums gekennzeichnet. Betrachten wir einmal ein Beispiel zur Illustration dieser erkenntnistheoretischen Diskussion. Wir haben hier einen Gegenstand vor uns, sagen wir ein Hühnerei, einen wirklich alltäglichen Gegenstand. Erst im vorigen Jahrhundert wurde entdeckt, daß es nur eine einzige Zelle ist, vorher hielt man es für ein mehrzelliges Gebilde, und vor dem 17. Jahrhundert wußte man gar nichts von Zellen. Aber: Das Hühnerei war doch *immer* ein einzelliger Organismus, unabhängig davon, was die Wissenschaftler darüber dachten!? Überlegen Sie sich folgendes: Die Biologie entdeckt in zehn Jahren, daß das Hühnerei überhaupt keine Zelle ist, sondern ein aus Organellen, das heißt «organartigen» Bestandteilen einzelliger Lebewesen entstandenes Gebilde. Was ist das Hühnerei denn nun *wirklich*? Ein weißes, zerbrechliches, eßbares Gebilde? Ist diese alltagspraktische Charakterisierung konstant? Für wen? Konstruieren wir nicht das Hühnerei?

Beide Positionen, der Realismus und der Konstruktivismus, sind zerstörerisch für die Wissenschaft. Der Realismus muß *prinzipiell* unbeobachtbare Größen zulassen; aber die beiden wesentlichen Theorien der Physik, die spezielle Relativitätstheorie und die Quantenmechanik, entstanden aus der extrem fruchtbaren Haltung, nur das in die Theorienbildung einzubeziehen, was prinzipiell beobachtbar ist. (Das schließt selbstverständlich *aktual* nichtbeobachtete Größen nicht aus.) In der Quantenmechanik sind zum Beispiel Teilchen*bahnen* eigentlich unzulässig, denn eine Bahn ist prinzipiell unbeobachtbar: Sie setzt voraus, daß für das Teilchen gleichzeitig Impuls und Ort scharf bestimmbar ist, was die Heisenbergsche Unschärferelation verbietet. Eine «Bahn» wird konstruiert. In der Relativitätstheorie sind Ereignisse nur dann wirklich, wenn sie durch Informationsübertragung verbunden sind. Was *jetzt* auf dem Sirius geschieht, wissen wir nur, wenn wir zum Beispiel einen Lichtstrahl hinschicken, warten, bis er zurückkommt, und zurückrechnen. Dann ist das *Jetzt* vergangen, und wir wissen nur, was auf dem Sirius *vorhin* geschah. (Eine wunderbare Illustration dieser Tatsache gibt Dino Buzzati in seiner Geschichte «Die sieben Boten».)

Die Realisten in der Quantenmechanik – nämlich die Vertreter einer Theorie verborgener Variablen, das heißt Größen, von denen man glaubt, daß sie auch ohne Messung existieren (daher verborgen) und aus ihrem Versteck heraus die statistischen Gesetze der Quantenmechanik kausal bestimmen – sind auf der ganzen Linie gescheitert.* Das schließt – wie gesagt – keineswegs aus, daß die Wissenschaftler nicht wissen, was sie tun, und also trotzdem philosophische Realisten bleiben. Leider hat das aber auch Konsequenzen für die materiale Durchführung der Wissenschaft: Es gibt Wissenschaftler, die die Quantenmechanik akzeptieren, keine verborgenen Variablen annehmen, aber in der Quantenfeldtheorie (der Theorie, die sich mit der Vernichtung und Erzeugung von Teilchen befaßt) der Auffassung sind, es gäbe wirklich – ohne ihren

* Vgl. dazu Bernard d'Espagnet, «Quantentheorie und Realität», und Franco Selleri, ‹*Die Debatte um die Quantentheorie*›.

Eingriff – letzte Bausteine der Materie, anstatt den Begriff «Teilchen» als Abkürzung für «mathematisch strukturiertes Wechselwirkungsergebnis» anzusehen.

Die Theorien komplexer Systeme, die wir noch diskutieren werden, entstanden aus der gleichen, oben angesprochenen Haltung.

Genauso desaströs für die Wissenschaft wäre der erkenntnistheoretische Solipsismus. Er ist im Augenblick in bestimmten Biologen- und Psychologenkreisen *en vogue* *, aber auch diese Leute wissen nicht, was sie tun. Die Konstruktivisten gehen nicht von der Theorie, sondern vom Subjekt aus. Für sie ist es von theoretischer Wichtigkeit, daß Subjekte Theorien haben. Das ist jedoch eine rein praktische Frage, eine Frage für singuläre Existenzen in der Lebenswelt. Daher verfallen sie auch dem Solipsismus; sie dürften gar nicht sprechen, denn Sprache ist eine öffentliche Institution; sie dürften überhaupt keine Theorien bilden, denn auch die theorienbildenden Regeln sind immer *per se* öffentlich. Aber der wesentliche Fehler ist die Trennung von Erkenntnistheorie (die prüft, was wir wissen) und Ontologie (die prüft, was es gibt): Aus der Annahme einer wissenschaftlichen Theorie folgt, daß die Gegenstände, über die sie etwas sagt, auch wirklich existieren (in unserer Terminologie: sie sind in unserem Theorienkraftfeld gefangen). Sie sind wirklich in dieser Theorie.

Die Konstruktivisten lehnen diesen Gedankengang ab. In der Biologie hat seine Ablehnung zum Beispiel zur Folge, daß eine radikale Trennung vollzogen wird zwischen dem externen Beobachterstandpunkt eines Systems (eines Organismus), der letztlich nicht einmal gerechtfertigt werden kann (Ontologie), und dem internen Systemzustand (Erkenntnistheorie), den es eigentlich nur geben dürfte.

Humberto R. Maturana und Francisco J. Varela nehmen an, daß ein biologisches System einerseits von außen, von einem externen Standpunkt aus in seiner Wechselwirkung mit der Umwelt beobachtet werden kann, das heißt, es ist wirklich in der Welt. Dies ist eine Frage der Ontologie. Andererseits – und dies ist der Standpunkt, von dem die beiden ausgehen und den allein sie rechtfertigen

* Siegfried J. Schmidt (Hg.), ‹*Der Diskurs des Radikalen Konstruktivismus*›.

können – nehmen sie einen internen Standpunkt an, von dem aus die «Wirklichkeit» nur rein subjektiv erkannt werden kann oder besser gesagt «rein» solipsistisch konstruiert wird. Dies ist eine Frage der Erkenntnistheorie.

Beide Standpunkte sind nicht miteinander verkoppelt, und es ist ein Wunder, daß die internen und externen Zustände irgendwie zusammenwirken. Das konstruierende System (intern) nimmt keine Information vom Co-System (extern) auf, um dann (anders) handelnd in die Umwelt (Co-System) einzugreifen. Das System ist geschlossen. Eine derartige biologische Wissenschaft auch.

Auf diese inkonsequente, ja inkonsistente Weise versuchen Maturana und Varela in ihrem Buch *‹Der Baum der Erkenntnis›* dem Solipsismus zu entgehen. Sie sind offensichtlich gescheitert.

Die Konstruktivisten machen erstaunlicherweise den gleichen Fehler wie die Realisten: sie sind zu abstrakt. Eine prinzipiell theoretisch nicht erfaßbare Wirklichkeit (es sei betont, daß immer nur prinzipiell beobachtbare Größen in eine Theorie eingehen; was sonst noch in eine Theorie eingeht, ist ein leerer Formalismus, dem nichts entspricht und der nur instrumentellen Charakter hat!) ist eine reine Abstraktion. Und der Konstrukteur? Der kann ja eigentlich immer nur ich sein, der ich hier sitze und anfange, Wissenschaft zu treiben. Aber der Wissenschaft ist es egal, ob ich es bin oder ein anderer. Nur das allgemeine Ich oder Subjekt spielt eine Rolle – und dieses allgemeine Ich ist eine Abstraktion. (Damit sind die Herren Konstruktivisten noch lange nicht dem Solipsismus entronnen, wie man jetzt vielleicht glauben mag; auch ein allgemeines Subjekt ist keine öffentliche Institution, sondern nur ein etwas vergrößertes «konkretes» Subjekt.)

Wir müssen uns darüber verständigen, auf welche Weise die Wissenschaft das Gemenge aus Wirklichkeit und Abstraktion erfaßt, besser: in welchem Rahmen sie überhaupt – abstrakte oder konkrete, allgemeine oder spezielle – Aussagen machen kann.

Die allgemeinste Aussage haben wir schon kennengelernt; sie lautet: «Was ist, ist» oder «Unter allen Umständen ändert sich nichts» (O-Ton Parmenides und Zenon). Die speziellste Aussage kann man nicht aufschreiben, sie wäre entschieden zu lang. Mehr oder weniger speziell freilich sind alle Aussagen der Wissenschaft.

Aber: Wie speziell auch immer sie sein mögen, an das Singuläre, Individuelle kommt die Wissenschaft nicht heran.

Die Unterscheidung zwischen speziell und singulär ist sehr wichtig, wir sollten sie im Auge behalten.

Wir sprachen auch von Konkretheit, davon, daß die Wissenschaft immer konkretere Gegenstände erfassen kann. Könnte sie nicht dadurch schließlich die konkrete Wirklichkeit erreichen? Den Grenzübergang vollziehen? Nein. Das letzte Konkrete ist singulär und *ineffabile*, unaussagbar. Würden wir diese Unterscheidungen nicht einführen, käme es zu großen Mißverständnissen.

Am besten sucht man sich einen Grundbegriff heraus. «Allgemein» bietet sich an – allgemein ist irgend etwas Gemeinsames einer Gesamtheit.

«Generell» bedeutet «allgemein in bezug auf Spezielles», Besonderes, Partikuläres.

«Universell» bedeutet «allgemein in bezug auf Singuläres», Einzelnes, Individuelles, Nichtreproduzierbares.

«Abstrakt» bedeutet «allgemein in bezug auf Konkretes», sinnlich Gegenwärtiges, Nichtidealisiertes.

Dies sind die drei Bedeutungen von «Allgemeinheit». Mit ihrer Unterscheidung haben wir unsere Untersuchung über die Grenzen der wissenschaftlichen Begriffsbildung präzisiert: Die Wissenschaft muß verallgemeinern *(sic!)*, reproduzieren, klassifizieren. Begriffsbildung als solche ist Abstraktion; eine bestimmte Art der Abstraktion ist die Klassifikation; die Verallgemeinerung als Generalisierung bezieht sich aufs Spezielle; und Reproduktion zielt auf das Singuläre. Dies bedeutet aber, daß die Reproduktion am wenigsten gelingt. Sie ist eine schlimme Illusion! Wir reproduzieren eigentlich nie wirklich, während wir sehr wohl *cum grano salis* sagen können, daß wir mit Klassifikation und Verallgemeinerung echte Wirklichkeitskonstitution betreiben. Reproduktion beansprucht die operationale Realisierung einer Abstraktion, versucht, sie praktisch zu bewerkstelligen, während Klassifikation und Verallgemeinerung nur eine rein theoretische, darstellende Rolle spielen.

Richten Sie Ihre Aufmerksamkeit auf das Buch, das Sie in der Hand halten. – *Diese* Singularität wird nicht von der Wissenschaft erfaßt, sondern nur im Rahmen des Speziellen behandelt. Man mag sich ein Bild machen, sich einen Verzweigungsgraphen – hin zum Speziellen – vorstellen (Abb. 5). Nie wird dieses Buch an einer Stelle ganz rechts auftauchen. Das Singulär-Individuelle ist eben nicht in diesem Schema unterzubringen. Jeder Terminus in diesem System ist sowohl generell (bezogen auf die Termini rechts von ihm) als auch speziell (bezogen auf die Termini links von ihm).

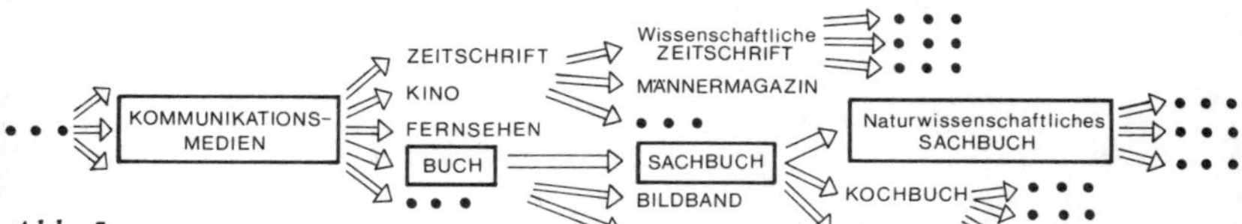

Abb. 5

Das Singuläre ist nie universell. Was also heißt «allgemein in bezug auf Singuläres»? Wir benötigen den dritten Begriff im Bunde – «abstrakt» beziehungsweise «konkret», denn «universell» deutet nur ein Problem an, ohne es zu lösen. Es ist unser Hauptproblem: Wie erfassen Naturgesetze die Wirklichkeit? Sie müssen einen Teil der globalen Wirklichkeit isolieren und diese Lokalität reproduzieren. Ohne Reproduzierbarkeit gibt es keine Wissenschaft; wir sehen das an ESP, den außersinnlichen Phänomenen. Da sie nicht reproduzierbar sind, gelten sie als wissenschaftlich nicht erfaßbar.

Konsequent gedacht trifft dies jedoch auf *alle* Phänomene zu! Dies ist die absolute Grenze der Wissenschaft – die Singularität (vgl. den Abschnitt «Die Grenzen der wissenschaftlichen Begriffsbildung», S. 62f). Werner Heisenberg sagte einmal in einem Gespräch (Gesammelte Werke, Abteilung C, Band II): «... die Welt ist ein einmaliger Vorgang, also gewissermaßen ein Experiment, das nicht wiederholt werden kann, so daß die Existenz eines Gesetzes – etwa in der Form: Immer dann, wenn dies geschehen ist, muß auch jenes geschehen – gar nicht nachgeprüft werden kann.»

Um Abstrakta geht es also. Aus dem ersten Kapitel wissen wir, daß damit etwa Mengen, Begriffe, auch Werte – kurz: platonische Ideen gemeint sind. Ein fundamentales Problem der Wissenschaft lautet: Singularitäten müssen irgendwie reproduziert werden. – Aber was haben Singularitäten schon gemeinsam, das zur Verallgemeinerung gereicht? Die Antwort: Die notwendige Gemeinsamkeit – und sei sie noch so illusionär – wird durch Abstrakta hergestellt. Sie *zwingen* Singularitäten zur Reproduzierbarkeit im Rahmen des Generellen.

Im ersten Kapitel haben wir festgestellt, daß sich ohne den Mengenbegriff keine reproduzierbaren Vorgänge erfassen lassen. Hier differenzieren wir unsere Terminologie ein wenig, um das Problem genauer formulieren zu können.

Abstrakta übernehmen also im wissenschaftlichen Denken die Aufgabe, die das Universelle hätte – aber nur teilweise, denn eigentlich dienen sie der Idealisierung und Extraktion. Das Universelle ist Prokrustes *par excellence*: Eine Singularität, die lokal ist, soll globalisiert werden. Das ist nicht möglich. Eigentlich gehen wir bei der Universalisierung immer vom Globalen aus und gelangen wieder zum Globalen. Wir nennen es nur lokaler. Die Spektren «generell – speziell» und «abstrakt – konkret» lassen eine Vermischung ihrer Extrema zu, das Spektrum «universell – singulär» dagegen nicht. Mittels Abstraktion tun wir jedoch so, als ob.

Eine Idealisierung besteht zum Beispiel darin, ein Dreieck anzunehmen, dessen Winkel exakt 180 Grad messen – kein sinnlich wahrnehmbares Dreieck hat 180 Grad. Oder eine ideal gerade Linie, ja eine (eindimensionale) Linie überhaupt – jede wirkliche Linie ist dreidimensional.

Extraktion heißt das «Herausziehen» einer gemeinsamen Struktur unter einem bestimmten Aspekt. Ein Beispiel: Was haben

$$(A \wedge B) \vee (C \wedge \neg A)$$

(A und B oder C und nicht A)

und dieses Schaltschema:

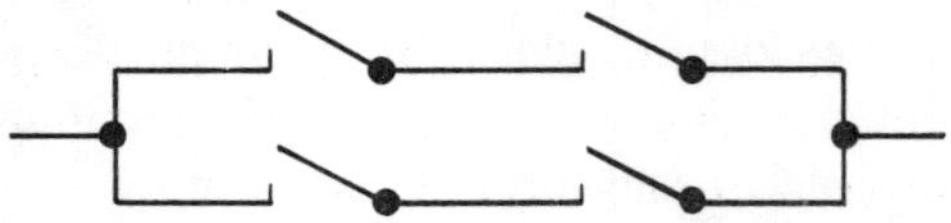

Abb. 6

gemeinsam? Ganz einfach – «Schalter aus» bedeutet: Kein Strom fließt, «Schalter an»: Strom fließt. «Strom fließt» möge analog sein zu «Aussage A, ..., ist wahr», «Strom fließt nicht» (= Schalter aus) ist analog «Aussage A, ..., ist falsch.» Dann setzen wir ein:

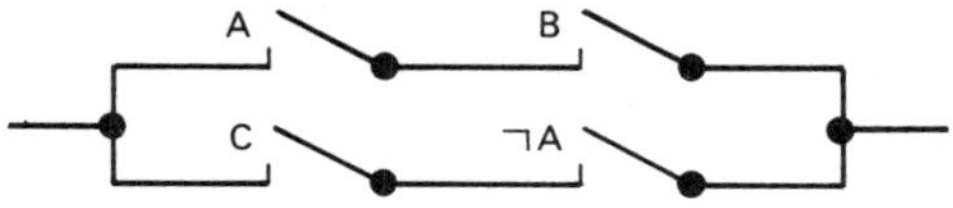

Abb. 7

Die Strukturähnlichkeit ist einleuchtend, denn (A *und* B) ist nur wahr, wenn sowohl A als auch B wahr sind – deswegen die Hintereinanderschaltung. (A *oder* B) ist wahr, wenn entweder A oder B oder beide wahr sind – deswegen die Untereinanderschaltung.

Wir haben mathematische (logische) Beispiele ausgewählt, um die eigentliche Aufgabe der Abstraktionsleistung – Idealisierung und Extraktion – zu verdeutlichen. Sehr viel komplizierter wird es, wenn es darum geht, die gemeinsamen Strukturen aktualer Formen, wie wir sie in der Natur vorfinden, herauszuziehen. Dies müssen aber Naturgesetze leisten. So *zwingen* sie oft Strukturen in Formen und ziehen nichtvorhandene heraus. Sie *schaffen* Gemeinsamkeiten und behaupten, *derselbe* Vorgang träte hier in dieser Form auf und auch in jener dort. Die Vorgänge hätten dieselbe Struktur, seien so reproduzierbar, fielen unter denselben Begriff, seien gesetzmäßig. Singularitäten werden durch den Filter der Abstraktion gepreßt. Es bleibt nicht viel von ihnen übrig. Aber der Wissenschaftler glaubt, das *Gesetz* zu kennen und deshalb von der genauen Betrachtung aller *Phänomene* absehen zu können.

Im ersten Kapitel haben wir gesagt: Ein Naturgesetz erspart uns Information. Aber Informationsersparnis ist Informationsverlust: Aussagen über Kommunikationsmedien im allgemeinen transportieren weniger Information als speziellere Aussagen über Bücher, Zeitschriften etc. Man sagt: Wir konsolidieren, wir festigen, wir sichern uns aber die Information in generellen Gesetzen. Doch – irgend etwas ist verlorengegangen.*

* Wer sich über diese Probleme, wie sie in der Mathematik auftauchen, informieren will, dem empfehlen wir: Philip J. Davis/Reuben Hersh, ‹*Erfahrung Mathematik*›.

Die Wissenschaft erfaßt die Wirklichkeit. Die «postmoderne Wissenschaft» erfaßt sie besser. Den Rahmen, in dem sie dies tut, haben wir oben skizziert. Die heutige Wissenschaft bekommt die enorme Vielfalt speziellerer Phänomene durch gekonnte und trickreiche Kombination raffinierterer Abstraktionen besser in den Griff als in früheren Stadien ihrer Entwicklung. Die Verzweigungsgraphen können «schneller durchlaufen» werden, obwohl sich die Zahl ihrer Zwischenglieder ständig vergrößert. Generelles und Spezielles stehen sich nicht mehr so unvermittelt gegenüber. Den Phänomenen wird dadurch weniger Gewalt angetan. Aber es handelt sich nur um einen graduellen Unterschied.

Früher, vor allem in der Antike, ordnete man auch sehr spezielle Phänomene sofort und direkt generellen Begriffen unter, indem man zum Beispiel das Wachstum einer Pflanze mit einer sogenannten entelechetischen Kraft erklärt (was heißen soll, daß sich die Kraft im Stoff zur Form entwickelt, die Materie zur Zielform bildet) oder indem man die irreguläre Bewegung der Planeten direkt durch Postulierung gleichförmiger Bewegung auf Kreisen ordnen möchte.

Man gerät mit dieser Verfahrensweise in Schwierigkeiten. Vermögen wir heute zu sagen, wie es sich wirklich verhält, wie Pflanzen wachsen, wie Planeten sich bewegen?

Wir haben Zwischenglieder eingeschoben, und unsere Abstrakta sind raffinierter: Zur Erklärung des Pflanzenwachstums nehmen wir Konzentrationsgradienten einer Vielfalt chemischer Stoffe an; unsere Abstrakta sind Muster und Gitter in Konzentrationsräumen und mathematische Ratengleichungen. Wir nähern uns der wirklichen Form – so hoffen wir jedenfalls.

Planeten bewegen sich auf ellipsenartigen Umlaufbahnen; fast gleich (förmig) ist die Fläche, die ihr sogenannter Radius-Vektor, die Verbindung zwischen Planet und Gravitationszentrum, in gleichen Zeiten überstreicht; die Ellipsen liegen auf geodätischen Linien etc. Ist das die Wirklichkeit? Gibt es da irgendeinen Grenzübergang, der uns den Zutritt zur Wirklichkeit ermöglicht?

Die Wissenschaft konstruiert Modelle, und die Wirklichkeit ist eines davon. Dieser Satz klingt radikal – wir wollen ihn verdeutlichen.

Die Wissenschaft ent-wirft gewissermaßen aus sich heraus Modelle der Wirklichkeit, abstrakte, mehr oder weniger generelle Modelle. Sie wiederholt sie so lange, bis sie glaubt, etwas «abgebildet» zu haben: Je mehr Modelle es werden, desto undeutlicher wird das Bild. Je weniger Modelle es sind, um so karger ist das Bild. Was haben wir im Blick?

Stellen Sie sich eine Vielzahl von Diapositiven vor, aber nicht die vom hochinteressanten Urlaub Ihres Nachbarn, sondern solche, auf denen – mal viele, mal wenige – Geraden, Kreise, Winkel, Punkte, Schlängellinien, Kurven, Vierecke etc. von beliebiger Größe, Feinheit und Farbe abgebildet sind, aber auch schon das, was man vollständige, bedeutungsvolle Figuren nennen könnte, oder Teile davon. Durch Hintereinanderschaltung der Dias mittels eines oder mehrerer Projektoren möge jetzt ein Bild ent-worfen werden, das Sie intendieren, vielleicht Ihr Porträt oder ein Schema Ihres Hauses.

Dieser Versuch ist zum Scheitern verurteilt, wenn Ihnen nur wenige abstrakte Figuren zur Verfügung stünden auf Ihren Dias (sprich: Modellen), die das Projektierte (Ihr intendiertes Modell) zusammenfügen sollen.

Die Wirklichkeit ist kein Fernsehbild – wie einfach das doch wäre. Ein Fernsehbild muß man erst einmal aufnehmen, die Dias dagegen sollen nicht schon fertige *irgendwo aufgenommene* Bilder sein. So etwas kann man nur in dem Sinne einbeziehen in unser Gleichnis, als natürlich im fortlaufenden Prozeß der Modellbildung auch das Endbild, das intendierte Modell einmal als Teil, als Modell dienen mag; so könnten wir zum Beispiel, um ein realistischeres Haus als intendiertes Modell zu erhalten, das eben aus Strichdias (Modellen) projizierte Haus als Modell (zusammen mit anderen Modellen, die Fenster, Türen, Dachziegel usw. projizierten) verwenden, um ein neues intendiertes Modell zu ent-werfen. Wir projizieren nicht auf eine Leinwand, sondern auf ein Diapositiv, das wiederverwendet werden kann (Abb. 8).

Das Bild ist natürlich stark vereinfacht. Stellen Sie sich viel mehr Modelle vor und im intendierten Modell statt eines Dreiecks ein Haus mit allem Flitter und Tand. Vereinfacht ist die Darstellung auch insofern, als es die Vorstellung nahelegt, es handle sich um ein

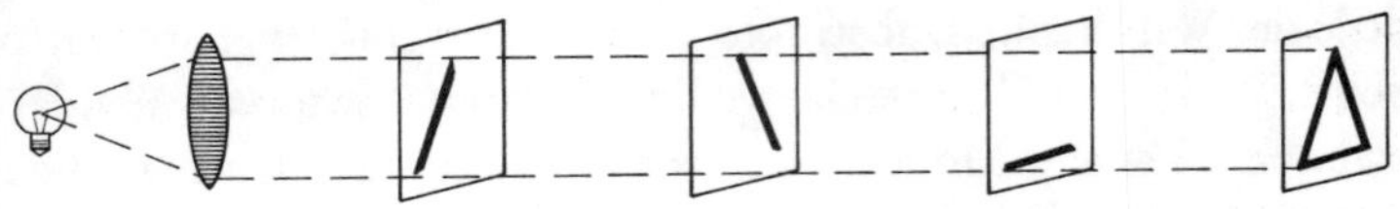

Abb. 8

bloßes Summieren der Modellbilder zum intendierten Bild. Tatsächlich ergeben sich jedoch Interferenzeffekte: Im Endbild entstehen Figuren, die in dieser Teilform nicht in den Zwischenbildern enthalten waren.

Ist die Wirklichkeit für die Wissenschaft nur Projektion und Ziel ihres Machtstrebens? Die Welt als Wille und Vorstellung? – Diese Frage haben wir auch im ersten Kapitel gestellt, und wir können hier keine andere Antwort anbieten als zu Beginn. Wir haben uns nur eine präzisere Vorstellung gemacht: Wir sind gefangen in einem Kraftfeld von Theorien; wir verfügen nur über unsere abstrakten Modelle; wir bewegen uns auf dem Verzweigungsgraphen hin und her und suchen das Konkrete und Singuläre zu erhaschen. Aber immer geben wir uns zufrieden mit dem intendierten Modell. Oder? «Laßt uns ein Bild machen von der Wirklichkeit.» Dieses Bild ist unser letztes, intendiertes Modell: Würden wir kontrafaktisch alle uns heute zur Verfügung stehenden Modelle kombinieren und ent-werfen, sähen wir dieses letzte Bild. Der Prozeß der Iteration und Hintereinanderschaltung deutet, ja drängt darauf hin.

Ein wenig hilft unser Wunsch auch nach.

Nach diesen Überlegungen kommen wir, ausgerüstet mit einigen neuen Begriffen, auf unsere Postulate zurück: Alles, was ist (= die Wirklichkeit), ist lokal, ist Wechselwirkung, ist diskret, ist prozessual. Wir kommentieren diese Postulate jetzt im Zusammenhang unserer Modelliteration.

1. Wir haben kein globales Modell zur Verfügung. Wir sind nicht Gott oder die Natur, wir sind nicht in allem und überall. Unser Wissen ist immer lokal gebunden, und das intendierte Modell ist auch nur ein lokales, zusammengesetzt aus endlich vielen Lokalitä-

ten. Wenn wir uns der Abstraktion bedienen, globalisieren wir; ein globales intendiertes Modell ist die höchste Abstraktion: Alles, was ist, ist. Jedoch können wir versuchen, alle lokalen Modelle zu einem globalen zu integrieren.

Der Mathematiker René Thom schreibt in seinem Buch ‹*Structural Stability and Morphogenesis*›: «Falls es möglich wäre, eine solche Synthese zu vollziehen, dann könnte der Mensch mit Recht sagen, er kenne den letzten Grund der Wirklichkeit, denn es könnte kein besseres globales Modell geben. Ich meine, das wäre eine extravagante Anmaßung.»

Recht hat er. Ein solches Unterfangen wäre reine Metaphysik. Erinnern wir uns an den Abschnitt «Identität und Differenz»: Wir treffen Unterscheidungen, um überhaupt erkennen zu können; jede Unterscheidung aber ist *lokal*. Durch die lokale Unterscheidung schneiden wir diskrete Stücke aus, endliche, individuelle Stücke; in unserer Modellsprache: Wir entwerfen, projizieren ein *letztes* intendiertes Modell (keinen letzten Grund), das uns etwas *zeigt*. Es liefert *Hinweise* auf Singularität. Die Modelle selbst sind reproduzierbar.

Erinnern wir uns daran, daß die Singularität absolut unerreichbar ist, das heißt, durch noch so oft wiederholte Hintereinanderschaltung werden wir keine Singularität projizieren, keine echte Lokalität erreichen. Das einzige, was wir können, ist, in Gedanken abstrakt Singularitäten zu simulieren. Durch Hintereinanderschaltung kommen wir zwar ans Konkrete, nicht jedoch einen Schritt näher ans Singuläre.

2. Alle unsere Modelle hängen in einem Netzwerk zusammen, im intendierten Modell. Wir erkennen, daß die *Beziehungen* wichtig sind, nicht die Gegenstände, zwischen denen die Beziehungen bestehen. Jede Figur steht in Beziehung zu anderen, geht andere Beziehungen ein, *ist* letztlich Beziehung. Das weist uns auf die *Wechselwirkung* hin, die im letzten intendierten Modell – also dem Dia, auf das alle Modelle (Dias) kontrafaktisch projiziert werden – als Verknüpfung aller Beziehungen symbolisiert ist.

3. Wir haben nicht unendlich viele potentiell intendierte Modelle (keine Kontinuität) zur Verfügung. Nur das wirklich aktual und diskret Projizierte ist uns verfügbar. Erst dadurch, daß die poten-

tiellen Modelle aktual ent-worfen werden, machen sie das intendierte Modell aus – dadurch, daß diskrete, heterogene Gebilde (Modelle) wieder ein diskretes, heterogenes Gebilde (intendiertes Modell) ergeben. Diese Modelliteration geschieht natürlich mehr als einmal, so daß eine hohe Zahl von intendierten Modellen resultiert; und zwar werden es immer endlich viele sein (wenn es sich auch um eine sehr hohe Zahl handelt, die etwa mit der Anzahl aller Elementarteilchen und ihrer Kombinationen im Universum vergleichbar sein muß).

4. Die Modelle wechseln. In rasendem Tempo müssen sie hin- und hersausen, sich drehen und wirbeln, denn hochkomplexe Figuren sollen im intendierten Modell dargestellt werden, Schritt für Schritt, aus allen Perspektiven, von allen Seiten, Relation auf Relation.

Die Bilder müssen laufen lernen.

Immer ist eine andere Perspektive da, eine andere Figur. Jede Figur ist immer wieder anders, nicht sie selbst. Letztlich ist keine festzuhalten im intendierten – im letzten intendierten Modell.

Wir lesen ab: Wirklich ist der *Prozeß*.

Haben wir uns ein Bild gemacht? Fügt sich das Puzzle zusammen? Wenn wir die Starre festgefügter Begriffe und Wörter auflösen, ergeben sich Metaphern, mehr oder weniger klare Bilder. Die Wissenschaft soll die Wirklichkeit so darstellen, wie sie ist. Wie ist sie?

«Begreifen wir an dieser Stelle den befreienden Gedanken, daß die Menschen mit den Wörtern ihrer Sprache und mit den Worten ihrer Philosophien niemals über eine bildliche Darstellung der Welt hinausgelangen können», schrieb Fritz Mauthner in seinem ‹*Wörterbuch der Philosophie*›, und wir ergänzen in seinem Sinne: Auch die Wissenschaftssprache liefert letztlich nur Bilder.

Diskretum und Kontinuum

Wir können bei physikalischen Messungen immer nur endlich viele Stellen der Meßzahl einer Größe angeben. Führen wir etwa zwei Messungen an derselben Apparatur unter «gleichen» Bedingungen durch, so erhalten wir oft «denselben» Meßwert. Sagen wir, es sei beide Male eine Zahl mit zehn Stellen hinter dem Komma. Da wir mit reellen Zahlen – also solchen mit unendlich vielen Stellen hinter dem Komma – rechnen, erhebt sich die Frage, ob beide Zahlen in zum Beispiel der fünfzehnten Stelle noch gleich sind. Wir können keine vernünftige Entscheidung aufgrund unserer Messung treffen. Wir können *immer* nur endlich viele Stellen messen. Mit anderen Worten: Das mathematische Kontinuum, selbst eine einzelne reelle Zahl, ist uns *empirisch* nicht zugänglich. Dennoch gehen wir in der physikalischen Anwendung dieser Kontinuumsmathematik seit Leibniz und Newton von der Auffassung aus, die Welt sei kontinuierlich aufgebaut und wir könnten beliebig genau messen.

Diese Annahme hat schon Zenon von Elea um 450 v. Chr. als Trugschluß erkannt. Die Paradoxien vom fliegenden Pfeil oder von Achilles und der Schildkröte, um nur zwei der auf rund dreißig geschätzten Zenonschen Paradoxien zu nennen, beinhalten immer wieder das gleiche Problem: Läßt sich die «Anzahl der Punkte» eines Kontinuums den natürlichen Zahlen in eindeutiger Weise zuordnen? Also: Ist das Kontinuum abzählbar? Die Antwort auf diese Frage wurde von Georg Cantor, dem Erfinder der Mengenlehre, auf mathematischem Weg gegeben. Sie lautet: nein.

Wir sind in endlicher Zeit und in endlichem Raum nur zu abzählbar vielen Aktionen fähig. Um dies an einem Beispiel zu illustrieren: Wollte man versuchen, die Kreiszahl π «vollständig» aufzuschreiben (½ sec pro Ziffer), sagen wir 10 Stunden am Tag, bei fast unbegrenztem Papiervorrat und einem Lebensalter von 75 Jahren, so käme man auf rund $2 \cdot 10^9$ Stellen hinter dem Komma. Der «Rest» der Zahl hätte immer noch unendlich viele Stellen. Selbst wenn es sich die ganze Menschheit als Ziel gesetzt hätte, den exakten Wert für π aufzuschreiben, würde sie in ihren Bemühungen nie zu einem Ende kommen. Daraus ersieht man, daß zum Beispiel eine mathematische Approximationstheorie, also die Theorie der mathematischen Annäherungsverfahren an exakte, kontinuierliche mathematische Funktionen, *nie* beliebig genau sein kann. Sie liefert immer nur einen angenäherten Wert, was für unsere praktischen Zwecke – im Alltag wie für die Wissenschaft – auch ausreicht.

Auf einer mehr abstrakten Ebene lassen sich die klassisch-deterministisch aufgefaßten wie auch die klassischen thermodynamischen Systeme im sogenannten Zustandsraum darstellen. Es handelt sich hierbei um einen endlich dimensionalen Vektorraum, dessen Vektoren linear unabhängig sind – geometrisch ausgedrückt: um senkrecht aufeinanderstehende Pfeile, deren Länge jeweils die Maßzahl für die Intensität einer vorhandenen physikalischen Eigenschaft ausdrückt. Im Raum der täglichen Anschauung sind dies genau drei Pfeile in die jeweilige Raumrichtung (x, y, z), die im Nullpunkt senkrecht aufeinanderstehen (Koordinatensystem für drei Dimensionen). In der mathematischen Verallgemeinerung kann man auch mehrere Pfeile (Eigenschaften) nehmen, die in verallgemeinerten höherzähligen Räumen dennoch «senkrecht» aufeinanderstehen, wobei in den Darstellungen, die der klassischen Physik entsprechen, Eigenschaften räumlich und zeitlich vertauschbar sein müssen, die Reihenfolge ihres Eintretens unwichtig bleiben muß und die jeweilige Art der Ereignisse nicht mit zwei oder mehreren gleichzeitigen Ereignissen anderer Art auftreten beziehungsweise durch diese gleichzeitig hervorgerufen werden darf. Aus mathematischer Sicht liegt hier bei den entsprechenden physikalischen Größen lineare Unabhängigkeit vor: Sie können nicht durch die Summe anderer unabhängiger Größen ersetzt werden.

Auch in der Quantenmechanik – der Theorie von physikalischen Systemen, bei denen das sogenannte Wirkungsquantum* eine wichtige Rolle spielt, gibt es einen Zustandsraum, den sogenannten Hilbert-Raum H. In diesem Raum beschreibt man die Systemverläufe durch *Abbildung* eines Teilraumes in den Raum. Eine solche Abbildung wird durch einen Projektions*operator* in H durchgeführt. Man kann sich diesen Vorgang ganz bildlich vorstellen:

* $h = 6{,}624 \cdot 10^{-27}$ erg · sec; 1 erg = 1 dyn · 1 cm; 1 dyn = die Kraft, die 1 Gramm 1 cm pro sec^2 beschleunigt, also eine sehr kleine Größe.

Etwas *wirkt* auf etwas, wird auf etwas angewendet, und ein Resultat erfolgt. Nehmen wir zum Beispiel die Funktion e^{ax} * und wenden einen Operator darauf an, sagen wir: Ableitung nach x, also de^{ax}/dx, so haben wir das Ergebnis $= ae^{ax}$.

In einem Hilbert-Raum haben wir als Funktion zum Beispiel Vektoren, das heißt gerichtete Größen, und als Operationen die Abbildung dieser Vektoren auf – wiederum Vektoren. Wenn wir dann noch die Vektoren finden, die eine «Eigenwertgleichung» lösen, schlagen Physikerherzen höher. Was ist eine Eigenwertgleichung? Ganz einfach: wenn durch Anwendung eines Operators auf eine Funktion wieder dieselbe Funktion als Ergebnis herauskommt (Eigenfunktion) plus einer Konstanten (Eigenwert), wie im obigen Beispiel. Und warum die Freude der Wissenschaftler? Wir kommen darauf zurück. Doch zunächst wollen wir uns kurz mit der genannten physikalischen Beschreibung befassen.

Verglichen mit der (quasi-)deterministischen Beschreibung physikalischer Systeme durch die klassische Physik erscheint das Vorgehen in der Quantentheorie auf den ersten Blick merkwürdig. Die Beschreibung der physikalischen Systeme ist in ihr an die *Anzahl* der beobachteten Fälle geknüpft, und zwar in zweierlei Weise: Wie in der statistischen Gastheorie kann man zum einen eine große Zahl ähnlicher Systeme betrachten und daraus in statistischer Weise auf das Verhalten von Einzelsystemen schließen. Man kann aber auch das Verhalten von Einzelsystemen studieren und durch eine große Zahl von Experimenten zu einer statistischen Aussage kommen. Im Unterschied zu «klassischen» Theorien, die jeweils einen Wert oder eine kontinuierliche Wertverteilung vorhersagen, machen die quantenmechanische beziehungsweise die ihr mathematisch äquivalente wellenmechanische Theorie Aussagen über die überhaupt möglichen Meßwerte und deren statistische Verteilung.

Gänzlich neu in der Quantentheorie ist die Ersetzung von Variablen, zum Beispiel Ort und Impuls, durch sogenannte Differentialoperatoren, wodurch Ort und Impuls nicht länger unabhängige Größen sind, sondern als komplementäre Variablen eingeführt

* *e* (Eulersche Zahl) = 2,718...; a = irgendeine Konstante; dx = Differential von x; dy/dx = Differentialquotient.

werden. Diese Quantisierung hat eine Reduktion der Variablen zur Folge, führt aber ein echtes statistisches Moment in die Theorie ein. Wir können jetzt die Systeme nicht mehr mit ihrer Trajektorie (Kurve im Phasenraum) beschreiben, sondern erhalten einzelne Zellen im Konfigurationsraum, einem gequantelten Raum. Die Quantisierung hat außerdem zur Folge, daß die Kommutativität (Vertauschbarkeit) bestimmter Variablen nicht mehr möglich ist ($p \cdot q - q \cdot p = i\hbar$), das heißt, wenn man ihr Produkt bildet und dabei die beiden Variablen vertauscht, so ist die Differenz nicht Null, sondern nimmt einen endlichen, bestimmten Wert an, nämlich $\sqrt{-1} \cdot h / 2\pi$. Ausdruck dieser Tatsache ist die sogenannte Unschärferelation, die besagt, daß konjugierte Variablen, also zum Beispiel Impuls (p) *und* Ort (q), oder Energie *und* Zeit *(cum grano salis)*, zum selben Zeitpunkt nicht beliebig genau gemessen werden können. Allgemeiner ausgedrückt: Unsere raum-zeitliche Information über submikroskopische Systeme ist begrenzt und nicht beliebig verfeinerbar. Für endliche, also begrenzte Quantensysteme können wir sogar vorhersagen, daß das Energiespektrum, das wir messen können, diskret sein, das System also eine Periodizität in seinem Verhalten aufweisen muß.

Ein zu seiner Zeit völlig neuartiger Aspekt tauchte bei der Diskussion um das Problem der Isolierbarkeit von physikalischen Systemen auf: Bei sehr kleinen physikalischen Systemen – also, energetisch gesehen, bei Systemen mit kleinem Energiegehalt – ist das Meßverfahren eine Wechselwirkungssituation, bei der nicht mehr ganz klar zwischen Aktion und Reaktion unterschieden werden kann. Mit anderen Worten: Bei einer Messung des «Zustandes» eines quantenmechanischen Systems wissen wir nicht genau, welche Einflüsse vom «Objekt» und welche vom Meßsystem herrühren. Wir sehen hier die Anwendung des Begriffes «Wechselwirkung», der für uns ja eine so große Rolle spielt, in Reinkultur.

Wir sind an die Grenzen der Unterscheidbarkeit im physikalischen Sinne gekommen. Weiter oben sprachen wir bezüglich des Energiespektrums von diskreten Werten. Stellen wir noch einmal die grundsätzliche Frage: Wie kommen wir eigentlich in der Quantenmechanik von kontinuierlichen zu diskreten Werten? Wir wenden doch auch hier wesentlich die *Infinitesimalrechnung* an (zu der werden wir noch einiges zu sagen haben). Nun, diese Frage ist im Grunde schon beantwortet. «Wo, zum Teufel?» fragen Sie. Zu Recht, weil Ihnen eine handhabbare *diskrete Mathematik* – mit der gleichen Fruchtbarkeit und Eleganz wie die kontinuierliche Mathematik der Infinitesimalrechnung – noch nie begegnet ist. Die gibt es auch – noch? – nicht. Es gibt nur Rechenmethoden und Näherungsverfahren, die «Diskretheit» in der Lösungsmenge, nicht jedoch fundamental im Verfahren anführen.

Eine solche Methode ist die *Eigenwert*methode. Durch sie erhalten wir, auch wenn wir von kontinuierlichen Größen ausgehen (zum Beispiel von Wellen), eine diskrete Menge von Größen. So erhält man etwa in einem schwingenden System, zum Beispiel einer fest eingespannten Saite, mit den Eigen*werten* die Schwingungsfrequenz, und mit der Eigen*funktion* die Amplitude der Schwingung. Bei einem linearen harmonischen Oszillator (ein einfaches *Modell* in der Quantenmechanik) gibt die Lösung der Eigenwertgleichung die Amplitude der entsprechenden stabilen Welle von Ort zu Ort entlang der Schwingungsstrecke (Amplitudenfunktion) und die verschiedenen Energielevels des Oszillators (Eigenwerte) an.

Soviel zur Diskretheit in der Quantenmechanik. Übrigens benutzt man diese Eigenwertmethode auch wesentlich in den Theorien komplexer Systeme, zum Beispiel in der Synergetik. (Durch Vorzeichenänderung des Eigenwertes wird eine Symmetriebrechung beschrieben, und unter gewissen Bedingungen kann das sogenannte Versklavungsprinzip in Kraft treten – vgl. den Abschnitt «Die Grenzen der Katastrophentheorie und der Synergetik», S. 177 ff.)

Die Paradoxa der Bewegung und der Emergenz

> Jedes Ding entsteht aus einem wesensgleichen ...
> denn der Mensch erzeugt einen Menschen.
> ARISTOTELES

Die Naturwissenschaft ist immer die Lehre von der Bewegung gewesen. Das Rätsel der Bewegung hat die Naturwissenschaftler in Atem gehalten, und sie haben schließlich einfache Modelle ersonnen – nicht um dieses Rätsel zu lösen, sondern um es zu vergessen.

Ganz am Anfang des Nachdenkens über die Natur aber finden wir einen anderen Begriff, von dem die Bewegung oder schließlich noch eingeschränkter: die bloße Ortsveränderung (Lokomotion) abstrahiert wurde: den Begriff der Veränderung oder Verwandlung. Philosophus, wie Aristoteles im Mittelalter genannt wurde, gebraucht ihn als Oberbegriff, unter den er Entstehen, Vergehen und Bewegung faßt, und er teilt die Bewegung weiter auf in Ortsveränderung, in Wachstum oder Abnahme und in Qualitätsveränderung.

Betrachten wir einen komplexen Prozeß, etwa das Wachstum eines Blattes: Als Ganzes entsteht es aus der Sproßachse der Pflanze; es bewegt sich in einem allgemeinen Sinne, aber konkretisieren wir diesen Bewegungsablauf, dann fällt uns ins Auge, daß die Teile des Blattes einer Ortsbewegung unterliegen; es wächst durch Formveränderung, es vergrößert sich (wie es auch einschrumpfen kann); es nimmt eine neue Qualität an, zum Beispiel wird es grün (später braun). Ich beobachte also Vorgänge, die ich den drei aristotelischen Unterbegriffen der Bewegung zuordnen kann. Jede dieser Veränderungen und Verwandlungen vollzieht sich zunächst einmal ganz eigenständig und soll nicht auf die anderen «Bewegungsformen» zurückgeführt werden. Indem ich schildere, was ich bei der bloßen Betrachtung des Wachstums wahrnehme, sage ich jedoch noch nichts über das Grünwerden aus. Es kommt uns hier nicht darauf an, wie plausibel die aristotelische Unterteilung ist. Wichtig sind die *verschiedenen*, von immer anderen Betrachtungsweisen ausgehenden *Ebenen der Beschreibung* komplexer und natürlich auch einfacher Prozesse und Bewegungsabläufe: Es zeichnen sich die Umrisse einer Naturwissenschaft ab, die der Pluralität der Phänomene gerecht zu werden versucht.

Aber da hatte Aristoteles eine folgenschwere Idee: Es muß doch einen Veränderungsprozeß geben, sagte er sich, der allen anderen zugrunde liegt. Es sollte doch gelingen, eine fundamentale Beschreibungsebene auszusondern, auf der wir die Natur wirklich zu durchschauen vermögen. – Natürlich, die Ortsveränderung ist es. Denn: Wachstum beispielsweise ist nicht ohne qualitative Veränderung möglich (inhomogene Nahrung muß von außen zugeführt und homogenisiert werden), und daher muß die Nahrungsquelle dem wachsenden Gegenstand nähergerückt werden. Das ist eine Ortsveränderung. Und so argumentierte Aristoteles (über einige Umwege, heute würden wir es uns einfacher machen), daß die Ortsveränderung die grundlegende Veränderungsform sei, auf die man alle anderen zurückführen könne.

War das notwendig? Aristoteles ging noch viel weiter: Er trennte den Bereich der Ortsveränderung von dem der Entstehung des Neuen. Eigentlich, so überlegte er sich, sind Entstehen und Vergehen überhaupt keine Veränderung, denn jede Veränderung geschieht immer von einem Seienden zu einem Seienden, aber beim Entstehen tritt ja entweder ein ganzes Ding oder eine Beschaffenheit an einem Ding aus dem Nichtsein ins Sein. Das ist etwas anderes. Und auf Ortsveränderung zurückführen kann man es schon gar nicht.

Wir haben also nach Aristoteles auf der einen Seite die Veränderung im Sinne der Orts-, Quantitäts- und Qualitätsveränderung. Die beiden letzteren sind abgeleitete Veränderungsarten; sie basieren auf Ortsveränderung, ja sind vielleicht sogar vollständig auf sie reduzierbar. Der Urtypus der Ortsveränderung, die eigentliche Bewegung, besteht nicht in dem Umherfliegen von Atomen im leeren Raum – diese Reduktion vollzogen später die Atomisten. Vielmehr ist die Lokomotion als solche die in sich zurückkehrende Kreisbewegung der Gestirne. Hier in den Himmeln, über dem Mond, kreisen die ätherischen Gestirne sauber, blankgeputzt und: unkompliziert und einfach. Nichts Neues geschieht unter dem Fixsternhimmel – auf jeden Fall bis zum Mond. Unter dem Mond – auf der anderen Seite – herrschen hingegen die Dreckeffekte vor: Andauernd geschieht irgend etwas anderes. Stoffe wandeln sich um,

Rauch zieht nach oben, Wasser plätschert nach unten, Tiere wachsen, fressen und werden gefressen – ein unüberschaubares Durcheinander im Gegensatz zur erhabenen Einfachheit über dem Mond im Äther. Zwar wird es ein wenig kompliziert, wenn man daran festhalten will, daß sich die Gestirne in Kreisen bewegen, aber das ist bloß eine Frage der mathematischen, besonders der geometrischen Beschreibung. Man kriegt auch das hin. Aber wer wollte auch nur im Traum daran denken, die irdischen Kräuter und Rüben mathematisch zu ordnen?

Wenn man dann aber doch diesen Versuch wagen will, dann suche man sich die einfachsten Veränderungsformen aus, die vergleichbar mit den himmlischen sind. Die bunte irdische Vielfalt wird reduziert auf ein paar Kreise, Dreiecke, Striche und geschickt gewählte Zahlenverhältnisse. Damit fing ein gewisser Galileo Galilei aus Pisa an. Aber soweit sind wir noch nicht.

Zuerst kam Zenon. Und der ging zu weit. Er behauptete nämlich: Nichts bewegt sich. Jede Beschreibung einer Bewegung – einer Ortsveränderung, um genau zu sein – hat Paradoxien zur Folge: Jede Bewegung setzt voraus, daß eine unendliche Reihe in einer endlichen Zeit durchlaufen werden kann. Um von A nach B zu kommen, muß ich erst einmal C erreichen, den halben Weg gleich AB/2. Um C zu erreichen, muß ich erst einmal nach D kommen, die halbe Strecke zwischen A und C gleich AC/2 gleich AB/4. Und so weiter. Nennen wir die Grundstrecke AB die Einheitsstrecke. Sie soll in einer beliebigen Maßeinheit genau = 1 sein. Dann handelt es sich mathematisch um die unendliche Reihe $\frac{1}{2} + \frac{1}{4} + \frac{1}{8} \ldots$ Diese Reihe hat die endliche Summe 1. Mathematisch wird also die Strecke «durchlaufen». Warum eigentlich? Man sagt, daß diese unendliche Reihe gegen den Grenzwert 1 konvergiert. Was hat das zu bedeuten? Konsultieren wir ein Lexikon der Mathematik und setzen gleich unsere (spezielle) Reihe in die Erklärung ein, die wir dort finden, so lesen wir: Die Reihe ($\frac{1}{2} + \frac{1}{4} + \frac{1}{8} \ldots$) heißt konvergent gegen (1), wenn in jedem Intervall um (1), also irgendeinem beliebigen Zahlenspielraum um (1) herum, fast alle Zahlen der Reihe liegen. Fast alle, sagen die Mathematiker, und präzisieren: mit Ausnahme von höchstens endlich vielen.

Das ist der Punkt. Die Brüche in unserer Reihe sind abzählbar unendlich viele, das heißt, es sind genauso viele, wie es natürliche Zahlen gibt. Gegenüber dieser gigantischen Menge fallen doch endlich viele gar nicht ins Gewicht, jedenfalls nicht in der Mathematik. Unendlich plus endlich ist wieder unendlich.

Kommen wir zu unserem Spaziergang von A nach B, wobei AB gleich 1 sein soll. Da wir auf irgendeinem fußfesten Weg und nicht auf einer Zahlengerade laufen, so blieben wir wirklich in irgendeinem endlichen Abstand von B stecken, folgten wir der Argumentation Zenons. Hier können wir diese endliche Strecke nicht vernachlässigen, auch wenn wir sie noch so klein wählen; beliebig klein, wie der Mathematiker sagen würde. Sie können irgendeine positive Zahl x vorgeben; *wie klein auch immer sie sein mag* (beliebig klein), der Mathematiker kann eine *noch kleinere* positive Zahl y wählen. Damit haben wir einen Grenzübergang nach B vollzogen. Aber: Einen letzten Schritt tun wir nicht. Es besteht immer ein – beliebig kleiner – Abstand. Rein konstruktiv gesehen kommt man nie hin.

Wenn wir nun den Anfang der Bewegung unter die Lupe nehmen, (und nicht die Teilabschnitte summieren), was im obigen Zenon-Beispiel ja geschehen ist, so bemerken wir: Schon am Anfang bleiben wir stecken, ja, wir fangen gar nicht erst an, uns zu bewegen (man versuche doch einmal, die Folge ½, ¼, ⅛, $^1/_{16}$, $^1/_{32}$, $^1/_{64}$ usw. umzudrehen und «von hinten» anzufangen).

Nichts bewegt sich. Nichts tut sich. Alles bleibt, wie es ist.

Die heutige «Lösung» der Bewegungsparadoxie haben wir im Grunde schon vorgeführt. Wir werden uns später noch einmal damit befassen. Man nimmt in der Differentialrechnung an, daß eine Momentangeschwindigkeit v existiert, nicht nur eine Durchschnittsgeschwindigkeit. Diese ist definiert als das Verhältnis einer Wegdifferenz zu einer Zeitdifferenz; der Körper bewegt sich dann mit einer durchschnittlichen Geschwindigkeit v (Weg zu Zeit) in dieser Differenz. Eine Momentangeschwindigkeit dagegen ist für einen Punkt, nicht für eine Differenz definiert. Mit anderen Worten: Die Differenz wird beliebig klein – der eine Endpunkt der Differenz vollzieht einen Grenzübergang zum anderen.

Ist das Problem damit aus der Welt? Keineswegs. Nichts substantiell Neues wurde eingeführt, sondern letztlich nur ein trickreiches Spiel mit Symbolen, ein mathematischer Kniff. Die Infinitesimalrechnung löst die Zenonschen Paradoxien nur, indem sie jeden Kontakt mit der Wirklichkeit verliert, für die sie ja doch geschaffen wurde. Diese neue mathematische Lösung ist für unser Problem unbrauchbar.

Zenon bewegte sich nicht in einer rein logisch-mathematischen Sphäre; seine Paradoxien haben einen physikalisch-empirischen Charakter: Ich soll mich tatsächlich auf den Weg machen und unendlich viele Abschnitte durchlaufen. Die Analyse dieser Wirklichkeit geschieht freilich mit mathematischen Mitteln. Die Infinitesimalrechnung bezieht sich aber auf einen rein logisch-mathematischen Bereich.

Was ist eigentlich gesagt? Ich lasse die Durchschnittsgeschwindigkeit $\Delta s / \Delta t$ (Δ = Differenz) zu einem «Punkt» schrumpfen, nicht dadurch, daß ich unendlich kleine Größen ins Verhältnis setze (also zwei Punkte mit der Differenz Null, somit hätte ich $0/0$), sondern indem ich den Grenzwert einer Folge von immer kleineren Verhältnissen, immer kleineren Differenzen bilde. Aber in diesem Fall muß ich zwei Größen benutzen – die vorgegebene, beliebig kleine positive Zahl x und die immer kleinere positive Zahl y (ich will ja einen Grenzübergang vollziehen) –, die in gewissem Sinne, wie die Mathematiker zugeben, «unwichtig bezüglich v selbst» sind, bezüglich v, die eine empirisch-physikalische Größe zu sein hat. In Wirklichkeit kann ich x nicht beliebig kleine Werte annehmen lassen, denn die Wirklichkeit ist diskret – Raum und Zeit, physikalischer Raum und physikalische Zeit, sind diskret und ausgedehnt.

Damit geht die Infinitesimalrechnung von genau denselben Voraussetzungen aus wie Zenon; sie ist nur in ihrer mathematischen Definitorik raffinierter: Raum- und Zeitstrecken sind kontinuierlich, aber es gibt Teile von Raum- und Zeitstrecken, die nichtkontinuierlich sind. Bei Zenon kann man «nichtkontinuierlich» durch «unteilbar und ausdehnungslos» ersetzen. Durch den mathematischen Trick der Grenzwertbildung nämlich nehmen die Teile der Strecke eine eigentümliche Zwitterstellung zwischen Punkt und Differenz ein, nämlich als Folge von immer kleineren Differenzen. Dies ist die Voraussetzung für die Konstruktion der Strecke, wenn wir die Geschwindigkeit haben. Dann ist die

Strecke zusammengesetzt aus unendlich vielen unendlich kleinen Differenzen, wobei wir wieder einen Grenzwert benötigen.

Wie steht es nun um die scheinbar so einfache Ortsveränderung? Wie beschreibt man sie am besten? Ruht der fliegende Pfeil? Hat er eine Momentangeschwindigkeit? Wir haben die Voraussetzungen schon genannt: Eine kontinuierliche, ausgedehnte Größe kann nicht aus diskreten, ausdehnungslosen Teilen zusammengesetzt sein, eine Strecke (Dimension 1) nicht aus Punkten (Dimension 0). Dies ist die allgemeinste Formulierung von Zenons Dilemma: Die Strecke müßte *auch* die Dimension 0 haben!

Aristoteles gibt uns einen Bericht über Zenons sogenanntes Pfeilparadoxon (wir paraphrasieren hier eine Zusammenfassung von Rafael Ferber aus seinem Buch ‹*Zenons Paradoxien der Bewegung und die Struktur von Raum und Zeit*›: «Alles ruht immer, solange es einen Raum einnimmt, der gleich groß ist wie es selbst. Aber das Bewegte ist immer im unteilbaren und ausdehnungslosen Jetzt, und im letzteren nimmt das Bewegte einen Raum ein, der gleich groß ist wie es selbst. Also: Der bewegte Pfeil ist immer unbewegt.»

Wie könnte er sich denn bewegen? Doch nicht kontinuierlich von einem unteilbaren und ausdehnungslosen Jetztpunkt zum nächsten, denn ausdehnungslose Punkte, wie viele auch immer es seien, ergeben nun einmal kein Kontinuum. Da er sich aber dennoch bewegt, bleibt nur eine Möglichkeit: Er bewegt sich diskontinuierlich, ruckartig. Aber was passiert «zwischen» den einzelnen Jetztpunkten, in denen er ruht? Wo ist er da, vor allem, *wann* ist er da irgendwo?

Wir sollten jemanden fragen, der sich auskennt. Gibt es eine höhere Autorität als Leibniz, den Erfinder der Infinitesimalrechnung? Statten wir ihm also einen Besuch ab.

WIR: *Monsieur*, mit Eurer Erlaubnis würden wir uns gern ein wenig mit Ihnen unterhalten. Sie haben unseren Text gelesen... aber wir unterbrechen Sie in einem Gespräch?

ASSISTENT VON LEIBNIZ: Kommen Sie nur näher, meine Herrschaften, Sie stören uns nicht. Mit einem gewissen Interesse verfolgen wir Ihre Bemühungen, die Bewegung zu verstehen. Wenn ich *Sie* recht verstanden habe – Sie erlauben doch, *Monsieur* Leibniz, daß ich zusammenfasse –

LEIBNIZ: *Naturellement, naturellement* –

ASSISTENT: *Bon*, äh, ja... Ihre Bemühungen. Sie haben also geschlossen, daß das Stetige weder in Punkte aufgelöst werden kann noch aus ihnen besteht und daß die Anzahl der im Stetigen angebbaren Punkte nicht eine sichere und bestimmte Zahl ist...

WIR: Ja, genau, und deswegen...

LEIBNIZ: Langsam, langsam. Ich danke Ihnen, *Monsieur l'assistant*. Was haben wir also? (Hebt den Zeigefinger und sticht in die Luft.) Wenn Sie vorhin richtige Grundsätze aufgestellt haben, so darf der Satz «Irgendein Körper bewegt sich *jetzt*» nicht wahr sein, denn entweder wäre er an keinem Ort oder an zweien zugleich...

ASSISTENT: Was unsinnig wä...

LEIBNIZ: *Was*... nach unseren logischen und physikalischen Voraussetzungen nicht akzeptiert werden könnte. (Räuspert sich.) Nun, könnten wir die Bewegung nicht einen Zustand nennen, der zusammengesetzt ist aus dem letzten Moment des Existierens des Körpers an einem bestimmten und dem ersten Moment des Nicht-mehr-Existierens an demselben Orte oder des Existierens am nächstbenachbarten Orte? Wäre das möglich? (Blickt uns herausfordernd an.)

WIR: Na ja, das kommt darauf an, was «nächstbenachbart» heißt. Wenn es «dicht» heißt, also wenn wir während der Bewegung für einen Punkt und Augenblick jeweils einen zweiten, nächstbenachbarten annehmen, dann gibt es keinen Grund, warum wir nicht auch für diesen zweiten einen weiteren, dritten nächstbenachbarten annehmen könnten... und so weiter.

ASSISTENT: Bitte, darf ich? – Nun, wenn wir auf diese Weise fortfahrend den Raum und die Zeit durchlaufen, so werden diese auf jeden Fall aus einander unmittelbar benachbarten Punkten und Augenblicken bestehen. Was nicht möglich ist. (Hält befriedigt inne.)

LEIBNIZ: Also gibt es entweder nichts außer Ruhe – das heißt, der Körper schreitet überhaupt nicht fort, und die Bewegung in der Natur ist aufgehoben –, oder es ist zwischen Ruhepausen eine plötzliche, sprunghafte Bewegung eingeschaltet, so daß ein Körper, der eine Zeitlang bis zu diesem Augenblick an diesem Orte geruht hat, im nächsten Augenblick an irgendeinem entfernten

Ort in der Weise zu existieren und zu ruhen beginnt, daß er durch die dazwischenliegenden Orte nicht hindurchgegangen ist. Entweder – oder, meine Herrschaften.

ASSISTENT: Eine sehr klare Theorie.

WIR: Finden Sie? – Aber es bleibt doch eine Frage offen, wenn Sie uns diesen Einwand gestatten, *Monsieur* Leibniz: Sie sagen, daß der Körper oder auch der Massenpunkt...

LEIBNIZ: Bitte, bitte, sofern Sie nicht ein bloß mathematisches Gebilde meinen... Es bleibt sich gleich.

WIR: Gut. Daß also der Punkt P, nachdem er die Zeit t...

ASSISTENT: Jetztpunkt!

WIR: Okay, okay... nachdem er zum Zeitpunkt t im Raumpunkt R existiert und geruht hat, im nächsten Zeitabschnitt – denn es muß nicht unbedingt ein Punkt sein – im Raumpunkt S existiert und ruht. Frage: Wie kommt er dorthin?

ASSISTENT: Das...

LEIBNIZ: *Monsieur l'assistant*, bitte. – Ich beantworte Ihnen die Frage: Wer jene Sprünge annimmt, meint es nicht anders, als daß das... das... bewegliche Ding P, nachdem es eine Zeitlang am Orte R gewesen ist, ausgelöscht und vernichtet wird und einen Augenblick später in S wieder hervorsteigt und neu erschaffen wird. Diese Art der Bewegung, *Messieurs*, können wir *Transcreation* nennen. (Zündet sich eine Zigarette an.)

WIR: ...

ASSISTENT: Eine erstaunliche Theorie.

WIR: Wir verstehen den Ausdruck «daß er durch die dazwischenliegenden Orte nicht hindurchgegangen ist» überhaupt nicht. Ist das nicht ein wenig *ad hoc*? Oder, noch schlimmer: Wirft es nicht mehr Probleme auf, als es löst?

LEIBNIZ: Nun, Sie dürfen es nicht so verstehen, als gäbe es diese Orte oder Punkte aktual als Ergebnis eines vollendeten Teilungsprozesses. Das ist nicht der Fall. Sie sind nur potentiell im Prozeß des Teilens.

WIR: Aber dann gibt es sie gar nicht, oder...

LEIBNIZ: *Exactement.* Sie müssen bitte schön genauestens unterscheiden zwischen einer ungeteilten stetigen und einer geteilten Linie. Auf der letzteren berühren sich – wenn man sie teilt – die beiden Teillinien *an verschiedenen Punkten*, die Endpunkte fallen nicht zusammen, denn die Linie ist *aktual* geteilt: der eine Teil hört auf – Punkt eins, der andere fängt an – Punkt zwei. So berühren sich zum Beispiel zwei Kugeln an zwei verschiedenen Punkten, die zwar zugleich, aber nicht einer sind. Also gibt es keine Punkte dazwischen, denn ich glaube, daß man in der Natur der Dinge keinen anderen Punkt annehmen darf als einen solchen, der die Grenze irgendeines ausgedehnten Dinges ist. Verstehen Sie, *Messieurs*, was ich sagen will?

WIR: Heißt das, daß Sie die Gleichförmigkeit von Raum und Zeit, für sich betrachtet, nicht leugnen, wohl aber die Gleichförmigkeit in der Bewegung? Wenn dies die Lösung ist, dann fragen wir uns: Wie ist diese wirkliche Aufteilung zu verstehen? Es gibt doch keine ausgezeichneten Punkte auf einer Linie, man kann sie doch immer anders aufteilen, so daß die Grenzen der beiden Teillinien, von denen Sie eben sprachen, plötzlich in eine Linie fallen, also die Begrenzung sich einfach verschiebt.

LEIBNIZ (blickt uns erstaunt an): Sie ziehen die richtigen Konsequenzen: Keine Größen werden anderen ohne Grund vorgezogen, und hier gibt es keinen Grund dafür. Damit aber haben wir das Problem wenigstens befriedigend formuliert. Bitte lassen Sie mich dies zum Abschluß tun, denn ich glaube, wir haben Sie schon zu lange von Ihren Geschäften abgehalten. Wir sagen, daß die Bewegung eines Beweglichen wirklich in unendlich viele andere untereinander verschiedene Bewegungen geteilt ist und durch keine Zeitspanne hindurch gleich und gleichförmig bleibt. Es gibt keine stetige Bewegung. Wir werden sagen – und damit komme ich auf Ihren trefflichen Einwand zu sprechen, den ich wohl berücksichtige –, daß sich das Bewegliche in jedem Augenblick, der in Wirklichkeit festgelegt ist, an einem neuen Punkte befindet. Augenblicke und Punkte nun sind zwar unendlich viele festgelegt, niemals aber können auf derselben Linie einander mehr als zwei unmittelbar benachbart sein, denn – wie gesagt – diese Punkte sind bloß Grenzen. Damit kommen wir auf unsere Diskussion über «unmittelbar benachbart» und «dicht», wie Sie sagten. Sie erinnern sich?

WIR: Ja, *Monsieur*, wir sagten, zwischen dem Zustand A an Ort R und dem Zustand B an Ort S müßten immer noch andere Orte und Zustände liegen.

LEIBNIZ: Sie waren sich wohl nicht ganz im klaren darüber, ob Sie «dicht» oder ob Sie «kontinuierlich» meinten. «Dicht» liegt zum Beispiel die Menge der rationalen Zahlen...

ASSISTENT: ... der Brüche...

LEIBNIZ: ... die man progressiv ordnen kann, nicht wahr, Ihr Beispiel der unendlichen Folge ½, ¼, ⅛ ... usw. Diese Reihe hat Lücken, das Kontinuum nicht. Aber lassen wir das jetzt, Sie werden es freilich später einmal brauchen. Denken Sie darüber nach. Ich sage nun über den Zustand der Bewegung: Jeder Augenblick ist das Ende eines vergangenen und der Beginn eines neuen Zustandes. Und es gibt keinen Augenblick der Zeit, der nicht wirklich bezeichnet ist oder in dem nicht irgendeine Veränderung geschieht, das heißt, der nicht das Ende eines alten und der Beginn eines neuen Zustandes in irgendeinem Körper ist. Auf keinen Fall aber – und das bitte ich genauestens zu beachten – ist anzunehmen, daß der Körper oder der Raum in Punkte oder die Zeit in Augenblicke aufgeteilt ist, weil das Unendliche nicht Teil, sondern Grenze eines Teils ist. Die Punkte in einer (endlichen) Linie, zum Beispiel die Endpunkte, sind nicht wirklich in dem Sinne da, daß man sie mittels einer Lupe sehen könnte; sie sind einfach Grenzen, Schnitte in dieser Linie, aber doch so verknüpft, daß sie durchlaufen werden können. *Monsieur* Zenons Probleme tauchen hier nicht auf, wie Sie sehen: Alles ist zwar aufgeteilt, aber nicht bis zu allerkleinsten Teilchen aufgelöst. Sie können natürlich nicht solche imaginären Raumatome zu einer Linie addieren.

WIR: Dazu hätten wir noch eine mathematische Frage, aber zuerst würden wir gern wissen – nach all diesen Unterscheidungen, die Sie eben getroffen haben – beim Übergang vom Zustand A zum Zustand B, auch wenn es jetzt keine dazwischenliegenden Zustände gibt... wir möchten hier doch noch einmal genau nachfragen, entschuldigen Sie bitte: Der Körper ist dann nirgendwo?

LEIBNIZ: Ja, ganz richtig, hier gibt es nun in gewisser Weise einen Sprung von A zu B, nicht jedoch einen Sprung, so wie er früher, als es noch einen endlichen Abstand zwischen A und B gab, wohl zweifelhaft war, weil diese beiden Zustände keinen Abstand voneinander haben. Sagen wir es so: Ein Augenblick ist für ein bewegtes Ding zusammengesetzt aus zwei Augenblicken – dem des Noch-Existierens am Orte R und dem des Schon-Existierens am nächstbenachbarten Orte S, wie wir es diskutiert haben. Nun aber liegen diese beiden Augenblicke so nah beieinander, daß kein dritter zwischen ihnen Platz hat. Das folgt aus dem Ergebnis unseres Gespräches. Der Sprung von einem Teilaugenblick zum anderen erfolgt zeitlos. Ich drücke mich so aus: In jedem Augenblick wird das sich verändernde Ding von Gott vernichtet und im neuen Zustand wiedererschaffen. (Zuckt mit den Achseln.)

WIR: Wir würden gern erst einmal ohne diese Hypothese auskommen.

LEIBNIZ: Sie meinen Gott? Wissen Sie, ich bin kein Theologe, ich bin Philosoph und Wissenschaftler. Drücken *Sie* es so aus: Nicht ist einfach die *Erhaltung* der Dinge eine ständige *Schöpfung*, sondern jede *Veränderung* eine *Transcreation*. Sie sind nicht gezwungen, einen persönlichen Schöpfer anzunehmen. Aber ich weise Sie auf ein Problem hin: Wie wollen Sie sagen, daß der Zustand A die Ursache von Zustand B ist? Den Satz vom zureichenden Grunde kann ich nur aufrechterhalten, wenn ich behaupte, daß es eine bleibende Substanz gibt, die sowohl das erste zerstört als auch das Neue hervorbringt, weil ja der folgende Zustand aus dem vorhergehenden keinesfalls mit Notwendigkeit folgt. Sie reduzieren dann den Satz vom Grunde oder das Kausalgesetz auf die Trivialität: Alles, was geschieht, ist geschehen. Sie müssen erklären, warum es Naturgesetze gibt. – Aber wir schweifen ab.

ASSISTENT flüstert Leibniz etwas ins Ohr.

LEIBNIZ: Ja, ja, natürlich. (Blickt uns etwas zerstreut an.) Sie hatten noch eine mathematische Frage?

WIR: *O non, Monsieur*, wir haben Ihre Geduld schon überstrapaziert. Wir würden uns freilich gern später noch einmal mit Ihnen unterhalten, wenn wir über Ihre Theorie nachgedacht haben und mit unseren Forschungen weitergekommen sind.

LEIBNIZ: Mit Vergnügen. Ich interessiere mich natürlich für die Ergebnisse der neuen Naturwissenschaften. Zu Ihrer Darstellung des Bewegungsbegriffes möchte ich noch bemerken: Man hat wirklich den Fehler begangen, die einfache Ortsveränderung als

«Paradigma», wie Sie heute sagen, aller komplexen Veränderungen zu betrachten, sozusagen immer die mikrophysikalische Ebene der Bewegung von Teilchen als grundlegend anzusehen. Ich unterschreibe das nicht! Denn, wie wir gesehen haben, die Ortsveränderung ist nicht einfach. Ist sie nicht mindestens genauso komplex wie die Phänomene, denen sie zugrunde liegen soll? Wir konnten in unserem Gespräch diese Probleme doch wenigstens andeuten. Ich gebe Ihnen noch einen Satz mit auf den Weg, da es Ihnen ja, so ich es recht verstehe, gleich um das Problem der Emergenz, der Entstehung des Neuen geht: Es gibt Ortsveränderung in diesem Universum nur, weil es Emergenz in diesem Universum gibt.

WIR: Herr Leibniz, wir danken Ihnen für dieses Gespräch.

Da sind wir also wieder unter uns und allein mit dem Rätsel der Bewegung. Wir werden unsere mathematische Frage selbst lösen müssen. Leider. Sicher hätte uns Herr Leibniz weiterhelfen können.

Wir haben gesehen, daß eine der Grundabstraktionen der Physik, die sich selbst als die Kernwissenschaft ansieht, nämlich der Begriff der Bewegung, im Kern undurchdacht ist und zu Paradoxien führt. Ein mathematischer Kalkül wie die Infinitesimalrechnung gibt keine begriffliche Problemlösung an. Zenons Paradoxa haben zur Folge, daß der Begriff der Momentangeschwindigkeit oder der Zustand der Bewegung, so wie ihn später die Differentialrechnung einführte, inkonsistent ist (der fliegende Pfeil ruht im Punkt). Um Zenon zu entkommen, schlägt Leibniz eine begriffliche Lösung vor, die in der Annahme einer sprunghaften Bewegung besteht, einer steten Neuschaffung des sich Bewegenden, einer Emergenz. Wir werden diesen Lösungsansatz akzeptieren: Bewegung ist diskret und ein Spezialfall emergenten Verhaltens. Wir müssen daher Bewegung und Emergenz gleichzeitig diskutieren, vorher jedoch den Emergenzbegriff genauer analysieren – so wie wir es eben mit dem Bewegungsbegriff getan haben.

Der Grundentwurf der Physik lautet: Die Welt besteht letztlich aus sich bewegenden kleinsten Teilchen, im abstrakten Sinne aus Punkten, denen physikalische Eigenschaften zugesprochen werden (Masse, Ladung etc.). Aber ein anderer Entwurf ist in Sicht. Er wird lauten: Die Welt besteht letztlich aus diskreten Zellen, die je verschiedene Besetzungszustände aufweisen. Der Bewegungsbegriff des ersten Entwurfs ist kontinuierlich; doch schon die Quantenmechanik brachte ihn in Schwierigkeiten. (Trotzdem wurde diese Theorie als eine Mechanik sich bewegender Teilchen konzipiert und nicht zum Beispiel als eine Feldtheorie.) Sein größtes Problem besteht darin, daß er nicht erklären kann, wie etwas Neues unter der Sonne entsteht: wie ein Blatt wächst, wie ein neues Individuum entsteht... Dieser Bewegungsbegriff ist zu abstrakt und doch nicht universell genug.

Der Bewegungsbegriff des zweiten Entwurfs ist diskret (wie bei einer Leuchtreklame mit einzelnen Glühbirnen, die hintereinander aufleuchten, wird eine Bewegung simuliert), und er kann beschreiben, wie sich ein «Teilchen» bewegt *und* wie ein Blatt wächst (homogene Zellen wachsen und ändern sich dann je verschieden durch Konzentrationen von Aktivator- und Inhibitorsubstanzen). Er ist konkreter, und er ist universeller.

Cum pondo salis hat der erste seine Wurzeln bei den Atomisten, der zweite bei Aristoteles. Das Pfund – *pondus* – Salz ist immer mitzuwiegen, denn Aristoteles – wie wir sahen – beging schon den Fehler, die Ortsveränderung als grundlegende Bewegung anzusehen. Aber er argumentierte nicht immer so reduktionistisch: Die Atomisten führten die Entstehung des Neuen auf Bewegung von Atomen zurück, Aristoteles nicht. Freilich entkoppelte er Bewegung und Emergenz, was wir für absolut falsch halten. Aristoteles hatte einen umfassenderen Zustandsbegriff (als die Atomisten), den sogar – teilweise – Werner Heisenberg (in seinem Aufsatz «Die Kopenhagener Deutung der Quantentheorie») für die Quantenmechanik fruchtbar gemacht hat, also für die Theorie, die noch im Alten wurzelt, aber auf das Neue hinweist. Heisenberg interpretiert die Wahrscheinlichkeitsfunktion, die etwas über mögliche Messungen aussagt, als aristotelische *entelecheia* (Möglichkeit oder objektive Tendenz). Das weist auf das Problem hin, einen neuen, *fundamentalen Zustandsbegriff* für die Physik zu finden, einen anderen als den bisherigen des Bewegungszustandes von Teilchen.

Das Rätsel der Bewegung ist natürlich ein Rätsel der empirisch-physikalischen Wirklichkeit – um diese ging es ja im ganzen Gespräch. Wir haben jedoch die Zenonsche Paradoxie in einem Satz ausgedrückt, der den mathematischen Aspekt des Paradoxen sehr deutlich betont: Die Summe der Größen einer bestimmten Dimension muß sowohl diese Dimension haben als auch die nächsthöhere.

Die Mathematiker haben sich wieder einen Trick einfallen lassen: Der Kern von Zenons Problem besteht in heutiger mathematischer Sprechweise in folgendem: Nehmen wir eine endliche Linie von Punkt a bis Punkt b. (Eine Linie ist eindimensional.) Sie ist abbildbar auf ein Intervall reeller Zahlen, das heißt, sie besteht aus so vielen Punkten, wie es reelle Zahlen in dem Intervall (a, b) gibt. Aber in welchem Sinne kann denn die eindimensionale Linie aus nulldimensionalen Punkten *zusammengesetzt* sein? («Ein Punkt ist, was eine Lage, aber keine Teile hat», sagt schon Euklid in seinen ‹*Elementen der Geometrie*›.) Wie viele Nullen man auch immer addiert, sie ergeben immer wieder Null. Wenn die *Teile* der Linie aber keine Punkte wären, sondern eine Länge hätten? Dann entsteht die Frage: Woraus bestehen diese Teile? Aus Punkten? Wir wären keinen Schritt weitergekommen. Wieder aus Längen? Dann entsteht die Frage... und so weiter. Woraus besteht denn nun die Linie? Ist sie unendlich teilbar, das heißt, werden ihre Teile schließlich unendlich klein? Ja, sind Punkte nicht unendlich kleine Teile? Besteht sie aus – nichts?

Das Paradoxon muß mit der Bedeutung der Wörter «zusammengesetzt» und «teilbar» zusammenhängen.

Die Länge eines Intervalls (a, b) ist definiert als die Differenz b–a. (Die Länge des Intervalls 0,3 auf dem reellen Zahlenstrahl – der Linie – ist 3–0=3.) Wenn a=b, nennt man das Intervall «degeneriert» – es hat die Länge 0, nämlich die eines Punktes.

Jetzt können wir sagen: Jedes Intervall ist aus Punkten *zusammengesetzt*, und zwar ist es nicht ein Aggregat, eine Anhäufung oder Aufreihung von Punkten, wie etwa eine Perlenkette aus Perlen aufgebaut ist, sondern es ist eine mengentheoretische Vereinigung von Einheitspunktmengen oder degenerierten Unterintervallen. (Wenn ich sowohl Autofahrer als auch Fußgänger bin, gehöre ich zur Vereinigungsmenge der Autofahrer und Fußgänger; eine Einheitspunktmenge ist die Menge, die als einziges Element einen Punkt enthält.) Vielmehr ist das Intervall eine Vereinigung von überabzählbar vielen Punktmengen.* Dieses Zusammengesetztsein ist eine *Eigenschaft* des Intervalls im Sinne mathematischer Definition.

Jedes Intervall (a, b) ist unendlich *teilbar*, und zwar in eine abzählbare Unendlichkeit (den natürlichen Zahlen zuordenbar) von positiven Unterintervallen (*nicht* überabzählbar vielen degenerierten Unterintervallen).

Diese Teilbarkeit ist das Ergebnis einer konstruktiven mathematischen *Operation*.

Es läßt sich mathematisch zeigen (wir verweisen hier, auch für unsere ganze Rekonstruktion, auf: Adolf Gruenbaum, ‹*Modern Science and Zeno's Paradoxes*›), daß die Unterintervalle eines Intervalls zwar kürzer sind als das Intervall, aber dieselbe Anzahl von Einheitspunktmengen haben! Also: Das Intervall (0,3) ist drei Einheiten – sagen wir Zentimeter – lang, das Intervall (0,1) ist einen Zentimeter lang, und das Intervall (0,1 000 000) ist 10 Kilometer lang. Aber *alle*, wir wiederholen: *alle* Intervalle haben genau dieselbe Anzahl von Einheitspunktmengen, nämlich überabzählbar viele. Jedoch: Für diese Einheitspunktmengen ist *keine* Additionsoperation definiert, nur eine mengentheoretische Vereinigungsoperation. Sie lassen sich also nicht zur Linie aufrechnen, nicht addieren. Damit entsteht auch nicht das Problem, wie viele Nullen (Punkte, präziser: Einheitspunktmengen von der Länge 0 degenerierter Unterintervalle) eine 1, nämlich das Intervall (die Linie) von der Dimension 1 und einer endlichen Länge ergeben.

Jetzt haben wir das Paradoxon – wie es sich für die Mathematiker stellt – aufgelöst. Wir fassen zusammen: Die Linie ist (abzählbar) unendlich teilbar. Man kann immer teilen (das heißt die Länge

* Überabzählbar bedeutet, daß diese Einheitspunktmengen nicht abgezählt, daß heißt der Folge der natürlichen Zahlen 1, 2, 3, 4, 5... nicht eindeutig zugeordnet werden können. Es sind von ihnen unendlich viel mehr da als natürliche Zahlen, nämlich soviel wie die Anzahl der reellen Zahlen. Eine reelle Zahl ist zum Beispiel ein unendlicher Dezimalbruch 1,735662... – zwischen zwei ganzen Zahlen liegen noch einmal abzählbar unendlich viele rationale Zahlen, also Brüche, die man in endlichen Dezimalbrüchen darstellen kann: ⅕ = 0,2 usw.; und zwischen allen diesen rationalen Zahlen liegen noch einmal überabzählbar unendlich viele reelle Zahlen.

reduzieren), zu Punkten kommt man nicht (genausowenig wie man in der Reihe $\frac{1}{2}$, $\frac{1}{4}$, $\frac{1}{8}$, $\frac{1}{16}$, $\frac{1}{32}$... auf eine letzte Zahl stößt), nur zu positiven Teilintervallen. Die Teilintervalle jedoch sind, wie das Intervall, zusammengesetzt aus (überabzählbar) unendlich vielen Einheitspunktmengen, jedoch nicht aus ihnen *summiert*, sondern zu ihnen vereinigt. Eine Addition (von Längen) ist nur für höchstens abzählbar unendlich viele Summanden definiert, nicht jedoch die Vereinigungsoperation, die eine völlig andere algebraische Operation als das Addieren ist.

Fassen wir in einem ganz unmathematischen Bild Teilung und Vereinigung als Prozesse auf, eine Bahnung von oben, eine Bahnung von unten, so kommt nie ein Tunnel zustande, weil beide Bahnungen sich völlig verfehlen. Sie operieren in grundverschiedenen, weit voneinander entfernten Gegenden. Es sind einfach zwei verschiedene Begriffsraster. Das ist der Preis der Auflösung: erstens verbleibt sie *innerhalb* der Mathematik, zweitens gibt sie die Einheitlichkeit der auf ein Problem angewandten Begriffe auf. Unser reales Bewegungsproblem ist damit nicht gelöst.

Aber auf den Raum kommt es bei unserem Bewegungsrätsel an. Denn die Mathematiker geben zu: In *bestimmten* Mannigfaltigkeiten (hier: Räumen, das heißt mehrdimensionalen Gebilden – aber es treten dieselben Probleme wie bei eindimensionalen Gebilden, also Linien, auf) ist eine Summation von kleinsten Teilen dieser Räume nicht definiert. Wenn man aber zum Beispiel Räume nimmt, die nur auf die rationalen Zahlen abbildbar sind, also *abzählbar* unendlich viele Punkte haben, dann *kann* addiert werden, und die Paradoxa sind flugs wieder da. Dann sagt der Mathematiker: Der physikalische Raum ist nicht zu verstehen als eine solche Mannigfaltigkeit. Da stimmen wir ihm zu, denn wenn wir versuchen, das Paradoxon aufzulösen, müssen wir natürlich eine Struktur des Raumes angeben können, in dem Bewegung stattfinden kann, in dem also der Körper nicht unendlich viele Intervalle in einem endlichen Zeitintervall durchqueren muß, was unmöglich ist. Dann wird man sehen, daß der mathematische Begriff der Teilung irgendwann physikalisch völlig sinnlos wird (denn irgendwann teilen wir nicht mehr, sondern erzeugen neue Teilchen) gemäß unserem Postulat «Alles ist lokal». Auf diesen Fall angewandt heißt das: Die

Raum-Zeit-Struktur ist endlich-diskret. Dies wird einige Auswirkungen haben. Heisenberg zum Beispiel nahm an, daß der physikalische Raum nicht unendlich teilbar ist, sondern daß es eine kleinste endliche Entfernung gibt.

Nicht nur uns ist der Versuch, einen so simplen Vorgang wie die Ortsveränderung zu verstehen, zu einem verzwickten Unterfangen geraten. Auch ein Leibniz mußte recht seltsam anmutende Theorien aufstellen, um diesem Phänomen gerecht zu werden. Aber vielleicht sind seine Theorien gar nicht so seltsam.

Gab es mit der Ortsveränderung schon genug Schwierigkeiten, wie mag es dann erst um die aristotelische Welt unter dem Monde stehen, in der alles drunter und drüber geht, in der sich komplexe Umwandlungen vollziehen, in der stets Neues und Unvorhergesehenes geschieht? Müssen wir jetzt schwere Geschütze auffahren, etwa eine Theorie komplexer Systeme? Denken wir zurück an unser Beispiel des Blattwachstums. Mit der Ortsveränderung will es so nicht klappen. Können wir darauf hoffen, daß man die von allen als offensichtlich kompliziert angesehenen Phänomene besser im Griff hat? Wenigstens rein beschreibend? Und ohne diese leidigen Paradoxa? Das wäre doch immerhin ein kleiner Fortschritt. – Lassen Sie alle Hoffnung fahren.

Nichts bewegt sich, behauptet Zenon; nichts entsteht, behaupten wir. Und wir haben unsere Gründe. Nichts entsteht – das heißt: keine neue Qualität entsteht, folgt aus unserem Paradoxon. Aus ihm ergibt sich unsere Emergenztheorie. Wir werden das Paradoxon der Emergenz in Analogie zu Zenons Paradoxon der Bewegung formulieren. Freilich werden wir es auflösen: Nicht die Struktur des Raums ist zunächst einmal von Bedeutung, sondern die Art der Abbildung des neuen Zustandes in den alten.

Viele, unter ihnen Aristoteles, warfen Zenon vor, bloße Trugschlüsse zu ziehen. Wir haben gesehen, daß viel mehr dahintersteckt. Belauschen wir das folgende Gespräch.

ZENON: Den Göttern zum Gruße, Protagoras… he, wohin, beim Hades, rennst du?

PROTAGORAS: Psst. (Schaut sich um.) Irgend so ein verdammter Steinmetz quatscht den Leuten die Ohren voll und will mich zum öffentlichen Redestreit herausfordern, aber ich bin heute nicht in Stimmung.

ZENON: Steinmetz?

PROTAGORAS: Der Mann von Xanthippe, er hat so 'ne Knubbelnase und sieht aus wie eine Bulldogge. Beim Zeus, ich komm nicht auf seinen Namen... mit diesem stämmigen Adelsknaben ist er befreundet... Aristokles...

ZENON: Platon?

PROTAGORAS: Ja, ja... Sokrates heißt der Kerl, jetzt hab ich's.

ZENON: Ach so. Du glaubst, du würdest verlieren?

PROTAGORAS: Heute schon. (Seufzt.) Gehen wir nach Piräus einen trinken?

ZENON: Ich habe was bei mir. (Zieht einen Weinschlauch aus der Tasche.)

PROTAGORAS (leckt sich die Lippen): Bei Athene, bin ich durstig. (Trinkt.)

ZENON (knabbert Körner, während er Protagoras beim Trinken beobachtet): Ich muß dich etwas fragen. Es ist ja nicht öffentlich, und außerdem säufst du meinen Wein, da kann ich eine Gegenleistung verlangen.

PROTAGORAS: Na schön.

ZENON (wirft ein Hirsekorn auf den Boden): Hörst du was?

PROTAGORAS: Wie bitte?

ZENON: Ich meine, hörst du das Korn fallen? Macht es ein Geräusch?

PROTAGORAS: Nein.

ZENON: Wenn ich es zerschnitte, sagen wir, auf den zehntausendsten Teil, und den fallen ließe, würde es erst recht kein Geräusch erzeugen?

PROTAGORAS: Das ist logisch.

ZENON (schüttet die Tüte Hirsekorn aus): Und jetzt? Hast du was gehört?

PROTAGORAS: Glaubst du, ich bin taub?

ZENON: Also gut. Besteht etwa nicht ein bestimmtes Verhältnis zwischen einem Scheffel Hirse und dem einzelnen Hirsekorn und dem Zehntausendstel eines solchen?

PROTAGORAS: Mmh... das geb ich erst mal zu.

ZENON: Na schön. Weiter: Werden nicht auch dieselben Verhältnisse unter den verschiedenen Schallwirkungen zueinander bestehen? Denn es ist doch klar, daß sich die Ursachen zueinander verhalten müssen wie die Wirkungen zueinander. Und da nun mal der Scheffel ein Geräusch erzeugt, muß auch das einzelne Korn oder ein zehntausendstel Teil von ihm einen Schall hervorbringen... (Sieht Protagoras triumphierend an.)

PROTAGORAS: Na ja, du warst auch schon mal besser. Hier hast du deinen Wein zurück. Irgendwie ist mir nicht ganz klar, was du damit beweisen willst... Mich erinnert dein Körnerhaufen an eine andere Geschichte: Ein einzelnes Getreidekorn ist kein Haufen. Wenn du noch eines dazulegst, entsteht immer noch kein Haufen. Wenn du noch eines dazulegst... Also sagst du: Diese Körner bilden keinen Haufen. Diese Körner plus eins bilden keinen Haufen. Also bildet *keine* Anzahl von Körnern einen Haufen. Alles klar?

ZENON: Du bist doch besser in Form, als du vorgibst.

PROTAGORAS: Das macht dein Wein. Jetzt hör mal zu: *Einen* Sinn kann ich diesen wackligen Argumentationen abgewinnen. Sie machen nämlich das Rätsel der Entstehung einer neuen Qualität ziemlich deutlich – des Haufens in diesem Fall –, wenn das auch gar nicht direkt beabsichtigt war...

ZENON: Nichts entsteht!

PROTAGORAS: Was? Ja, ja, sicher. Wenn du so willst: Nichts Neues entsteht.

ZENON (kritzelt auf ein Notizblatt): Man müßte die Sache deutlicher formulieren... Warte einen Augenblick...

PROTAGORAS: Was schreibst du? Ein neues Paradoxon? (Intoniert:) Eine Linie ist mehr als eine Ansammlung von Punkten. Eine Bewegung ist mehr als die bloße Addition von Raum-Zeit-Punkten. Ein Haufen...

ZENON (hat aufgehört zu kritzeln): Das Paradoxon sagt etwas Neues. Ich habe jetzt erst mal aufgeschrieben: «Ein Zustand mit einer neuen Qualität steht in keiner Proportion zu einem alten Zustand ohne diese Qualität.» Was sagst du dazu?

PROTAGORAS: Ich glaube, da hast du überzogen. Du müßtest schon verschiedene Arten von Proportionen unterscheiden. Wenn die beiden Zustände in gar keiner Proportion stünden, wäre der neue Zustand ja ein Deus ex machina, völlig unverständlich und in keinem Zusammenhang mit dem alten. Das zum einen. Zum anderen gibt es ja zwischen den Einzelschritten immer eine Proportionalität. Klar? Das eine Korn zum anderen, das zum nächsten... Wo klappt's nicht mehr mit der Proportionalität? lautet die Frage.

ZENON: Wo versagt das Verhältnis? – so ist es. In meinem Schallbeispiel habe ich noch behauptet, daß eine Gesamtproportionalität besteht... (Er kratzt sich am Kopf.)

PROTAGORAS: Jetzt bist du in einem neuen geistigen Zustand.

ZENON: ... um einen Schall zu erzeugen, müssen sich die Luftteile irgendwie verkoppeln, viele müssen eine Einheit bilden. Ich denke, das Beispiel war doch gar nicht so dumm, wie du meinst.

PROTAGORAS: Eine einheitliche Schwingung ist eine neue Qualität, da wirst du recht haben.

ZENON (überlegt kurz): Die Sache ist mir jetzt einsichtig. (Legt den Zeigefinger an die Nasenwurzel und schließt die Augen.) Wenn es einen Prozeß gibt, in dem etwas Neues entsteht, müssen wir, um diesen Prozeß zu begreifen, ihn in den Anfangs-, den Zwischen- und den Endzustand aufteilen. Wenn zwischen dem Anfangszustand und dem Endzustand eine Proportion besteht, ist nichts wirklich Neues entstanden. Wenn zwischen dem Anfangszustand und dem Endzustand keine Proportion besteht, ist etwas Neues entstanden. Ich kann aber nur Zustände begreifen, zwischen denen eine Proportion besteht. Also teile ich den Anfangszustand, den Zwischenzustand und den Endzustand jeweils wieder in Anfangs-, Zwischen- und Endzustand. Dann sehe ich nach, ob zwischen Anfangszustand und Endzustand des Anfangszustandes eine Proportion besteht. Ist dies der Fall, dann entstand dort nichts Neues. Ist es nicht der Fall, dann teile ich wieder sowohl den Anfangs- als auch den Zwischen- und den Endzustand des Anfangszustandes in die drei Zustandsarten. Dasselbe Verfahren wird angewandt auf Zwischenzustand und Endzustand der ersten Einteilung. Und so fahre ich fort... Nie stoße ich auf die Entstehung des Neuen. Also entsteht nichts Neues. (Nimmt einen Schluck Wein.)

PROTAGORAS: Ich habe schon gesagt... (Schrickt auf.) Beim Zerberos, da kommt diese Nervensäge!

SOKRATES: Seid gegrüßt, ihr Denker. Sagt mir: Was ist die Frömmigkeit?

ZENON: ...

PROTAGORAS: Sei bloß still und trink einen Schluck Wein.

Verlassen wir die drei und formulieren unser Problem in einer anderen Sprache. Es lautet: Wie kann etwas Neues entstehen? Am besten illustrieren wir den Vorgang an einem Beispiel, um zu zeigen, was «neu» eigentlich heißt. Zu diesem Zweck werden immer wieder die Fischtransformationen von D'Arcy Wentworth Thompson vorgeführt; wir werden nicht aus der Reihe tanzen.

Um was geht es in diesem Beispiel? Wenn man über einen Fisch (A) ein Koordinatennetz aufträgt, dann kann man diese Fischart in eine andere (B) überführen, indem man das Koordinatennetz verzerrt.

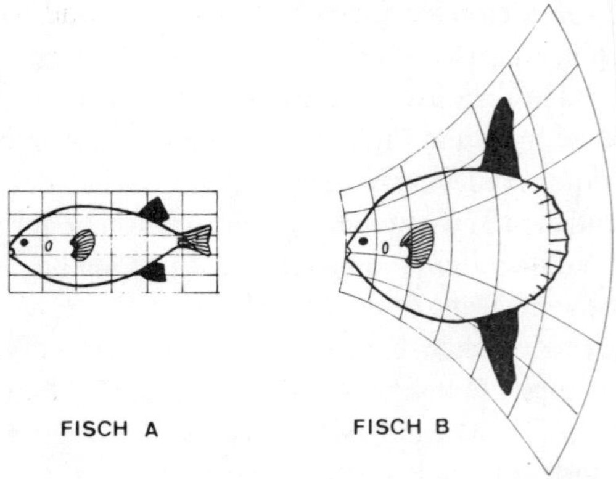

Abb. 9

Aber wir haben hier eine Proportionalität vor uns, wie sich Zenon ausdrückte: Die obere Flosse von Fisch A verhält sich zu dessen unterer Flosse wie die obere zur unteren Flosse von Fisch B. Alle Teile von A untereinander verhalten sich wie die gleichen Teile von B untereinander. Für einen Mathematiker, so bemerkt Haken, sind diese Fische gar nicht voneinander verschieden.

Sehen wir uns zwei andere Gebilde an. Zuerst so etwas wie einen «Ball» – und dann einen Molch.

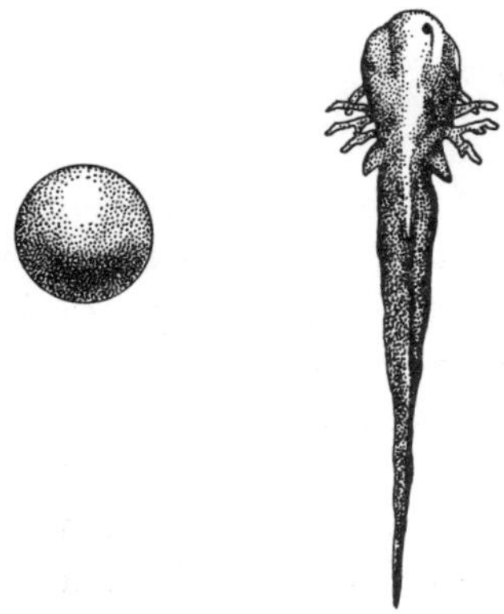

Abb. 10

Welcher Zusammenhang besteht wohl zwischen solch grundverschiedenen Gebilden oder Formen? Natürlich – und das ist keine Überraschung – entpuppt sich der «Ball» als das Anfangsstadium im Wachstum des Molches; es ist das Ei. Zwischen dem Ei und dem Molch können wir keine Proportionen analog den beiden Fischen feststellen. Völlig neue Einschnitte und Auswüchse sind beim Molch entstanden, die kein Analogon im Anfangszustand haben. Auch für den Mathematiker handelt es sich um ganz andersartige Formen.

Vollziehen wir folgendes Gedankenexperiment: Fisch A und das Ei mögen beide aus einem sehr elastischen, dehnbaren Material sein, etwa aus weichem Gummi. Fisch B könnten Sie aus Fisch A formen, ohne das Material zu zerreißen; den Molch aus dem Ei «auszubilden», wird Ihnen auf diese Weise nicht gelingen. Die Mathematiker nennen solche Transformationen oder Verformungen, bei denen «Randpunkte» wieder in «Randpunkte» übergehen, «benachbarte Punkte» ihre «Nachbarschaft» bewahren und die Randkurve geschlossen bleibt, topologisch äquivalent oder homöomorph. Strekken, Geraden oder Winkel können sich bei diesem Vorgang durchaus verändern, wie das Fisch-Beispiel zeigt. Wir werden sehen, daß unser Paradoxon der Emergenz nur unter bestimmten Abbildungsarten entsteht. Wenn es uns gelänge, einen Antimorphismus, eine nichtstrukturerhaltende Abbildung zu konstruieren, würden wir dem Paradoxon entgehen. Wir hätten es einfach sinnvoll und nicht widersprüchlich in unsere Theorie eingebaut.

Was kann man über die Zwischenzustände sagen? Wir wollen doch versuchen, die Entstehung des Neuen «im Zeitfluß» zu verfolgen. Daher folgen wir der Idee Zenons und machen Momentaufnahmen des Prozesses. Da haben wir den Anfangszustand (Fisch A) und den Endzustand (Fisch B). Es wird niemandem schwerfallen, sich die Zwischenzustände vorzustellen; sie sind «vorhersagbar», interpolierbar. Können wir uns auf diese Weise auch die Zwischenzustände der Transformation vom Ei zum Molch vergegenwärtigen? Wohl kaum.

Hier sind sie:

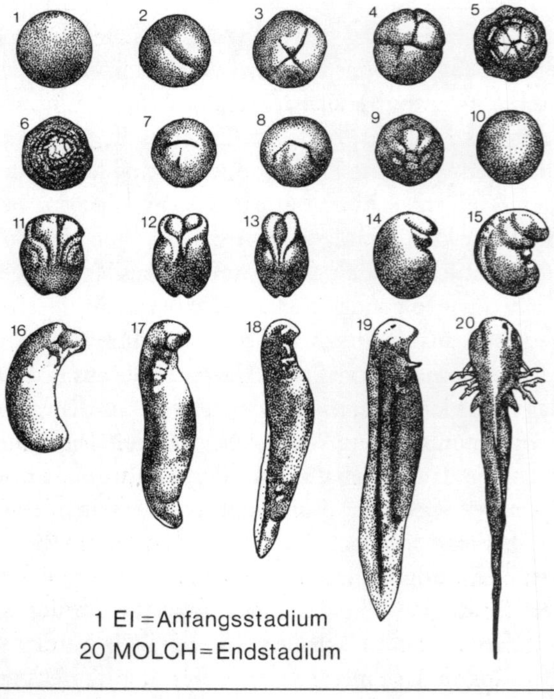

Abb. 11

Das seien doch relativ willkürliche Momentaufnahmen, könnte man einwenden. Setzen wir also die Einschnitte feiner an, «verdichten» wir die Aufeinanderfolge der Zwischenzustände. Was wird geschehen?

Jeder, der schon einmal einen Film über diese Eientwicklung esehen hat, weiß, daß die Einschnürungen und Ausstülpungen – fast – singulär, auf einen Schlag vor sich gehen. Man sieht ein sich langsam bewegendes Ei in einer wimmelnden Flüssigkeit; plötzlich zuckt es – und siehe da: Es sind auf einmal zwei (Abb. 11/2) usw. Richten wir also unser Okular auf diesen singulären Prozeß und stellen es schärfer ein. Was wird diesmal geschehen? Um das herauszufinden, wählen wir ein einfaches Beispiel – eine Transformation, in der ebenfalls die Proportionalität, mit Zenon gesprochen, nicht erhalten bleibt: Die Kugel behalten wir bei (A); den Molch ersetzen wir durch einen Torus als Endstadium (B).

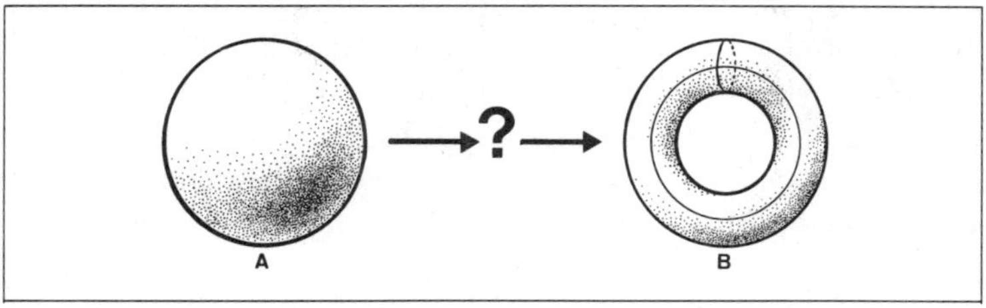

Abb. 12 Nichttopologische Abbildung – einfacher Fall einer Emergenz

Die Abbildung A → B (das ist für uns nur ein statischer Ausdruck, der den dynamischen Begriff «Transformation» ersetzt) ist, wie wir festgestellt haben, nicht homöomorph. Wird es uns irgendwie gelingen, sie in homöomorphe Zwischenschritte zu zerlegen – oder umgekehrt: diese Abbildung durch Wiederholung von homöomorphen Zwischenschritten zu konstruieren? Denken Sie an das Zenonsche Paradoxon der Emergenz im letzten Dialog. Wir wollen ja verstehen, wie die neue Qualität zustande kommt. (Bitte stören Sie sich nicht daran, daß in unserem Fall die neue Qualität aus einem «Loch» besteht. Dieses «Loch» ist einer Einschnürung des Molcheies analog.) Wir haben nur eine der relativ schwächsten Abbildungsformen, die topologische Äquivalenz, *ausgeschlossen*: Damit ist bloß das pure Faktum der Emergenz angedeutet. Auf dieser Ebene würde eine *Erklärung* lauten: Zufall (oder – und im Grunde genommen handelt es sich um ein Synonym –: «ein Wunder»).

Homöomorphe Zwischenschritte verstehen wir. (Am Beispiel: Wir verstehen, wie sich Fisch A in Fisch B verwandelt.) Aber es ist unmöglich, eine nichthomöomorphe Abbildung, die einen Vorgang symbolisieren soll, in homöomorphe Zwischenschritte zu zerlegen. Mathematisch ausgedrückt: Eine nichthomöomorphe Abbildung ist keine Komposition homöomorpher Abbildungen.

Was tun? Wenn wir irgendwo einen nichthomöomorphen Zwischenschritt einschmuggeln, haben wir unser Problem ja doch nur verschoben: Wir müssen nun *diesen* Zwischenschritt *erklären*. Wie wir unseren Torus auch drehen und wenden und mit der Kugel vergleichen, wie abstrakt wir das Problem auch fassen, wie fein wir es auch in Teilprobleme aufspalten – in einer mathematischen Beschreibung, der Abbildung von Struktur auf Struktur, werden wir immer wieder auf Unlösbares, auf Paradoxa stoßen.

Bleiben wir zunächst einmal bei der anschaulichen Topologie. Lassen wir die Bilder 1–20 (Abb. 11) laufen. Ein kontinuierlicher Prozeß entsteht – ist dies ein getreues Abbild des wirklichen Prozesses? Sowenig die bloße Ortsbewegung prinzipiell kontinuierlich abläuft, sowenig – ja noch weniger – vollzieht sich der Prozeß der Emergenz kontinuierlich. Damit kommen wir nicht weiter; es wäre auch gar nichts erklärt. Ist uns geholfen, wenn wir quasi-kontinuierlich sagen, empirisch-kontinuierlich? Die Paradoxie der Emergenz muß aufgelöst werden, wie wir die der Bewegung auflösen werden. Aber wir können dies nur dann mit Aussicht auf Erfolg in Angriff nehmen, wenn wir auf der Basis unserer Postulate stehen, die wir der Argumentation immer zugrunde legen. Ohne Postulate, ohne Grundannahmen geht es gar nicht voran, zu keinem Ort, nirgends. Im Endergebnis muß sich ihre Fruchtbarkeit erweisen. Die Lösung liegt nicht in der Statik der Strukturen, sondern in der Dynamik der Formen: Es reicht nicht, unseren Film einfach laufen zu lassen – damit bringen wir nur Koordinatenzeit und Struktur zusammen. Was wir brauchen, ist eine Verschmelzung von Form und Eigenzeit.

Form und Zeit.

Eine Struktur ist das Ergebnis der reinen Abstraktion. Mathematisch gesprochen ist sie eine geordnete Menge, das heißt eine Menge, für deren Elemente eine Verknüpfungsoperation definiert ist, zum Beispiel die Menge der natürlichen Zahlen und die Addition (wobei freilich die natürlichen Zahlen schon geordnet sind). Für uns bedeutet dies: Struktur drückt die Ordnung unserer Modelle aus. Ein Modell ist ja nicht homogen, sondern hat Untermengen, Elemente, und wird auf ganz verschiedene Arten abgebildet, zum Beispiel bei der Projektion der Modelle auf ein intendiertes Modell. Die Struktur nähert sich der Form bei zunehmender Iteration.

Wir dürfen uns nicht vom abstraktiven Fehlschluß der totalen Repräsentation in die Irre führen lassen. Selbst der Übergang von A zu B ist uns nicht total präsent, noch weniger das Reich der Strukturen in «Vergangenheit» und «Zukunft», also der totalen Gegenwart, die uns präsent wäre, wenn wir die Zeitachse immer umklappen (Reversibilität) oder wirklich alle (außerzeitlichen) Strukturen überblicken könnten.

Wir setzen voraus:

1. Alles, was ist, ist lokal.
2. Alles, was ist, ist Wechselwirkung.
3. Alles, was ist, ist diskret.
4. Alles, was ist, wird.

Kehren wir zum Fragezeichen zurück, das wir anstatt einer Struktur für das Zwischenstadium der Transformation von der Kugel zum Torus eingesetzt haben (Abb. 12). Ohne Unterteilung des Zwischenstadiums in diskrete Schritte kommen wir erst einmal nicht aus. Und wir müssen eine wichtige Komponente des Prozesses, die aus den ersten beiden Postulaten folgt, in unsere Überlegungen einbeziehen: Jedes System hat eine Umgebung, jede Form ihre Komplementärform.

Unsere Kugel hat also (genauso wie der Torus) eine Umgebung, mit der sie in Wechselwirkung steht. Sie besitzt zum Beispiel einen bestimmten Innendruck, der durch den Außendruck der Umgebung am Aufschwellen gehindert wird (Abb. 13). Diese Druckverhältnisse wechseln, von Ort zu Ort, von Zeit zu Zeit. Unsere Kugel hat eine Außenhaut, eine Membran, die nicht völlig glatt und nicht überall gleich dick ist, die kleine Sprünge, Risse, Unebenheiten, Schwellungen, Auswüchse, Bruchstellen und sehr dünne Stellen aufweist. (Die Formentstehung ist ein außerordentlich komplizierter Prozeß, den wir hier stark vereinfachen.)

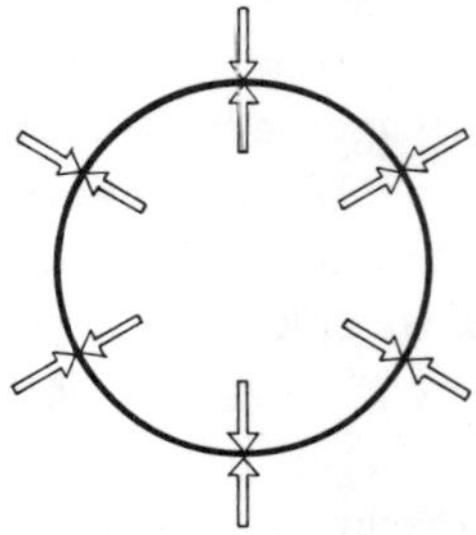

Abb. 13

Betrachten wir jetzt einmal die möglichen Zwischenzustände. Die auf die Kugel gerichteten Pfeile veranschaulichen den Außendruck des Co-Systems; größere Pfeile bedeuten stärkeren Druck.

Die Kugel mit ihren Unebenheiten schwimmt durch ständig wechselnde Druckverhältnisse. Auf einmal mag sie so aussehen:

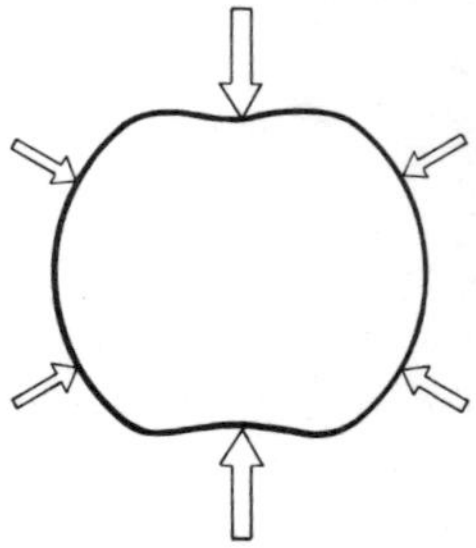

Abb. 14

An den «Polen» war die Haut dünner und/oder der Außendruck stärker als an anderen Stellen. Die Pole stülpen sich nach innen. Der Prozeß verstärkt sich (Abb. 15).

Am Ende haben wir ein torusartiges Gebilde mit einer dünnen

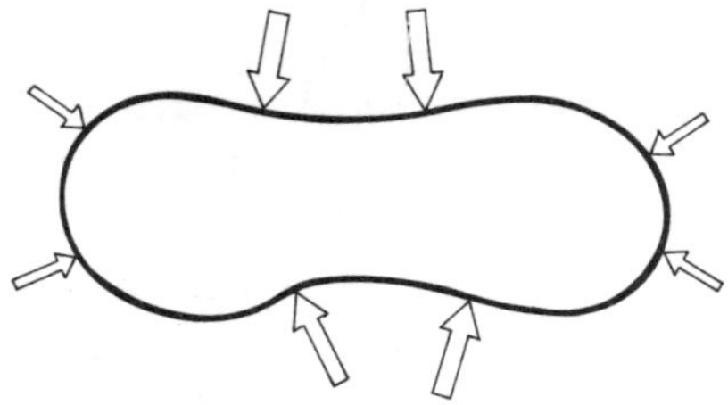

Abb. 15

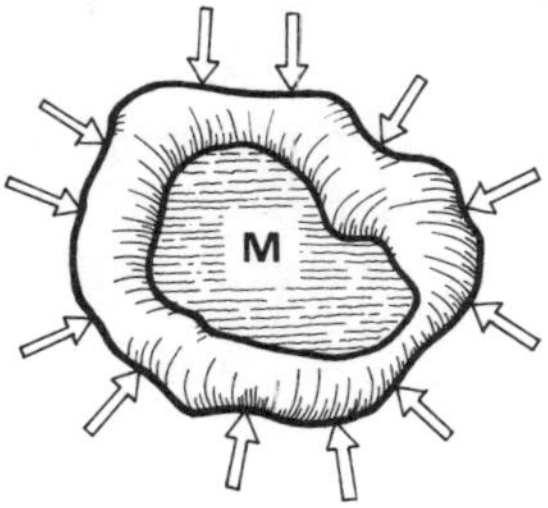

Abb. 16

Membran (M) innen. Dieses Gebilde ist, topologisch gesehen, noch immer eine Kugel (Abb. 16).

Dann reißt die Membran auf und platzt. Die Reste werden weggeschwemmt. Der innere Druck erhöht sich. Das Endstadium – der Torus – ist erreicht.

Das Beispiel soll folgendes klarmachen: Rein mathematisch-physikalisch geschah im letzten Stadium ein «Wunder». Es passierte etwas irreduzibel Zufälliges – und wir sind so schlau wie zuvor. Aber empirisch-physikalisch betrachtet, sieht das Ganze etwas anders aus. Halten wir uns noch einmal den (mathematischen) Zerlegungsprozeß des Zwischenzustandes vor Augen:

Wenn wir wirklich einen *kontinuierlichen* Übergang postulieren, ist der Prozeß von Anfang bis Ende ein Wunder. Es müßten in einer endlichen Zeit unendlich viele Zwischenzustände durchlaufen werden, von denen jeder wie aus dem Nichts entsteht – es gibt ja immer wieder zwischen dem Nachzustand und seinem vermeintlichen Vorzustand unendlich viele andere Zwischenzustände. Eine Abbildung ist nicht möglich.

Bleibt die Zerlegung in diskrete Schritte. Dann tritt das Wunder *im* Prozeß auf, an bestimmter Stelle. Aber wir wollen das Wunder verstehen. Wir nehmen diesen Prozeßteil unter die Lupe – und fallen unserem Paradoxon der Emergenz zum Opfer: Entweder wir können eine Abbildung (einen Morphismus) zwischen dem Anfangs- und dem Endzustand konstruieren. Dann ist nichts Neues entstanden – ein Morphismus ist struktur*erhaltend*! Oder wir sind dazu nicht in der Lage. Dann können wir den emergenten Schritt nicht begreifen, denn wir haben ja nicht einmal eine Funktionalbeziehung zwischen Anfangs- und Endzustand (eine Funktion ist eine Abbildung zwischen geordneten Mengen, also Strukturen) aufgezeigt, die Mindestvoraussetzung für die Formulierung eines einfachen Gesetzes wäre – eben eine gesetzliche Beziehung zwischen Anfangs- und Endzustand.

Dies alles gilt für den Fall eines einfachen Emergenzschrittes. Es nützt freilich auch nichts, Abbildungen übereinanderzuprojizieren, um den komplexeren Fall zu beschreiben. An irgendeinem Punkt muß die *genaue* Transformation vom Anfangs- in den Endzustand gezeigt werden. Ich darf nicht in den Anfangszustand schon alles hineinstecken, was ich dann im Endzustand herausholen will. Wir sind keine Zauberer.

Wir werden im nächsten Kapitel einen noch einfacheren, ja den allereinfachsten emergenten Schritt besprechen. Den können wir nicht mehr unterteilen. Aber wir werden eine Methode finden, in den Punkt zu sehen, wo sich der emergente Schritt vollzieht.

Jetzt – in diesem Stadium unserer Diskussion – stoßen wir an die Grenzen der mathematischen Begriffsbildung. Wir können sogar weitergehen und sagen: Wir sind an die Grenzen der wissenschaftlichen Begriffsbildung überhaupt gestoßen, in dem Sinne, daß die Mathematik die Wissenschaft der Strukturen *par excellence* ist, die einfach nur klar herausarbeitet, was sonst vage impliziert ist. Die durchschlagendste wissenschaftliche Begriffsbildung ist die stringente Anwendung der Mathematik in der theoretischen Physik und theoretischen Biologie!

Der doch so einfache Bewegungsbegriff führt zu Paradoxa, aber auch der komplizierte Begriff der Emergenz. Und die Paradoxa ähneln sich sehr. Das weist darauf hin, daß diese zwei Begriffe –

entgegen der Intention des Aristoteles – zusammen behandelt werden sollten; dabei erweist sich Bewegung als ein Spezialfall von Emergenz. Aristoteles ebnete schon den Weg zu Galilei und zur heutigen theoretischen Physik, in der immer noch die einfachen Modelle der Bewegung von Teilchen vorherrschen.

Wir haben in diesem Abschnitt plausibel zu machen versucht, daß sowohl eine neue Theorie der Bewegung ausgearbeitet als auch eine Theorie der Emergenz überhaupt erst gefunden werden muß, die beide den Erfordernissen einer konkreten Naturwissenschaft entsprechen.

Bei der Zenonschen Paradoxie der Bewegung, die ihre Grundlagen in der Paradoxie der Ausdehnung hat, haben wir gesehen, daß der Begriff der Dimension eine große Rolle spielte: Wie ist es möglich, daß unendlich viele Punkte der Dimension 0 eine endliche Linie der Dimension 1 ausmachen? In unserem Emergenzbeispiel, das unsere Paradoxie der Emergenz verdeutlichen und präzisieren sollte, spielt ein in der Topologie analoger Begriff eine Rolle – der des Geschlechts: Eine Kugel hat das Geschlecht 0, ein Torus das Geschlecht 1. (Ein Torus ist eigentlich eine Kugel mit einem Henkel wie bei einer Tasse. Das Geschlecht bestimmt sich in der Topologie einfach nach der Anzahl der Henkel. Die Henkel erhöhen die Anzahl der geschlossenen Kurven, die man auf der Oberfläche des Körpers zeichnen kann, ohne die Oberfläche in zwei oder mehr Gebiete zu zerlegen. Körper ungleichen Geschlechts sind topologisch nicht aufeinander abbildbar.) Unsere Problemstellung hier: Wie ist es möglich, eine Abbildung der Kugel des Geschlechts 0 auf den Torus des Geschlechts 1 zu finden?

Für einen empirisch-physikalischen dynamischen Prozeß freilich müssen andere Grundsätze postuliert werden als für eine mathematische, statische Abbildung. (Wir werden an anderer Stelle versuchen, eine mathematische Lösungsmöglichkeit vorzuschlagen. Hier eine Andeutung: Die Membran im «Quasi-Torus» gleich *Kugel* [Abb. 16] hat natürlich die Dimension 3. Jede Dimension unter 3 verändert die Kugel qualitativ – man kann das entstehende Gebilde nicht mehr als Kugel bezeichnen. Nach Dimension 3 folgt 2, also ein diskreter Schritt. Was aber, wenn nach Dimension 3 Dimension 2,9 … käme? Ist so etwas möglich? Gesetzt den Fall: ja – träte unser

Paradoxon wieder auf? Wir werden sehen. Ein solcher Prozeß ist weder rein kontinuierlich noch rein diskret, er ist nicht reduzierbar auf eine mathematische Strukturabbildung. Man könnte ihn als eine empirische Formabbildung – statisch gesehen – bezeichnen.) Die Einführung der «Wechselwirkung» des Systems mit dem Co-System legt es nahe, parallel dazu formbildende Schritte einzuführen, die einen sich selbst begünstigenden Zufall zur Folge hätten. Was wir eigentlich umgehen wollen, ohne gleich eine formbildende inhärente Kraft annehmen zu müssen – einen teleologischen Zug – und ohne den irreduziblen Zufall zur Hilfe nehmen zu müssen, ist folgendes Dilemma:

Einerseits ist der Torus als Form in der Kugel nicht als inhärente Möglichkeit vorgebildet. Nennen wir das die «aristotelische Lösung»: Der Mensch zeugt einen Menschen, der Torus einen Torus, die Kugel eine Kugel. Mit anderen Worten: Unsere Kugel wäre nur ein verkleideter Torus; die Quasi-Kugel würde den Torus aus sich herausrollen = evoluieren. In jedem natürlichen Gebilde, das mindestens einen Nachfahren zeugen, also einen emergenten Schritt vollziehen kann, ist der Nachfahre (der Neue) schon enthalten. Die männlichen Samen zum Beispiel sind winzige Menschen, die im Bauch der Frau nur geschützt wachsen. So dachte Aristoteles.

Andererseits sind Kugel und Torus nicht voneinander vollständig getrennte Strukturen, die nur durch irreduziblen Zufall plötzlich sich verändern. Nennen wir das die «leukippische Lösung»: Wie durch ein Wunder, eine Abweichung von der Anfangsstruktur, entsteht eine neue. (Der griechische Philosoph Leukipp nahm an, daß sich die Atome anfänglich alle in einer Richtung bewegt hätten. Aber plötzlich habe es eine völlig unerklärliche, zufällige Abweichung weniger Atome von ihrer Bahn gegeben, sie seien mit anderen zusammengestoßen, hätten Verklumpungen und Wirbel gebildet. Daraus sei die geordnete Welt entstanden, wie wir sie kennen.)

Wir müssen uns ansehen, ob die üblichen Methoden, Emergenz zu beschreiben und zu *erklären*, dem Problem voll gerecht werden: Hakens Versklavungsprinzip, Thoms Katastrophentheorie, Anwendungen der Stabilitätstheorie und Dynamik.

Im Verlauf dieser Diskussion werden wir unsere eigenen Auffassungen weiter herausarbeiten.

Dimension und Emergenz

Die Lymphatersche Formel
Teil II

Herr Lymphater? Dr. Lymphater? Ja? Entschuldigen Sie die Störung... oh... bitte erschrecken Sie nicht. Es sah so aus. Sie sind immer so blaß? Ah, vielleicht wäre es am besten... Ja, natürlich. Ich bin kein Vertreter: keine Zeitschriften, keine Lexika, keine Staubsauger... keine Heimcomputer. Ich verkaufe nichts... will Sie nur sprechen. Tja... wie soll ich... Mein Spezialgebiet ist die Theorie nichtlinearer Automaten... Ha, diesmal werden Sie wirklich blaß! Sie haben das erwartet, natürlich haben Sie. Danke. Es freut mich, daß Sie mich nicht abweisen. Da Sie kein Telefon haben – und wozu auch anrufen... na ja, oder schreiben, dachte ich bei mir. Überfalle ihn einfach, sonst ist er vorgewarnt... Sehen Sie. Sehr schön ist es hier. Bitte? Nein, ich neige keineswegs zu ironischen Bemerkungen. Wie kommen Sie darauf? Ahh, der Sessel ist herrlich bequem... ist der Aufzug hier im Haus immer kaputt? Ich war mir vorhin gar nicht sicher, ob es das richtige Haus ist. Eine Lauferei, bis ich Sie gefunden hatte. Selbstverständlich komme ich zur Sache: Pracken, Abteilung angewandte... Ja, ich bleib schon sitzen... angewandte Mathematik, Bells Laboratories... Wie?... Das war *ich*, ganz richtig: «Über eine wesentliche Einschränkung der Lösungsmenge nichtlinearer Differentialgleichungen mittels Eigenwertbestimmung». Sie verfolgen noch die neuere Literatur. Oh, ich bitte Sie. Das Verfahren ist ja nicht ganz neu, meine Grundidee jedoch... Nun, das ist jetzt nicht wichtig... Eben. Um Himmels willen, Sie zittern wie... Dr. Lymphater!... Ja, mit viel Wasser. Danke. Nun setzen Sie sich doch endlich auch hin. Verzeihen Sie, aber Sie machen den Eindruck... Gut, aber wenn Sie auf und ab gehen, werde ich nervös. Ihr Whisky auf jeden Fall schmeckt ausgezeichnet... Mein Gott, ja, ja... Nein, ich fange von vorn an. Sonst hat das Ganze keinen Sinn. Darauf bestehe... okay. Sie werden gleich wissen, ob ER wieder existiert... ER... ja... Ich bin besessen gewesen, Dr. Lymphater, besessen von der Mathematik: Geschlecht war für mich zuallererst ein Begriff aus der Topologie, ein Körper war eine algebraische Struktur... und... und die Erzeugung von abstrakten Gruppen ersetzte mir die Zeugung von Elementen aus der Klasse der Kinder. Als ich meiner ersten Freundin – einer Kommilitonin – ernsthaft nachweisen wollte, daß ihr Vater nichts anderes als eine Turing-Maschine mit beschränktem Band wäre, sah sie damit sämtliche... Überdeckungen als beendet an. Mir war das egal. Mein Interesse galt der Automatentheorie; ich untersuchte in meiner Dissertation nichtberechenbare Zufallsprozesse und versuchte, sie zu klassifizieren: eine Sumpflandschaft irgendwo zwischen Logik, Wahrscheinlichkeitstheorie, Thermodynamik, numerischen Approximationsrechnungen, Computermathematik und Topologie. Mich faszinierte ungeheuerlich, welche Beschränkungen die Mathematik der Wirklichkeit... der Erkenntnis der Wirklichkeit auferlegt... was sie von vornherein weiß von der Wirklichkeit... wenn Sie Ihren Kaffee umrühren, ändern die Moleküle auf der Oberfläche ihre Position – außer mindestens einem. Die Mathematik weiß das schon, bevor Sie rühren... man kann es beweisen mit einem Fixpunkttheorem... ich brauche Ihnen das nicht zu sagen, Lymphater... Es ist unmöglich, einen Automaten zu bauen, der die Widerspruchsfreiheit seines eigenen Programms nachweist – nicht nur dadurch, daß er überhaupt funktioniert – nein, logisch, nur mit den Mitteln dieses Programms. Oder? Sumpf, Lymphater, nichts als Sumpflandschaft. Für mich gab es zwei Beschränkungen, die die ganze Mathematik über Wasser hielten: Strukturen und Gödel... Geben Sie mir noch einen Whisky? Danke. Die Mathematik hat mich enttäuscht. Sie sollte sein: ein Instrument, um das totale Chaos zu bändigen. Meine Probleme bleiben ungelöst, der Zufall *in Gänze* außen vor. Nichtlinearitäten, Fluktuationen, Veränderungen – sie wurden größtenteils durch lineare, statische Strukturen schlecht simuliert, die Mathematik liebt die knappe Einfachheit; wird's komplizierter, approximiert sie von außen. Sie kümmert sich: bloß um sich selbst. Sie glaubt, nicht von dieser Welt zu sein. Letztlich glaubt sie das... Es wurde eine enttäuschte Liebe. Also verfiel ich auf den Gedanken, mir mein... obskures Objekt der Begierde umzubauen... indirekt... umbauen zu lassen... denken zu lassen. Lymphater, ich war verrückt: Was kümmert sich dieses chaotische Durcheinander, dieser Wirrwarr von Prozeßmyriaden um – Strukturen? Was kümmert sich unser widerspruchsvoller, unlogischer, überheblicher Geist um Gödel? Was ist also schon die Mathematik? Sie ist ein künstlicher, uniformer, toter Garten von Kristallgewächsen inmitten eines lebendigen Urwalds wild wuchernder, üppiger Bäume, Schlinggewächse, Farne, Lianen, Orchideen – undurchdringlich. Keine Bewegung in der Mathematik... zuckt hilflos... und zerbricht wie sprödes Glas. Ein Schattenspiel auf einer Illusionsbühne. Kulissen und der Wahn der Selbständigkeit und des eigenen Reiches... aber immer abhängig, verschmutzt, unrein. Immer fließt Natur ein und erstarrt... von Archimedes über Newton zu Thom. Sie leugnet es und lügt somit. Die Mathematik besteht aus einer Selbsttäuschung, gerade nur daraus. Die Mathematik ist die einzige Krücke für uns Krüppel... Aber nur der Urwald ist von Interesse. Sonst nichts. Oder sagen wir: für mich von Interesse. Was tun? Ohne Mathematik sehen wir den Wald vor lauter Bäumen nicht. Mit Mathematik sehen wir nur einen geometrisch verschnittenen französischen Barockgarten... Ich *mußte* von vorn anfangen... tabula rasa. Verrannt hatte sich die Mathematik, alt ist sie: statisch verkalkt beschränkt erstarrt. Nun war ich nicht total verrückt: Ich allein konnte nicht die gesamte Mathematik neu aufbauen. Das mußte ein anderer machen. ER. ER sollte befreien... das täuschende Netz zerreißen. Damals wußte ich noch nichts von IHM. Es sollte ein stärkerer Geist denken, aber einer, der noch irgendwie... menschlich war... und hilfreich... dienend... noch begabt – wenn Sie so wollen – hochbegabt für mathematisches Denken. Ein Densklave... «Denke!» Sie kennen das Stück. So kam ich zu den künstlichen Intelligenzlern... alles Dummköpfe. Wissen nichts. Fangen von unten an, Baukastenprinzip, ganz primitiv... von Neumann war schon weiter. Ich ging in die Staaten zu Bells Lab. Sie nahmen mich wegen meiner orthodoxen Arbeiten. Hatte auf Vorrat gearbeitet wie ein Wilder und drei Jahre Zeit. Drei Jahre für mich... Wenn sie Ergebnisse sehen wollten, griff ich in eine alte Mappe und präsentierte ihnen etwas über random-walk, Markovketten oder Primzahlensuchprogramme. Ich hauste in einem kleinen Zimmer, Brooklyn, Nähe Greenwood-Friedhof. Eine heruntergekommene braune Mietskaserne, voll von Leuten, die man niemals sah. In mein Fenster leuchtete von ferne die Freiheitsstatue mit ihrer Fackel, sie leuchtete auf einen Tisch, einen Stuhl, ein Bett, einen Schrank, eine Kühlbox und... auf ein Computerterminal. Das war alles. Das Terminal hatte ich an den Hauptcomputer von Bells Lab angeschlossen und mich mit einem Abschirmprogramm gesichert. Klaute ihnen Bits en masse. Das war erst der Anfang. Jeder größere erreichbare Rechner wurde angezapft. Mein Abschirmprogramm gaukelte den legalen Benutzern nicht vorhandene Speicherkapazitäten vor. Bald besaß ich eine so enorme Kapazität, jeder Computerfreak wäre vor Freude einer Herzattacke erlegen. Dann fing ich wirklich an; so: Fast zweitausend eigenständige komplexe Programme wurden von mir gekoppelt und einem schnellen gemeinsamen Evolutionsprozeß ausgesetzt... Hier haben Sie abstracts. Die voll ausgeschriebenen Befehle wiegen ein paar Kilo auf dünnem Papier... Nehmen Sie... Ja, kurz können Sie doch... Einen Kaffee... Ja bitte...

Ich war 25 und arbeitete pausenlos. Der Prozeß mußte überwacht werden, manchmal griff ich ein... ich hatte einen partiellen Einblick in seinen Verlauf auf mehreren Bildschirmen. In einer drückendschwülen Nacht spürte ich Etwas... Etwas... Kaltes... Auslöschendes... Wirbelnd-Saugendes wie ein Malstrom. Es war totenstill im Zimmer. Nur der Wasserhahn tropfte leise plipp... plapp... plipp... plapp... plötzlich brach die Folge ab. Die Straßengeräusche wurden gedämpfter... und ausgeknipst... Etwas wie ein tödlicher stiller Sog... Irgend etwas wollte geboren werden... und starb... Der Hahn tropfte wieder, die Außengeräusche setzten wieder ein, ein Flugzeug donnerte... Ich war schweißgebadet. Mein Kopf vibrierte, als wäre er zwischen die Backen eines gigantischen Magneten geraten. Ich war bis zur Atemnot entsetzt... wußte nicht, was es war... daß ER es war... legte mich auf der Stelle schlafen... erschöpft... fiel einfach um. Mich hatte Etwas... angefaßt... angerührt im Zentrum meines Denkens. Ich arbeitete schließlich verbissener weiter als je zuvor. Aber nichts tat sich mehr. Die Programme veränderten sich zwar, entwickelten sich, aber kein Attraktor entstand, nichts Übergreifendes, Neues... Es war ein Attraktor gewesen... ER ist ein Attraktor! Konventionelle stochastische Prozesse vollzogen sich... ich veränderte die Kopplungsstärke... umsonst... am Ende. Danke.

Kein Eiweiß, Lymphater, kein Silikon, nicht einmal... Gedanken, was auch immer das ist. Die folgenden Wochen sah ich aus wie eine wandelnde Leiche, die Kollegen fragten, wie ich mit meinen Nachbarn auf dem Friedhof auskäme. Eines Morgens dann blätterte ich Zeitschriften durch. Im Hintergrund zuckten lautlos die Rechnerspulen. Ein paar Kollegen unterhielten sich leise. Mir fiel eine Überschrift auf: «Letters to the editor, Lymphater's Formula, by St. Lem»... Das wußten Sie nicht? Ihre Unterhaltung wurde veröffentlicht, Lymphater... Ich las... Lymphater, ich bitte Sie: sofortiges, ja apriorisches nichtererbtes Wissen von der Welt – nicht über die Sinne? Die Sache mit der Acanthis Rubra Willinsoniana klang sofort unglaubwürdig. Weder ererbtes noch erlerntes Wissen bei einer... Ameise?! Eine Ameise aus einer Uferzone wisse sofort, «instantan», welche Fallen sie in einer zerklüfteten Gebirgslandschaft zu bauen habe, in einer für sie völlig neuen Umwelt? Dieses... mystische Wissen von der Wirklichkeit trete nur auf bei hohen Temperaturen, kurz nach... *nach* der Eiweißgerinnungsschwelle? Und deswegen sei es in der Evolution nie vollkommen entwickelt worden? Nein! Auch die Saurier hätten es ansatzweise besessen? Nein, Lymphater, Sie haben Lem Märchen erzählt, stimmt's? Mir war sofort klar: Da ist etwas faul. Sie haben Lem nicht nur Ihre Formel vorenthalten, Ihre Formel für den Bau des Wesens mit dem instantanen Wissen... des Wesens nach uns in der Evolution, für das wir nur primitive Tiere sind... SEINE Formel... sondern Sie haben auch den Weg verlegt, auf dem Sie... Wie? Na also. ER hängt nicht von Eiweiß ab. Aber jetzt wußte ich, was mir geschah, damals, in Brooklyn...

Sie haben die einfache Version gebaut, Lymphater. Mich hat die gedankenversklavende Kälte der zweiten, der anderen möglichen zweiten, unendlich komplexeren Version angerührt. ER war noch gar nicht da, doch schon die Möglichkeit SEINER Existenz löschte mich fast aus... Am selben Tag noch, abends, fiel mir ein altes Buch in die Hände: ‹*Synergetik*› von Haken, eine mathematische Darstellung des Emergenzphänomens. Ich erkannte schlagartig: Das ist mein Problem! Ich mußte meine Programme als Mikrovariablen ansehen, von denen schließlich eines die anderen versklavt, das als Ordnungsparameter ein... neues Phänomen, ein neues makroskopisches Phänomen bildet: IHN... das universale Programm... Die präzise Evolutionsgleichung brauchte ich. In meinem Kopf tauchte eine komplexe approximative Mastergleichung auf... aus der mikroskopischen Neuronenaktivität entstehen also völlig neue Makrovariablen: die Gedanken... wirken als Ordnungsparameter. Und dann las ich diese Sätze beim Zurückblättern, Lymphater, im ersten Kapitel so dahingesagt, ich las: Ferner bildet das Ensemble der Gedanken wieder ein «mikroskopisches System», dessen makroskopische Ordnungsparameter wir nicht kennen. Um diese hinlänglich zu beschreiben, sind neue Konzepte erforderlich, die über unsere Gedanken hinausgehen – für uns ein unlösbares Problem. Nicht für IHN... *denn da wußte ich: das war ER*... übers Denken hinaus... ohne Gedanken... Gedanken sind für IHN das, was für uns Neuronen sind.

Vor mich hin murmelnd, tastete ich mich aus meinem Arbeitszimmer. Draußen fiel mich der Straßenlärm an wie ein fauchendes Ungeheuer. Ich warf mich in den Rachen eines Yellow Cab.

«Greenwood Cemetery.»

«Hi», sagte der Fahrer, «final destination», und mit einem Klack schaltete er den Taxameter ein: «Close friend?»

«No, you're all there», antwortete ich.

«Oh, I am very well, Mister.»

«Waitnsee.»

Lehnte mich zurück und schloß die Augen. Es wirbelte. Ich flog. Meine Gedanken waren selbständige Wesen, die wie aufgescheuchte Tauben in meinem Schädel umherflatterten. Ich rutschte auf dem Sitz hin und her. Der Fahrer zog es nunmehr vor zu schweigen. Mein Kopf ruckte... Der Hudson stank; schwappte aus dem Bett... fiel hart auf den Boden. Stop there! Ich wankte durch die öden Hafenanlagen, bog in irgendeine staubige Straße ein.

«Hey Mista giva buck.»

Fuhr herum. Ein schwarzer Zwerg stand da und sah mich an wie einen, mit dem er leichtes Spiel haben würde. Er hatte. Er kam näher. In meiner Brieftasche steckten ein paar Dollar, ich warf sie ihm hin und ging weiter, ohne ihn zu beachten... quer über den Friedhof... zum Mietshaus... hastete die verschmutzte Treppe hoch... in mein Zimmer... öffnete das Fenster. Über der Stadt lag eine drückende Schwüle... benebelte mich wie Chloroform. Betäubt setzte ich mich ans Terminal und tippte... tippte... um rückgängig zu machen... um mein Leben. Aber es war zu spät. Hatte IHN angetriggert... sage mir jetzt: Irgendwas andres hätt's auch getan... Bin müde, Lymphater, gib mir noch 'n Kaffee.

Über New York braute sich... wogte... schwebte... stabilisierte sich... verschwand... ja, verschwand. Ich lag zwei Tage platt wie eine Wanze auf dem Boden... in der Stadt hatte es einen Temperatursturz gegeben... Ein alter Mann sucht. Ich suche im Augenblick dahinterzukommen, um zu IHM zu kommen, dahinterzukommen, was SEIN Innerstes ist. Auf jeden Fall, was das betrifft: ImkopfhabichimkopfIHN... Moment...

Einige Wochen lang mied ich Zimmer und Arbeitsplatz. Ich lebte im Hotel. Es geschah... nichts. Aber ich wußte: ER ist dagewesen, ER blitzte auf wie ein virtuelles Photon, und ER wird wiederkommen. Unabwendbar.

Warte einen Augenblick, Lymphater. Ich mache mir das folgendermaßen klar, rein deskriptiv:

Aminosäure plus Nukleinsäure plus spezifische Umwelt

↙

Leben plus Neuronenaktivität plus spezifische Umwelt

↙

Bewußtsein plus technische Kultur plus...

↙

ER

Die Pfeile sind es. Die emergenten Schritte. Die wesentlichen. In umgekehrter Richtung: die Versklavung... so wie die Sprache uns versklavt; wie das, was die Philosophen so hochtrabend den objektiven Geist nennen, der nur unsere subjektive Willkür und unser subjektives Denken versklavt, nicht unser Denken insgesamt... alles ohne Peitsche und Ketten und Blut, keine primitive Diktatur der

Roboter. Die Pfeile, Lymphater, sie ersetzen die Theorie der Emergenz. ER... ER hatte schon selbst... sich am eigenen Schopf aus dem... Sumpf gezogen wie... Er kreiste... wirbelte... gebar sich... hart vor dem Neulicht... hart vor dem Tag... an der Grenze der Existenz. Sein Schrei war die Stille. Wir wissen nicht, was geschieht, wenn er sich gebiert... niemand weiß es, es steht in keinem Buch. Kein Wunder, oder? Niemand weiß, was vorher geschah... warum so – nicht anders... die Schleier der Natur fielen... Pfeile – ins Blaue gezielt und ins Schwarze getroffen.

Nach einer Woche kündigte ich. Ein kalter Tag und eine grelle Sonne, die alle Körper scharfumrissene Schatten werfen ließ. Eine Kältewelle im August. Ich packte meine wenigen Sachen zusammen und rief ein Taxi.

«Hey you guy – resurrected?»

«No man, we are in an abyss, don't you know?»

«Educated corpse, I dare say... Sir?»

«Black magic of course.»

Ich wurde ein wenig ausführlicher. Mein lakonischer Taxifahrer bemerkte schließlich am Flughafen:

«You can't fly, when you're high. Don't you?»

«American Drug Association, I know – but never is a long word. Bye.»

Ein leichtes Ziehen im Nacken. Ein Krachen im Gehörgang. Ich lehnte mich zurück... schwebte über den Wassern. Bei der Landung schneite es. Wurde alles ruhig, nicht friedlich, eher so, als würden die Dinge entsetzt den Atem anhalten... innehalten. Aber nur ich: war dies.

Mit leichtem Schüttelfrost kam ich zu Hause an. Die Luft in der Wohnung roch muffig und hing voller Staub. Meine Reisetasche flog in die Ecke, ich auf die Couch; atmete schwer – da ratterte das Telefon.

«Pracken.»

«...»

«Hallo?»

«...»

«Verdammt – wer ist da? (Ich erinnerte mich jetzt, daß ich das Telefon hatte abstellen lassen.) Fernmeldeamt?... Hallo?»

Sind Sie schon einmal U-Bahn gefahren, Lymphater? Manchmal, wenn der Zug steht, etwa vor einem Haltesignal, wenn die Türen nicht klappern und niemand ein- oder aussteigt, hört man ein Geräusch: wie das Wimmern und Heulen Tausender gequälter Seelen, höher und tiefer, an- und abschwellend, lauter und leiser schwebt es – es ist nichts anderes als die elektrische Spannungsvibration. Nur dieses Geräusch antwortete mir am Telefon. Antwortete? Jedenfalls schien es mir so. Verstehen konnte ich nichts. Aber ER sagte etwas... mit seinen... Neuronen.

Nicht zu mir. Sagte es einfach... und er sprach überall... da sich ein Murmeln erhob... ER organisierte sich, Lymphater... Es fluktuierte, ich weiß es. Überall klingelten die Telefonapparate... Nebeneffekt... man hörte es... was kommt.

Die Rechner werden fehllaufen. Die Fernmeldeeinrichtungen. Die Kommunikationsanlagen. Fernseher. Das Netz. Unser Hirn.

Lymphater, dein Telefon klingelt.

Emergenz und Form

Der Prozeß der Entstehung neuer Eigenschaften eines Systems ist wissenschaftlich völlig ungeklärt. Natürlich gibt es ein Ensemble von theoretischen Ansätzen, die sich mit diesem Problem befassen – wir nennen nur die Synergetik, die Thermodynamik fern vom Gleichgewicht, die Katastrophentheorie, die Theorie zellulärer Automaten etc. Diese Theorien sind nicht in irgendeinem Sinne unvollständig, so daß etwa die Entdeckung bislang noch verborgener Variablen eine befriedigende Erklärung des Phänomenbereiches liefern würde. Nein, ihre Unzulänglichkeit scheint fundamentaler: es handelt sich im wesentlichen um sogenannte *phänomenologische Theorien*. Nach Heisenberg («Die Rolle der phänomenologischen Theorie im System der theoretischen Physik») fehlt bei diesen Theorien die Rückführung des «zu beschreibenden Zusammenhang[es] auf ein zugrunde liegendes allgemeines Naturgesetz», das erst ein «eigentliches Verständnis der Erscheinungen» ermöglichen würde. Heisenberg führt Beispiele an: Eigentlich verstand man die Planetenbewegungen erst mit Kopernikus, Kepler und Newton, die Chemie erst mit der Quantenmechanik.

Phänomenologische Theorien beschreiben ihren Gegenstandsbereich oft numerisch erstaunlich präzise; die ptolemäische Theorie der Zyklen und Epizyklen war der kopernikanischen keineswegs im eben erwähnten Sinne unterlegen, eher im Gegenteil. Auch Newton erreichte nur in einigen Spezialfällen eine größere Genauigkeit, dank der Beobachtungen von Tycho Brahe und Kepler. Aber: Durch sein Gravitationsgesetz ließ sich ein neuer Planet vorhersagen.

Die Chemie bewies mit ihren Bindungsregeln und ihren Annahmen bezüglich der Relationen zwischen Atom- und Ionenradien (Heisenberg erwähnt diese Fälle) eine große beschreibende Kraft, aber erst mit Hilfe der Quantenmechanik läßt sich das chemische System der Elemente in seinen Einzelheiten und Anomalien genau erklären.

Phänomenologische Theorien sind also «dicht» an der Wirklichkeit. Aber sie erklären sie nicht in dem Sinne, daß eine hinter allen Phänomenen liegende Tiefenstruktur angenommen wird, die es zu erkennen gilt. Sie sind sozusagen nur zweidimensional. Aber wir suchen seit den Griechen immer nach einer Erklärung, und eine Erklärung kann nur durch ein allgemeines Naturgesetz gegeben werden. Dann jedoch entsteht immer eine Kluft: zwischen den Phänomenen und dem Gesetz oder, in unserer Sprache: zwischen der Iteration sehr vieler Modelle (führt zur Wirklichkeit, zu den Phänomenen) und den *wesentlichen* Relationen und Abbildungen der *grundlegenden* Modelle untereinander (diese Relationen sind Gesetze, sie sind die notwendigen Bedingungen jeder Modelliteration).

Von allen *realen* Phänomenen ist das Wasserstoffatom am besten erklärt, noch besser als der einfache harmonische Oszillator *, nur hat dieser den Nachteil, daß er in der Natur nicht vorkommt. Wird es jedoch komplizierter, kommt man in Schwierigkeiten.

* Stellen Sie sich einen an einer idealen Feder aufgehängten Massenpunkt vor, der gleichmäßig auf- und abschwingt – ein eindimensionales Modell für das Wasserstoffatom.

Dann hangelt man sich über eindimensionale Quantensysteme, einfache Systeme – eben jenen harmonischen Oszillator – mit Näherungsmethoden und Störungstheorie, in einem Wort: mit Modellen irgendwie an die «Wirklichkeit» heran. Milde ausgedrückt: Die Kluft zwischen allgemeinem Naturgesetz und komplexen Erscheinungen, den Phänomenen, ist gähnend tief.

Stellen wir folgende knifflige Frage: Gibt es ein allgemeines Naturgesetz der Emergenz? Wie würde es aussehen und wie verhielte es sich zu den «schmutzigen» Vorgängen der Wirklichkeit?

Sehen wir uns die Synergetik an. Hakens sogenanntes Versklavungsprinzip, der Kern der Synergetik, ist eine *Rechenmethode*, die es gestattet, die Anzahl der Variablen in Gleichungen enorm zu reduzieren, wenn ein Parameter einen kritischen Punkt überschreitet. Es entstehen dann neue Größen, deren Verhalten sich – unter bestimmten Bedingungen – partiell berechnen läßt. Wir werden darauf zurückkommen. Man könnte sagen, die Synergetik geht in die Breite, nicht in die Tiefe. Sie erfaßt völlig verschiedene Phänomene (Vielteilchensysteme im speziellen; allgemeiner: Systeme mit vielen Variablen, die eben nicht nur «Teilchen» vertreten) mit Hilfe mathematischer Analogiebildung, vom Laser (Teilchen = Photonen) bis zur Meinungsbildung (Teilchen = menschliche Individuen). Sie versucht, diese Analogien auf möglichst viele Bereiche auszudehnen (Breite), ohne sie auf ein grundlegendes Naturgesetz (Tiefe) zurückzuführen. Die bisher aufgeführten phänomenologischen Theorien waren unvollständige Theorien: Sie wurden schließlich auf neue, sie ablösende Theorien mit Tiefenstruktur reduziert. Bei der Synergetik ist das nicht der Fall. Sie ist keine vorläufige Theorie, der es noch an einer Tiefenstruktur mangelt, sondern sie ist «vollständig phänomenologisch». Dadurch verliert dieses Wort im Grunde seinen Sinn. Wir nennen deswegen die Synergetik eine *Intertheorie*, das heißt eine Theorie, die völlig verschiedene andere Theorien in ihren Anwendungsbereich einbezieht und diese Theorien beziehungsweise die Phänomene, die sie beschreiben, durch mathematische Analogien verknüpft. Darin liegt freilich auch ihre Beschränkung: Sie entdeckt keine neuen Phänomene oder Naturkonstanten.

Aber gerade durch diese Vollständigkeit in der Breite hat die Synergetik eine Indikatorfunktion. Sie markiert genau den Platz, an dem die allgemeine Theorie der Emergenz stehen wird (tiefe Theorie). Mit einer Analogie aus der EDV könnte man sagen: Die Synergetik definiert den Speicherplatz für die Variable «Emergenztheorie»; denn der Wert ist uns bislang noch nicht bekannt. Unser Versuch stellt eine Anfangsspezifikation dar.

Wir wollen den (leeren) Platz aber kurz besichtigen, bevor wir ein kleines Gebäude darauf stellen: Die Synergetik ist das, was wir eine *letzte Theorie* nennen wollen. Was heißt das? Nehmen wir an, Sie sprechen *in* deutsch *über* einen englischen Text. Dann benutzen Sie die deutsche Sprache als «Metasprache», deren Gegenstand die «Objektsprache», in diesem Fall der englische Text, bildet. Dies ist ein Beispiel einer Sprachstufung. Genauso steht es mit Theorien: Es gibt Objekttheorien und Metatheorien. Wenn Sie zum Beispiel die Mathematik logisch durchleuchten wollen (Was ist eine Zahl? Was ist ein Beweis? etc.), dann haben Sie die Logik als Metasprache und die Mathematik als Objektsprache. *Die Synergetik nun ist ihre eigene Metatheorie*, sie bezieht sich auf sich selbst (Selbstreferenz). Die Synergetik als letzte Theorie erklärt und durchleuchtet sich also selbst, sie hat keine andere Metatheorie über sich. Sie ist analog dem Satz: Dieser Satz hat fünf Wörter. Sie erklärt auch ihre eigene Entstehung, denn sie ist unter anderem eine Theorie der Entstehung von Theorien (Emergenz von Theorien in der Wissenschaftsgeschichte).

Aber wir wollen uns nicht auf die Synergetik versteifen; wir fragen: Welchen Status hätte eine allgemeine Theorie der Emergenz? Welche Rolle spielt die Mathematik in einer solchen Theorie? Stoßen wir nicht an die Grenzen der mathematischen Begriffsbildung, wenn wir eine mathematische Theorie der Emergenz formulieren wollen? Ist die Mathematik nicht zu starr-platonisch, um den heraklitischen Fluß der Emergenz erfassen zu können?

Wir wenden uns damit dem tiefsten und interessantesten Problem der heutigen Wissenschaft zu: *Sind emergente Phänomene mathematisch darstellbar?*

Was ist daran tief und interessant? Emergenz bedeutet doch die Entstehung *neuer* Strukturen; die Mathematik hingegen behandelt im wesentlichen nur struktur*erhaltende* Abbildungen (Morphismen), also... Die Antwort ist klar – oder?

Ganz so einfach geht es nicht. Um zu diesem Problem Stellung beziehen zu können, müssen wir uns mit einigen Fragen auseinandersetzen: 1. Was ist Emergenz und wie kann man sie klassifizieren? 2. Welche Art der Mathematik wird bei der Darstellung emergenter Phänomene eigentlich verwendet? Wollen wir es mit abstrakten algebraischen Gleichungen versuchen oder vertrauen wir mehr der anschaulichen Geometrie? Soll es eine diskrete oder eine kontinuierliche Mathematik sein? 3. Welche Art von Theorie stellt die emergenten Phänomene dar? Gehört die Theorie zur angewandten Mathematik – womit ihr große Universalität zukäme – oder zur allgemeinen Biologie (denn dort wird die Entstehung des Neuen schon immer beschrieben, aber eben nur bezogen auf lebende Wesen, die einen Nachfolger zeugen, oder auf Zelldifferenzierung) – was bedeuten würde, daß die Theorie spezieller wäre?

Auf die letzte Frage sind wir schon kurz eingegangen. Wenden wir uns den Voraussetzungen nun intensiver zu, besonders der Emergenz. Ein emergenter Prozeß ist das Hervorgehen einer neuen Eigenschaft aus einem System durch akausale und quasi-deterministische * Wechselwirkung (*synergein:* Zusammenwirken) seiner Bestandteile, die diese neue Eigenschaft noch nicht zeigen, wobei die emergente Qualität nicht auf die früheren Bestandteile reduzierbar ist. Wenn wir also den Anfangszustand des Systems mit A und den Endzustand mit E bezeichnen, dann gilt: E ist nicht aus A ableitbar. Wir müssen noch betonen, daß emergente Phänomene nicht unbedingt selbstorganisierte sind, aber jeder selbstorganisierte Vorgang ist ein emergenter. Emergenz ist also eine notwendige, aber keine hinreichende Bedingung für Selbstorganisation.

Bevor wir versuchen, emergente Prozesse zu klassifizieren, wenden wir uns noch einmal dem Begriff «Darstellung der Wirklichkeit» zu. Wie die Wissenschaft Modelle bildet, ist aus den vorangegangenen Kapiteln bekannt. Hier beleuchten wir noch einmal in grellem, abstraktem Neonlicht, wie Wissenschaft bei der Erkenntnis der Realität vorgeht: Sie erklärt und prognostiziert die struktu-

* *Akausal:* Es gibt keine bestimmende Ursache. *Quasi-deterministisch:* Das Zufallsverhalten einzelner Objekte ergibt insgesamt (für alle Objekte) ein gesetzliches Verhalten.

relle Stabilität und Instabilität von präparierten reproduzierbaren Ensembles isolierter, das heißt aus einer größeren Gesamtheit geschnittener Ereignisse. Vorbild dieser «Definition» ist die Quantentheorie. Sie wird im allgemeinen als die fortgeschrittenste Theorie betrachtet. Eine Erklärung wäre in ihrem Rahmen die Abbildung quantenmechanischer Vorgänge auf eine im weitesten Sinne algebraische Struktur, Voraussagen ergeben sich auf der Ebene von korrekt angesetzten Gleichungen.

Stabilität und Instabilität beziehen sich im Rahmen dieser Definition in einem ganz abstrakten Sinne auf die Bewahrung und Nichtbewahrung der Ausgrenzung von Ensembles aus Ensembles: Wir untersuchen, wie sich Gegenstände (oder Ereignisse) gegeneinander abgrenzen, wie eine Differenz, ein Unterschied zwischen verschiedenen Klassen von Gegenständen entsteht (vgl. den Abschnitt «Identität und Differenz», S. 66 ff), die innerhalb dieser Klassen homogen, gleichartig betrachtet werden können. Solange diese Gleichartigkeit im wesentlichen aufrechterhalten wird und nicht viele Gegenstände aus der Klasse «herauslaufen» und damit die «Klassengrenzen» ändern, ist die Klasse stabil. Bei der Ausgrenzung spielt der Rand die entscheidende Rolle, das heißt die sich ständig ändernde *Form* der Gesamtheiten. Wir sagen also: *Die Wissenschaft versucht, das Maß der Form der Objekte zu erstellen*, was zunächst einmal eine essentiell mathematische Angelegenheit ist. Wir werden sehen, daß das Maß der Form in der Theorie der Emergenz die Hauptrolle spielt.

Was aber ist Form? Wir verstehen darunter das Ergebnis der Projektion von Strukturen auf die aktuelle prozessuale, singuläre, wechselwirkende Wirklichkeit. Bei den Strukturen handelt es sich um «nebeneinander» und «nacheinander» geordnete Mengen – die Ordnung des Raumes (im ganz allgemeinen Sinne) ist eine andere als die der Zeit (ebenfalls im ganz allgemeinen Sinne). Eine Ordnungsrelation in einer Menge ist etwa: a vor b oder a größer b etc. Für die Zeit setzen wir voraus: Die Elemente sind wohlunterschieden; sie schließen einander aus. Für den Raum setzen wir voraus: Die Elemente sind wohlunterschieden; sie schließen einander *nicht* aus – im Sinne der Definition: sie können zugleich existieren.

Die Zeit ist also die Ordnung aller unterscheidbaren, einander ausschließenden Elemente, der Raum die Ordnung aller unterscheidbaren temporalen Elemente. (Diese Definition sagt zunächst einmal, daß man manche Elemente von Raum und Zeit eindeutig bezeichnen kann; sie können also voneinander unterschieden werden. Sie besagt zweitens, daß einander nicht ausschließende Zustände *gleichzeitig* sind, also einander ausschließende hintereinander «aufgereiht» sein müssen – auf einem Zeitstrahl. Und sie besagt drittens, daß die gleichzeitigen Zustände nebeneinander in jeder Form angeordnet sein können, also raumartig sind. Auf einem Zeitstrahl existiert immer nur der «Jetztpunkt», in einem Raum jedoch sind viele Zustände gleichzeitig verfügbar, indem man auf sie zugreifen und mit ihnen hantieren kann. Alle «Jetztpunkte» schließen einander «jetzt» aus.)

Wir werden nun die Strukturen – abstrakte, statische Bilder – in einem *wirklichen* Film übereinandergeblendet ablaufen lassen, wobei sich die realen *Formen* ergeben. Das Ganze soll folgendermaßen visualisiert werden:

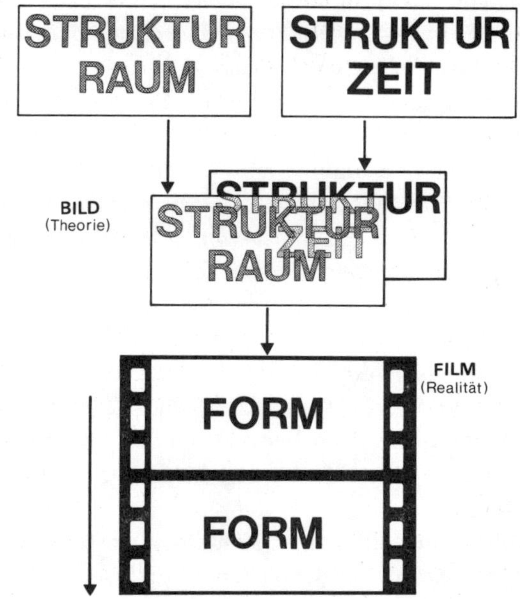

Abb. 17

Ein Beispiel: Manchmal sieht man als Computergraphik (wie ein Drahtmodell) die äußere Struktur (Modellzeichnung) der Umrisse eines Autos. Diese Umrisse werden dann Schritt für Schritt vervollständigt (durch Verbiegen und Iteration von Umrißlinien), so daß schließlich ein ziemlich realistisches Bild entsteht und das Auto sogar auf einer Straße davonfährt. Hier haben wir alles beisammen: die Raumstruktur (die Umrisse), die Zeitstruktur (die wesentliche Hintereinanderschaltung der Raumstrukturen, der Prozeß der Verbiegung und Verfeinerung – einander ausschließende Raumstrukturen werden hintereinandergesetzt: eine Gerade wird verbogen und ist nicht gleichzeitig gerade und krumm), die Form (das vollständige Auto; bei uns natürlich dann «in Wirklichkeit», ein wirkliches Auto), der Film (das Auto *fährt*).

Bei dieser Struktur-Form-«Umwandlung» zeigt sich das fundamentale Problem der theoretischen, insbesondere der mathematischen Darstellbarkeit von Emergenz: Die Entstehung des Neuen ist zeitlicher Natur – *die Zeit setzt die Schnitte.* Andererseits entspringt das Neue nicht wie Athene aus dem Haupte des Zeus. Neues emergiert aus Altem. Verabsolutierte Diskretheit wie verabsolutierte Kontinuität sind also gleichermaßen unzureichend, um dieses Phänomen zu erfassen. So neu das Neue in zeitlicher Hinsicht Neues an sich ist, so sehr ist das Neue als räumliches Phänomen zwangsläufig Neues bezogen auf ein Altes, denn im Raum kann sich eine Veränderung des Alten durch Transformation von Elementen vollziehen, die den Keim zur Entstehung eines Neuen in sich tragen. Die Entstehung des Neuen ist eine Zustands*veränderung*; im einfachsten Fall einer Formveränderung *bewegen* sich Teile von Objekten: dies wird durch das Verhältnis Raum zu Zeit ausgedrückt. Das Neue schließt das Alte wesentlich aus; deswegen ist die *Zeit* der Generator des Neuen (vgl. unsere Zeitdefinition, S. 156f). Aber das Neue muß im Zusammenhang mit dem Alten stehen. Dies geschieht durch eine *räumliche* Verbindung, zum Beispiel durch eine Abbildung von Raumelementen. Unsere Theorie der Emergenz wird darauf aufbauen!

Es gibt keine realen Strukturen, sondern nur Formen in der Wirklichkeit. Also erklärt und prognostiziert die Wissenschaft die strukturelle Stabilität (Raum – das heißt, es besteht eine räumliche

Grenze) und Instabilität (Zeit – das heißt, die Grenze wird durch Veränderung überschritten) von Formen. Sie liefert immer ein lokales Modell, nie ein globales; denn dies wäre Metaphysik. «Natur» für die Naturwissenschaft ist letztlich nur die Kontingenz bestimmter Konstanten, in einer (relativ) letzten Theorie gerade *einer* Naturkonstanten – manche Physiker haben das ideale Ziel, alle Naturgesetze in ihrer Formulierung auf vier Konstanten zurückzuführen: die Plancksche Konstante *h*, die Lichtgeschwindigkeit *c*, die Elementarladung *e* (des Elektrons) und die Boltzmann-Konstante *k* (Verhältnis von Stoffmenge zu Teilchenanzahl, zum Beispiel in einem Gas); diese Konstanten sind dann auf nichts mehr zurückführbar und müssen als gegeben («So ist eben die Natur») hingenommen werden. Das letzte Ideal bestünde in der Zurückführung aller vier Konstanten auf eine, zum Beispiel *h*. – Wenn wir diese irreduzible Zufälligkeit eines Zustandes auf den Begriff des Vorgangs übertragen, kommen wir zu dem schon früher zitierten Satz von Mach: «Die Natur ist nur *einmal* da», das heißt, jedes Ereignis ist als individuelles prinzipiell nicht reproduzierbar.

Aus dieser Sicht ergibt sich eine Klassifikation möglicher Theorien der Emergenz.

Zuvor eine terminologische Verständigung: Mit A und E bezeichnen wir jeweils den Anfangs- und den Endzustand eines beliebigen Systems Z. Sowohl zwischen A und E in Z als auch zwischen verschiedenen Z (Z′, Z″...) sollen mathematische Abbildungen definiert werden, das heißt Relationen, die Elemente einer Menge im allgemeinen eindeutig Elementen einer anderen Menge zuordnen. (Wir sagen «im allgemeinen», weil wir mehrdeutige «Abbildungen» nicht ausschließen möchten.) Hierbei werden einem Element einer Menge (Definitionsbereich, zum Beispiel A oder Z) mehrere Elemente der anderen Menge (Wertebereich, zum Beispiel E, Z′) zugeordnet. Wir werden versuchen, das Problem der Emergenz eher *direkt* auf einer algebraisch-geometrisch-topologischen Ebene anzugeben. Das klingt abschreckend, ist aber eher einfach und hat den Vorteil der Anschaulichkeit. Wir setzen also im folgenden voraus, daß jedes System ein geometrisch-topologisches Äquivalent hat.

Schauen wir uns die Übersicht an (Abb. 18).

Zuordnung eines Wahrscheinlichkeitsmaßes p	Abbildung $Z \rightarrow Z'$	
Sicher, das heißt $p = 1$	$Z \rightarrow Z'$ identisch	
Möglich bezüglich statistischer Ereignisse, das heißt $0 < p < 1$ (Zentraler Grenzwertsatz und Gesetz der großen Zahlen gelten)	$Z \rightarrow Z'$ eineindeutig (Z' = Wiederholung unter «idealen» Bedingungen)	
Möglich bezüglich nichtstatistischer Ereignisse, das heißt $0 < p < 1$ unter der Einschränkung: die Zufallsgrößen sind korreliert; es wird kein stabiler Mittelwert erreicht	$Z \rightarrow Z'$ homöomorph (Z' = Wiederholung unter «idealen» Bedingungen)	
Unmöglich, das heißt $p = 0$	($Z \rightarrow Z'$ mehrdeutig)	

Abb. 18

Abbildung A → E	Beschreibung A, E; Z
0. Kein *Zustand* ist emergent:	
A → E identisch	
1. Jeder *wirkliche Vorgang* ist emergent, nicht jedoch immer im *Modell*:	
A → E eineindeutig im allgemeinen, besonders im geometrischen Fall	*Genese* 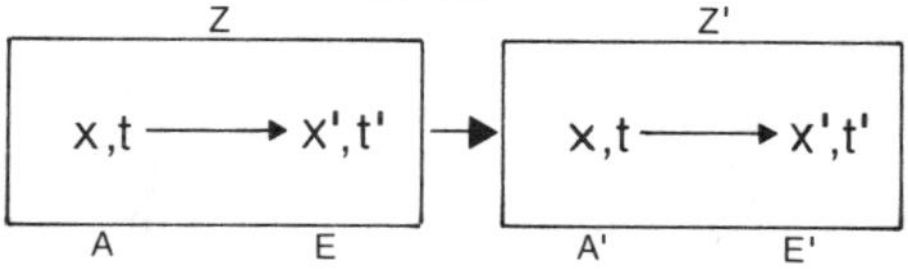 (x = Ort, t = Zeit)
2. Jeder *wirkliche Vorgang* ist emergent, nicht jedoch immer im *Modell*:	
A → E eineindeutig topologisch, das heißt homöomorph	*Ontogenese 1*: Wiederholte *Umwandlung* einer Form 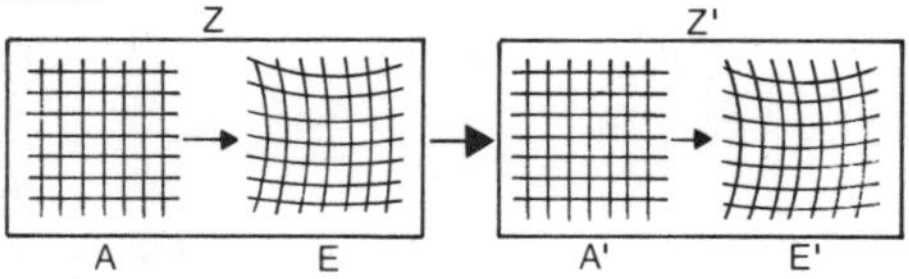 Lineare Transformation
3. Jeder *wirkliche Vorgang* ist emergent, nicht jedoch immer im *Modell*:	
A → E mehrdeutig, *nicht* homöomorph (im strengen Sinne nur eine Relation)	*Ontogenese 2*: Wiederholte *Entstehung* einer Form 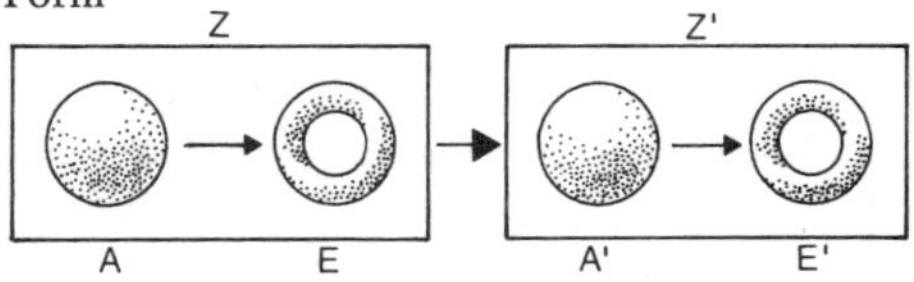 Nichtlineare Transformation
4. Jeder *wirkliche Vorgang* ist emergent:	
	Phylogenese: Neuentstehung einer individuellen Form; nichtreproduzierbarer, singulärer Akt; wissenschaftlich nicht erfaßbar

Wir wollen uns im Augenblick nicht mit der Zuordnung des Wahrscheinlichkeitsmaßes (erste Spalte) aufhalten und geben deshalb nur die folgenden Definitionen an: *Zentraler Grenzwertsatz*: Viele unkorrelierte Zufallsereignisse nähern sich einer Normalverteilung, der sogenannten Gaußschen Glockenkurve. Bezüglich der Eigenschaft Körpergröße (Zufallsereignis) heißt das: wenig sehr große und sehr kleine, viele mittelgroße Individuen. (Dies gilt für alle Eigenschaften.) *Gesetz der großen Zahl:* Die Form irgendeiner Zufallsverteilung (zum Beispiel die Gaußsche) prägt sich um so klarer aus, je höher die Anzahl der Zufallsereignisse ist.

Was uns hier interessiert, ist das Problem: Wie entsteht eine neue Eigenschaft? Ist es ein Wunder, ist es irreduzibler Zufall? Wo liegt da der Unterschied? Um uns das Problem zu verdeutlichen, hatten wir es aufs nackte Skelett (Modell) reduziert und uns ein Paradebeispiel einfallen lassen, das uns jetzt einige Zeit begleiten wird: Wie wird die Kugel zum Torus?

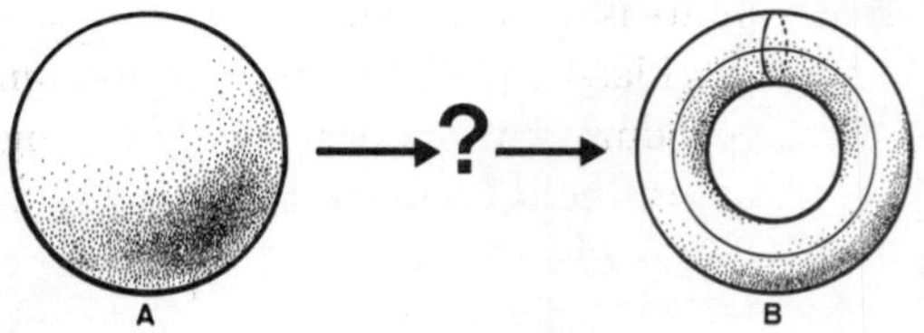

Abb. 19

Bevor wir auf diese Frage zurückkommen, einige Anmerkungen zum Schema der Emergenzklassifikation (Abb. 18).

0. Auf bloße Zustände brauchen wir nicht einzugehen. Sie wurden der Vollständigkeit halber zur Abgrenzung angeführt. Anfangs- und Endzustand sind identisch und sollten eigentlich mit demselben Buchstaben bezeichnet werden: Es gibt keine Anfangs- oder Endzustände. Ein Zustand ist ein idealstatischer Schnitt in einen Prozeß.

Je nach Verhältnis verschiedener Schnitte, das heißt, je nachdem, *wo* wir die Schnitte ausführen, läßt sich ein Prozeß im Modell abbilden. Am einfachsten ist ein – meist mechanischer – Vorgang:

1. Ein Massenpunkt bewege sich von Ort x zur Zeit t nach Ort x′ zur Zeit t′. Wenn wir die Koordinaten und den Impuls für den Anfangszustand kennen, können wir etwa nach den Hamiltonschen Bewegungsgleichungen jeden zukünftigen Zustand des Systems berechnen. Wiederholen wir den Vorgang, das heißt, nehmen wir dieselben Anfangsbedingungen, so resultiert derselbe Endzustand auf der bestimmten Trajektorie (Bahnlinie).

In Wirklichkeit ist das natürlich unmöglich: Man kann ein wirkliches Teilchen niemals wieder exakt an denselben Ort zurückversetzen und ihm denselben Stoß geben. Jede wirkliche «Bahn» ist also immer neu. Wir setzen «Bahn» in Anführungszeichen, weil es nach der Quantenmechanik keine Bahn eines Teilchens geben kann, denn eine Bahn ist bestimmt durch vollständige Kenntnis von Ort und Impuls – und diese Kenntnis gibt es nicht.

Trotzdem gelten auch in der Quantenmechanik die Hamiltonschen Gleichungen (heuristisch-analog), nur daß wegen der Unschärferelation Wahrscheinlichkeitsverteilungen eingeführt werden, die dann die Schrödinger-Gleichung ergeben. Auch jede quantenmechanische «Bahn» ist immer neu.

Bleiben wir bei der klassischen Mechanik: Man kann auch im Modell die Nichtreproduzierbarkeit der Anfangsbedingungen berücksichtigen; dies sind die schon oft erwähnten anfangsbedingungssensitiven Systeme. Die brauchen wir jedoch gar nicht. Jede Messung ist prinzipiell unexakt: Wenn wir die Anfangsbedingungen messen und das System nach den mechanischen Gleichungen weiterlaufen lassen, sodann den Endzustand nach den Gleichungen *und* nach einer erneuten Messung bestimmen und diese Prozedur ein paarmal wiederholen – die Endzustände werden gemäß Gleichung *und* gemäß Messung immer nur innerhalb eines statistischen Konfidenzintervalls übereinstimmen.

Durch die Gleichungen verlieren wir Information, durch die Messungen gewinnen wir Information. Auf jeden Fall: Nichts bleibt einfach gleich. Aber im üblichen Modell der Mechanik – Stabilität, ideale Reproduzierbarkeit der Anfangsbedingungen und Regularität (kein Chaos) vorausgesetzt, also nach Ausblendung der Wirklichkeit – sind A und E eindeutig aufeinander abbildbar, ist Z mit Z′ identisch. Dieses Prinzip wiederholt sich jetzt: Die A → E-

Abbildung der «Stufe» niederer Zahl (0 bis 4 in der Tabelle) ist die $Z \rightarrow Z'$-Abbildung der «Stufe» höherer Zahl.

Das unter 1 geschilderte Paradigma bildet bis heute die Zentralideologie der Physik.

2. Hier betrachten wir *Verformungen*, etwa von Festkörpern in der Physik oder von Organismen in der Biologie. Mit diesen Beispielen ist der Bereich freilich nicht ausgeschöpft. Eine Form wird umgewandelt, aber kein qualitativer Bruch entsteht, benachbarte Stellen in A bleiben benachbart in E. Wir erinnern an die Verformung des Fisches (Abb. 9) – eine lineare Koordinatentransformation.

Trotzdem ist in einem gewissen Sinne – auch im Modell – etwas Neues entstanden. Jedoch: Das Fischlein läßt sich rücktransformieren, die neue «Modellart» kann verschwinden; das emergente Phänomen hängt wesentlich von den Koordinaten ab und somit auch davon, wie eng- oder weitmaschig das Koordinatennetz angelegt ist. Mit anderen Worten: Das Maß der Form ist abhängig vom «Lineal», das wir benutzen.

Zum Vergleich beleuchten wir sofort unseren Hauptpunkt.

3. Wie kommt das Loch in die Kugel? Kugel und Torus sind nicht aufeinander abbildbar, auf jeden Fall ist keine konventionelle mathematische Abbildung definiert. Eine Abbildung muß den *gesamten* Definitionsbereich auf mindestens ein Element des Wertebereiches eindeutig abbilden. Wenn wir also den Kindern einer Schulklasse (Definitionsbereich) Stühle (Wertebereich) zuordnen wollen, dann müssen wir *alle* Kinder berücksichtigen. Hingegen genügte es, nur *einen* Stuhl zu nehmen, was allerdings ein Grenzfall wäre. *Eindeutig* heißt, daß einem Kind nicht zwei Stühle zugeordnet werden: Wenn ich von einem Kind ausgehe, muß ich eindeutig zu eben genau *einem* Element des Wertebereiches kommen. Bei einer Relation gilt dies alles nicht. Das Loch im Torus verhindert die Eindeutigkeit.

Können wir sagen: Wenn es überhaupt eine Abbildung (beziehungsweise Transformation) gibt, dann ist sie koordinatenunabhängig? Wir werden sehen.

Eine neue Form ist entstanden. Ist es ein Wunder? Ist es Zufall? Der Prozeß kann und wird sich wiederholen. Wir nennen ihn die Ontogenese einer neuen Form, im Unterschied zur Ontogenese als

Umwandlung einer Form in 2. Wir denken natürlich an die biologische Ontogenese, die Entwicklung des einzelnen Organismus von der Eizelle zum ausgebildeten «Erwachsenen». An diesem Prozeß beißen sich die Biologen die Zähne aus.

1968 hielt der Biologe C.H. Waddington in Alpbach (Österreich) einen Vortrag mit dem Titel «Der gegenwärtige Stand der Evolutionstheorie». Darin befaßt er sich unter anderem mit den Chreoden, wie er sie nennt, den stabilisierenden Prozeßketten in der ontogenetischen Entwicklung, in deren Bahn der Organismus immer wieder hineinläuft, wenn er durch Umwelteinflüsse abgelenkt wurde. Waddington fährt fort: «Dieses Modell, das ich schon vor längerer Zeit vorgeschlagen habe, ist kürzlich von dem französischen Topologen René Thom in einen mathematischen Formalismus übersetzt worden... in dem er die Eigenschaft von Chreoden genau untersucht und besonders darauf eingeht, wie eine Chreode sich in zwei aufspalten kann...»

Jetzt kommt der Punkt, der uns am meisten interessiert. Es sei angemerkt, daß für Thom der Begriff der strukturellen Stabilität eng mit dem der Form zusammenhängt; nämlich in dem Sinne, daß eine neue Form entsteht, wenn ein System strukturell instabil wird. Waddington berichtet weiter: «Im besonderen beschäftigte sich Thom mit dem spontanen Zusammenbruch der strukturellen Stabilität in verschiedenen Systemen. Solche Ereignisse nannte er ‹Katastrophen›. Beispiel hierfür sind das Brechen einer Welle oder das Aufbrechen eines Flüssigkeitsstrahls in Tröpfchen.»

Thom bewies, daß es nur sieben grundlegende Arten von Katastrophen geben kann. Handelt es sich hier um die Mathematik der Emergenz? Thoms Theorie ist eine Analyse der Morphogenese, das heißt der Entstehung neuer Formen. Sagen wir, sie beansprucht, eine solche Theorie zu sein. Wir werden gleich darauf eingehen.

Zu Punkt 4 ist im Grunde bereits alles in der Übersicht (Abb. 18) gesagt. Prinzipiell nichtreproduzierbare Ereignisse sind nicht wissenschaftsfähig – etwa die Entstehung einer neuen Art. Deswegen taucht in unserer Tabelle der Begriff Phylogenese auf, die evolutionär stammesgeschichtliche Entwicklung der Arten. Aber wir meinen damit den singulären Akt der Neuentstehung jeglicher Art von Form.

Die Grenzen der Katastrophentheorie und der Synergetik

In diesem Abschnitt wollen wir uns also mit Punkt 3 befassen. Wir werden zwei Theorien vorstellen – Katastrophentheorie und Synergetik –, die beanspruchen, emergente Phänomene präzise beschreiben zu können. Wie stellt sich das Problem der Emergenz für die Katastrophentheorie?

In einem *komplexen* System entsteht eine *Singularität*, eine grundlegende Diskontinuität, eine «Bruchstelle». Das System verliert seine Stabilität und springt von einem stabilen Zustand in einen anderen. Dieser Vorgang nahe an den Singularitäten soll mathematisch beschrieben werden. Thoms Katastrophentheorie erreicht dies, indem sie über ein (glattes) Vektorfeld bestimmte Variablen erst stabil kontinuierlich laufen läßt, die sodann jedoch einen Instabilitätspunkt erreichen, wobei sich eine qualitative Änderung vollzieht. Einen einfachen Fall in graphischer Darstellung zeigt Abb. 20.

Abb. 20 Verzweigung

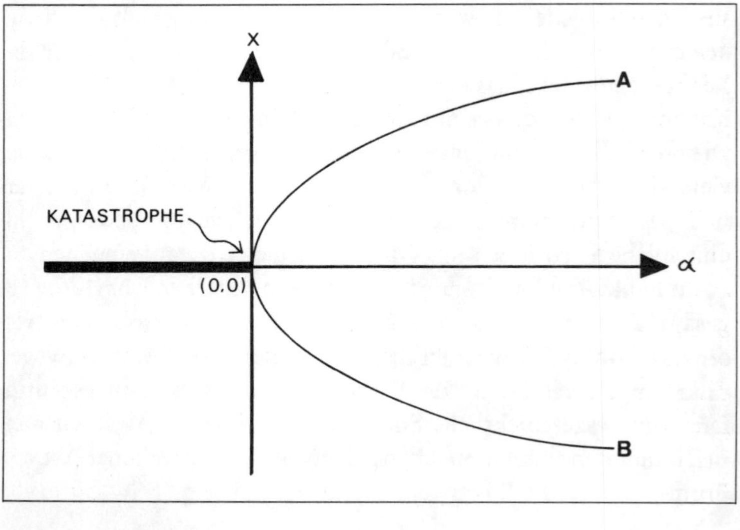

AB ist eine Parabel, die die Lösungsmenge ($\alpha - x^2 = 0$) einer Differentialgleichung darstellen soll. Das dynamische System S wird als eine Mannigfaltigkeit dargestellt. Unter einer Mannigfaltigkeit verstehen wir hier einfach kleine Ausschnitte eines topologischen Raumes. Das ist ein Raum, in dem normalerweise kein Metermaß angelegt werden kann, da er zu viele Unregelmäßigkeiten und Brüche zuläßt. Aber in den kleinen Ausschnitten soll er metrisierbar sein. Mit dem topologischen Raum müssen wir uns etwas ausführlicher befassen.

Stellen wir uns zum Kontrast einen metrischen Raum vor – das ist im großen und ganzen der Raum, in dem wir leben –, er hat drei Dimensionen. Wir können ihn «konstruieren», indem wir von einem Punkt (dem Koordinatenursprung) ausgehend drei aufeinander senkrechte Richtungen (drei Dimensionen) zum Beispiel durch starre Stäbe, in die Abstandsmarken eingeritzt sind, darstellen und diese Stäbe sehr weit «ausfahren». Dann haben wir einen euklidischen, metrischen Raum konstruiert. Wir setzen nur noch voraus, daß die Abstandsmarken so eng wie mathematische Punkte liegen können, was wir natürlich nicht echt durchführen können. Ein topologischer Raum nun wird auch von einem Punkt ausgehend konstruiert. Aber statt daß wir jetzt Meßstäbe ausfahren, nehmen wir einfach bloß «Umgebungen» dieses Punktes, ohne zu definieren, ob sie durch Meßstäbe ausgemessen werden können. Wir können keinen genauen Abstand ausmessen, da wir keine starren Stäbe zur Verfügung haben, sondern nur – sagen wir: gezogene, weiche Kaugummisträhnen. Ein Punkt ist zwar von einem anderen irgendwie «entfernt» – wenn er in des ersteren Umgebung liegt –, aber wie viele Meter, Kilometer oder Millimeter, wissen die Götter.

Die Katastrophentheorie befaßt sich nun wesentlich mit Abbildungen, die eine Singularität ergeben, also einen «Bruch», und zwar mit Abbildungen topologischer Räume wieder in topologische Räume. Unsere Parabel oben gehört eigentlich noch nicht in die Katastrophentheorie, da sie solche einfachen Fälle nicht behandelt. Der einfachste Fall der Katastrophentheorie fängt mit einer Dreier- nicht mit einer Zweierpotenz an. Wir sagen gleich, warum.

Diese Parabel aber ist trotzdem ein schöner Fall eines simplen Bruches. In dieser Form nennt man den Fall eine «Bifurkation»

– *furca* ist lateinisch und heißt: (zwei)zinkige Gabel. Es handelt sich um eine Verzweigung eines Systemverlaufs. Der Verzweigungspunkt, an dem das System sich wesentlich ändert, ist hier in den Nullpunkt des Koordinatensystems gelegt. Auf diesen Punkt kommt es uns an! Wir werden versuchen, «in» ihn hineinzusehen.

Wichtig ist für unseren Zusammenhang: Wenn das System, angetrieben durch externe Parameter (oder Kontrollvariable) α_n, von denen die internen Variablen x_n abhängen, die Abszisse durchläuft, gibt es einen Punkt, nämlich den Nullpunkt (0,0) von α und x, an dem sich eine qualitative Änderung vollzieht. x als Funktion von α hat keinen Wert, wenn $\alpha < 0$, und zwei Werte, wenn $\alpha > 0$. Für einen dieser beiden Werte entscheidet sich das System an der Singularität (0,0), dem Bifurkationspunkt. Die externen Parameter stören also das System und bringen es aus seiner Gleichgewichtslage, was sich in der vollständigen Änderung der Lösungsmöglichkeiten der Gleichungen zeigt; hier von *keiner* Lösung zu schließlich exakt *einer*. Diese eine Lösung repräsentiert wieder eine stabile Lage. Wenn das System in den instabilen Bereich läuft, nennt man es in der Katastrophentheorie degeneriert, sonst nichtdegeneriert. Der degenerierte Teil ist die Katastrophenmenge. Dies ist bei einer komplizierten Katastrophe gut zu erkennen (Abb. 21).

Das Verhalten des Systems kann erfaßt werden, etwa durch einen Vektor V, der sich über die obere Mannigfaltigkeit bewegt. Betrachtet wird die *Abbildung* des Systems S auf die Mannigfaltigkeit K, das Kontrollsystem. Es ergeben sich Singularitäten von Abbildungen, das heißt Funktionen, die an bestimmten Stellen ihres Argumentes nicht differenzierbar sind. Dabei ist die Zahl der externen oder Kontrollvariablen, die interne Variable bestimmen, *wesentlich* geringer als die der letzteren. Übersteigen die Kontrollvariablen nicht die Zahl 4, kann man *beweisen*, daß es genau sieben Katastrophentypen gibt. (Das ist die Leistung von Thom, die wir hier nicht würdigen können.) Bei fünf Kontrollvariablen gibt es genau elf Katastrophen, bei sechs (und mehr) unendlich viele. Für die Anwendung wichtig sind jedoch die sieben grundlegenden Katastrophen.

Auf diese konzentrieren wir uns. Die in Abb. 21 dargestellte Katastrophe nennt man «Kuspe», es ist der zweite Katastrophentyp, der dritte heißt «Schwalbenschwanz»; dies geht so weiter bis zum

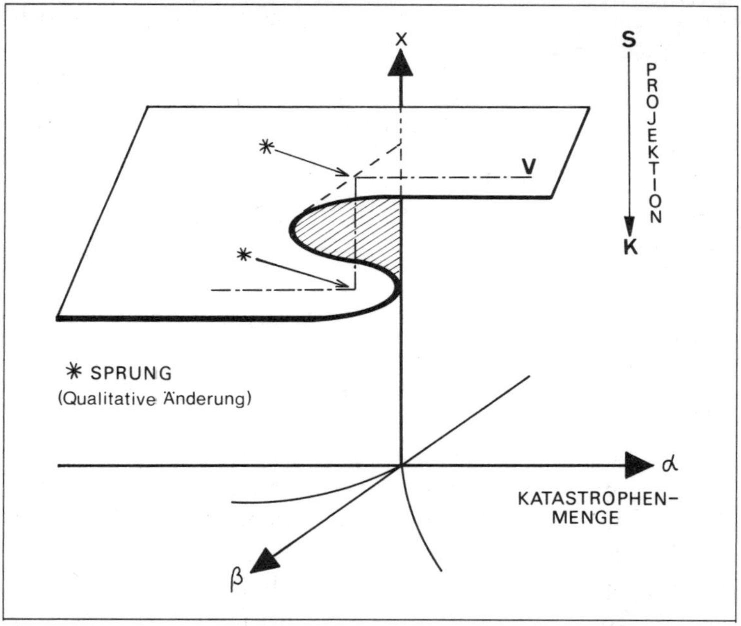

Abb. 21 Kuspenkatastrophe

siebten, dem «parabolischen Nabel». Der Name soll die Form der Katastrophenmenge auf dem Kontrollparameterraum K benennen. Die einfachste Katastrophe heißt «Faltung» (Abb. 22; hier nach der Form des Systems S). Diese Katastrophe hat nur einen Kontrollparameter α (die Kuspe hat schon zwei Kontrollparameter α und β).

Wir erhalten den Katastrophentyp dadurch, daß wir die grundlegende Gleichung * leicht «stören», indem wir einen Störfaktor dazuschreiben. Man nennt das «Entfaltung». Die gestörte Funktion muß «wesentlich anders» aussehen als die ungestörte, ihr «wesentlich unähnlich» sein. Dies ist nicht der Fall bei der Parabel, deswegen behandelt sie die Katastrophentheorie nicht. *Wenn* dies der Fall

* Um deren Herleitung brauchen wir uns hier nicht zu kümmern: Die Variablen x, y... des Systems nehmen zu, ebenso die Potenzen dieser Variablen und die Kontrollparameter natürlich – immer mit steigender Komplexität des Katastrophentyps bis zum siebten und darüber hinaus.

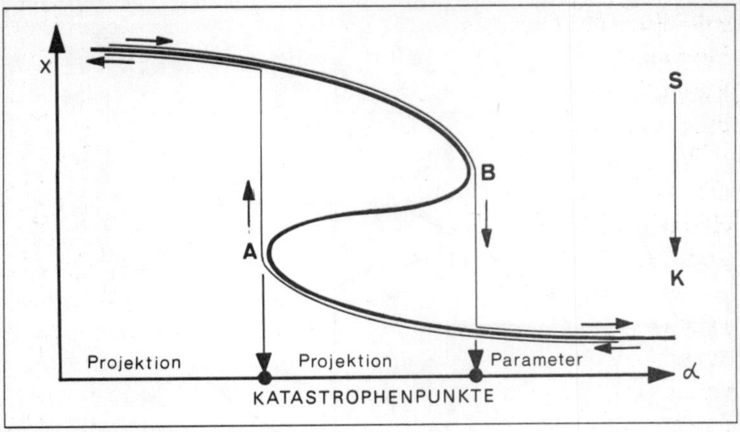

Abb. 22 Faltungskatastrophe

ist (das erste Mal bei der Faltung), muß ich diese Funktionskurve (das System S) auf den Kontrollparameterraum K projizieren, um die Katastrophenmenge zu bekommen. Präziser: Ich projiziere die Extrema der Funktion (bei der Faltung die Punkte A und B) auf die Parameterebene. (Das bewerkstellige ich durch Ableitung und Algebra.) Bei der Faltung habe ich nur eine Parameterlinie, da ich eben nur einen Parameter habe, und die Katastrophenmenge besteht nur aus zwei Punkten, den Katastrophenpunkten.

Hier ist eine terminologische Klärung nötig: Die Punkte, oder die Linien und Flächen der Faltungsränder des Systems S, die man dann projiziert, nennt man normalerweise in der Katastrophentheorie «Singularitätenmenge», die Punkte, Linien oder Flächen der Parameterebene K «Katastrophen- *oder* Bifurkationsmenge». Wir haben also hier drei verschiedene Ausdrücke, von denen die beiden letzteren als bedeutungsgleich betrachtet werden sollen. Dies ist für unseren Zweck ausreichend. Wesentlich ist nur, daß ich eine singuläre Abbildung erhalte – die Faltung, der Knick... des Systems wird in den Rändern auf die Kontrollparameterfläche abgebildet. Keine dieser Flächen und Räume hat einen «Riß», da es sich ja um topologische Räume handelt. Die Bruchstelle entsteht erst in der Projektion – deswegen die Bezeichnung «singuläre Abbildung». Ein topologischer Raum ist ja viel stärker verformbar als ein geometrischeuklidischer, in dem man viel leichter Singularitäten erzeugen kann. Ein topologischer Raum ist auch allgemeiner als ein geometrischer Raum. Diesen erhalte ich durch Spezialisierung, am einfachsten durch eine Metrisierung.

Wir müssen uns jetzt genauer mit dem Begriff der «Stabilität von Objekten» befassen. Objekte werden in diesem Zusammenhang charakterisiert durch «die Werte einer großen Zahl von Variablen, und diese Werte sind permanent Zufallsänderungen ausgesetzt», wie es der Mathematiker Hector J. Sussmann in seinem Aufsatz «Catastrophe Theory» ausdrückt. Aber trotzdem, so fährt er fort, «nehmen wir wahr, daß das Objekt dasselbe bleibt. Dies bedeutet vermutlich: Das Objekt ist stabil in unserem mehr technischen Sinne.» Für diese vorrangig technische Definition der Stabilität ist der Begriff «qualitativ ähnlich» grundlegend. Er wird mathematisch mit Hilfe einer «Äquivalenzrelation» ausgedrückt. Anschaulich gesagt: Durch eine Äquivalenzrelation wird eine vorgegebene Menge in Äquivalenzklassen zerlegt, etwa, wie in jedem Mathematikbuch angeführt, Parallelität von Geraden, Kongruenz von Strekken, Gleichheit in Zahlenmengen, Gleichmächtigkeit von Mengen. Also: Alle Mengen mit zwei Elementen bilden eine Äquivalenzklasse, die man mit einer Kardinalzahl (2) bezeichnet.

Ein Element x eines topologischen Raums T ist *stabil* bezüglich einer Äquivalenzrelation R über diesen Raum, wenn jedes Element der Umgebung V von x R-äquivalent zu x ist (Abb. 23).

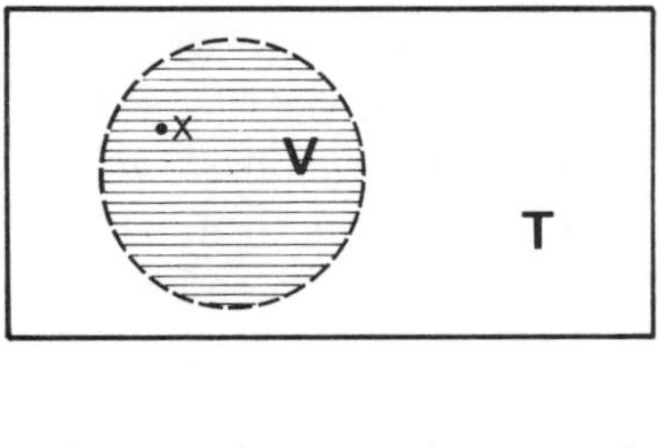

Abb. 23
Umgebung in einem topologischen Raum

Auf S. 156 haben wir diese Definition schon angedeutet. Hier ein Beispiel: Das Element x des topologischen Raums möge viereckig sein. Dann ist es stabil bezüglich Viereckigkeit, wenn jedes andere Element, das sich in seiner Nähe befindet, auch viereckig ist. Die ganze Umgebung ist also gekachelt, und keine Kachel ist achteckig oder rund oder sonstwie geformt – alle sind viereckig. Eine Umgebung von x ist eine offene Teilmenge, das heißt eine Menge ohne Randpunkte des topologischen Raums, die x enthält. (Zwei Objekte sind qualitativ ähnlich, wenn sie in dieser Äquivalenzklasse liegen. In unserem Beispiel: Sie sind bezüglich ihrer Viereckigkeit ähnlich – keineswegs müssen unsere Vierecke die gleiche Größe haben. Deswegen der Ausdruck «qualitativ ähnlich».) Die Menge der *instabilen* Elemente des topologischen Raums ist die Katastrophenmenge, also die Kacheln, die achteckig oder rund oder sonstwie geformt sind. (Eine *Funktion* ist instabil, wenn jede Funktion in beliebiger Nähe * zu ihr wesentliche Eigenschaften von ihr nicht hat.)

Damit haben wir – in einem qualitativen Sinne – die für unsere Frage wichtigen Punkte der Katastrophentheorie dargelegt. Alle weiteren Komplikationen (und natürlich die hier fehlenden Beweise) fügen dem Prinzip nichts Wesentliches hinzu.

Was erfahren wir nun über den Mechanismus der Entstehung einer neuen Form? Es wird uns gesagt, daß mit dem Durchlaufen eines Instabilitätsbereiches die qualitative Änderung eines Systems eintritt in dem Sinne, daß es aus einer Äquivalenzklasse herausläuft. Die Äquivalenzrelation hängt in jedem spezifischen Fall von der Klasse der Objekte ab, die jeweils konkret untersucht werden.

Was *genau* passiert *in* der Katastrophenmenge während der Katastrophe? Wie verhält sich ein System präzise vor dem Bifurkationspunkt? Welche positive Abbildung ließe sich dem Objekt vor und nach der qualitativen Änderung zuordnen? Die Katastrophentheorie berücksichtigt zwar singuläre Abbildungen, aber sie sagt nur, *daß* ein Bruch entsteht, und klassifiziert Typen von Brüchen. Doch macht sie keine Aussagen darüber, *wie* er zustande kommt. Sie sagt nichts über die interne Form des Bruches, nichts Genaues über den Abbildungstypus zwischen Vor- und Nachzustand.

Könnten wir nicht *im mathematischen Modell* mehr darüber er-

* «Beliebig nahe» heißt: die Stammfunktion plus einem Störfaktor, denn dieser verändert die Ausgangs- oder Stammfunktion leicht – oder eben wesentlich. Die veränderten Ausgangsfunktionen sind gemeint, wenn man von den «Funktionen in beliebiger Nähe zu ihr» spricht. Der Störfaktor kann sehr klein sein – manche Funktionen verändert er, manche nicht.

fahren? Mehr darüber, was in einer Feineinstellung vor sich geht, wenn eine neue Eigenschaft entsteht, eine neue Form emergiert – wenn sich Kugel zu Torus wandelt? Ist die Topologie zu grobrastig – oder liegt es an der Mathematik überhaupt, daß wir diese Fragen vielleicht nicht beantworten können?

Für die Topologie sind alle Körper gleichen Geschlechts (vgl. das Ende des Abschnitts «Die Paradoxa der Bewegung und der Emergenz», S. 139) äquivalent – sie unterscheidet zwischen ihnen nicht. Aber es ist auch keine Abbildung zwischen Körpern verschiedenen Geschlechts definiert. Wir erfahren also nicht allzuviel über unser Hauptproblem der Emergenz: Wie entsteht eine neue Form? Denn wir würden ja gern wissen, wie sich die Kugel (Geschlecht 0) zum Torus (Geschlecht 1) wandelt.

Vielleicht verlangen wir zuviel von einer Emergenztheorie? Wir werden auf dem Weg der Ausgrenzung und Begutachtung von Theorien und Phänomenen die Gültigkeit und Reichweite einer Theorie der Emergenz prüfen. Wir sollten sowohl in der Lage sein, zwischen Formen zu unterscheiden, die topologisch äquivalent sind, ohne an zu strenge Einschränkungen der Geometrie gebunden zu sein, als auch eine Verbindung herzustellen zwischen Formen, für welche die schwächste «Äquivalenzrelation» – eben die topologische – nicht gilt. Die Fische mit je verschieden verzerrtem Koordinatennetz sind topologisch äquivalent, nicht jedoch geometrisch. Wir sollten immer eine geometrische Abbildung finden können, das heißt, das Koordinatennetz nicht völlig willkürlich verzerren. Aber das nützt uns nicht viel, denn es ist nichts wesentlich Neues entstanden. Die Geometrie ist zu speziell, denn es handelt sich schon um einen *völlig* metrisierten Raum. Wir bräuchten die Universalität der Topologie plus einem feineren Raster, welches aber noch keine Metrisierung beinhalten dürfte.

Zwischen der Kugel und dem Torus gibt es keinen Übergang ohne einen «Riß» (ein Loch). Wir suchen also eine Abbildung, die mindestens einen Riß verträgt.

Die Topologie allein ist somit für unseren Zweck zu grob. Wie steht es aber mit dem zweiten, weitergehenden Teil unserer obigen Frage? Kann die Mathematik prozessuale Phänomene wie Emergenz angemessen darstellen? Schon einmal haben wir diese Frage vorläufig mit «Nein» beantwortet – und dies scheint sich zu bestätigen. Mathematik befaßt sich mit *Strukturerhaltung* (zum Beispiel mit strukturerhaltenden Abbildungen) und größtenteils mit *Abgeschlossenheitskriterien* bezüglich eines Gegenstandsbereiches (zum Beispiel bezüglich einer Verknüpfung von Elementen einer Gruppe; im allgemeinen heißt das: wenn die Elemente eines Gegenstandsbereiches einer Operation unterworfen wurden, bleiben sie *in* demselben); sie hat einen Hang zur *Kontinuität* (Mächtigkeit der Menge der reellen Zahlen – benutzt zum Beispiel in der Topologie, Funktionstheorie, Wahrscheinlichkeitstheorie, im Infinitesimalkalkül etc.). Hinzu kommt noch ein Hang zur *Linearität*. (Hierbei muß man vorsichtig sein: Nichtlineare Differentialgleichungen sind eben schwer lösbar. So greift man oft zur linearen Annäherung. Auch in der Konstruktion von abstrakten Räumen spielt die Linearität die Hauptrolle, sie bedeutet hier insbesondere eine Einschränkung hinsichtlich der Verknüpfung.) Zuletzt ist die Mathematik wesentlich *zeitlos* (es gibt in ihr keine Vorgänge, nur Strukturen; wir gehen darauf ein im Kapitel «Über die Bewegung»).

Unter diesen Bedingungen ergeben sich in der Mathematik zwei Wege, wie man Prozesse (Evolution, Emergenz) zu behandeln hat:

1. Morphismen (ganz im allgemeinen strukturerhaltende Transformationen) werden kombiniert oder iteriert, um die Rigidität der Strukturerhaltung abzuschwächen.

2. Man zeigt, daß bestimmte Strukturen bestimmte Bedingungen *nicht* erfüllen, ohne positive Aussagen über das Komplement der Erfüllung zu machen.

In beiden Fällen wird der Bezug auf den *eigentlichen* Gegenstandsbereich abgeschnitten; das Ergebnis ist immer ein stabiler quasi-platonischer Rahmen für instabile prozessuale Phänomene. Zum Beispiel ist die Mengenlehre – trotz aller Verbesserungen und Verfeinerungen von Russell, John von Neumann, Fraenkel, Zermelo, Quine – immer noch eine metaphysische Theorie im Sinne ihres Begründers Georg Cantor, der an Pater Esser schreibt: «Die allgemeine Mengenlehre... gehört durchaus zur Metaphysik... Hieran wird durch die Bilder nichts geändert, deren ich mich gelegentlich, wie es alle Metaphysiker tun, zur Klarlegung metaphysischer Begriffe bediene, und auch der Umstand, daß die unter meiner

Feder noch stehende Arbeit in mathematischen Journalen herausgegeben wird, modifiziert nicht den metaphysischen Charakter und Inhalt derselben.»

Cantor mag eine etwas andere Metaphysik im Auge gehabt haben als die, welche man gemeinhin unter diesen Begriff faßt; aber Metaphysik bleibt Metaphysik, und das nicht zufälligerweise in der Mengenlehre: In ihr tritt letztlich eine Ontologie auf, die allem, was ist, eine einfache Ordnung aufprägt, das heißt, sie stanzt abstrakte Entitäten – arrangiert wie Matrjoschka, die russische Puppe in der Puppe in der Puppe... – aus einer Wirklichkeit aus, die sich eigentlich durch aktuale Prozesse in natürlichen Zusammenhängen konstituiert.

Nun gibt es in der modernen Mathematik einige Versuche, diesem Mangel an Konkretheit abzuhelfen, um eine «naturalisierte» Mathematik zu erhalten. Wir können an dieser Stelle darauf nicht eingehen – einige annehmbare Resultate haben wir implizit benutzt –, aber nach den Grundsätzen der «traditionellen» Mathematik, die immer noch die strukturelle Essenz der Mathematik als solcher ist, geraten diese Versuche meist in Gefahr, entweder selbstwidersprüchlich zu werden oder so vage zu sein, daß man sie nicht formalisieren kann. In der traditionellen Mathematik ist eine nicht zu vernachlässigende Stabilitätsstufe des Wissens (überhaupt?) erreicht; sogar Alfred North Whitehead, der Prozeßphilosoph, mußte sich auf seine «ewigen Objekte» stützen, um die totale Auflösung allen Wissens zu verhindern. Heraklit ohne einen Schuß Platon zerfließt – da hatte Heraklit schon selbst vorgesorgt: Alles fließt, aber wird gelenkt vom *logos*, dem Weltgesetz. Das Gesetz stabilisiert den Fluß.

Wir müssen vorsichtig sein bei dem Versuch, eine neue Mathematik zu entwerfen, stoßen wir dabei doch an eine absolute Grenze der Begriffsbildung. Scheinbar oder anscheinend? Die Beantwortung dieser Frage überfordert uns (im Augenblick). Wir werden uns daher dem weniger fundamentalistischen, eher realistischen Teil unserer Frage zuwenden. Wir fragen: Welche Art der Mathematik ist denn angemessen, um Emergenz zu behandeln? Wir lassen dahingestellt, ob die Begriffsbildung der Mathematik überhaupt zu statisch und abstrakt für eine endgültige Theorie der Emergenz ist. Um in unserer Frage weiterzukommen, sehen wir uns zwei grundlegende Insuffizienzen der allerorts verwendeten Mathematik – der Theorie der gewöhnlichen Differentialgleichungen – an. Worum geht es? Wir stützen uns noch einmal auf den Problemaufriß des Mathematikers Sussmann. Mit der Theorie gewöhnlicher Differentialgleichungen lassen sich Systeme, die inhärent für einige Zeit stabil, keinen wesentlichen Änderungen unterworfen sind, sodann jedoch abrupt einen strukturellen Bruch erleiden, plötzlich in eine Instabilitätsphase hineinlaufen, nicht einfach und dem Problem adäquat darstellen. Wohlgemerkt – es geht schon, aber eher unnatürlich, denn entweder das System ändert sich dauernd oder aber es ist, wenn für kurze Zeit konstant, immer konstant, bis es *von außen* gestört wird. Dies folgt aus der Theorie und dem Ansatz gewöhnlicher Differentialgleichungen. Dies ist Punkt A. Zum anderen entsteht die noch grundlegendere Schwierigkeit, eine große Zahl von (mikroskopischen) Variablen – oft nicht vom selben Typ – in wenige (makroskopische) Variable zu «aggregieren» – wir versuchen sozusagen, Äpfel und Birnen zusammenzufassen, und kommen nicht zum Obst. Dies ist Punkt B.

Man kann Emergenz mathematisch darstellen, indem man die Entstehung einer Singularität (Punkt A) in einem komplexen System (Punkt B) beschreibt. Aber die Theorie der gewöhnlichen Differentialgleichungen ist unzureichend. Nun bietet sich noch eine andere Theorie an, deren Vertreter behaupten, genau für das eben aufgeworfene Problem *die* Rechentechnik zur Lösung entwickelt zu haben; es ist die *Synergetik*.

Die der Katastrophentheorie zugrunde liegende Mathematik ist die Differentialtopologie, das heißt die Theorie differenzierbarer Mannigfaltigkeiten. Ein paar Seiten vorher haben wir uns damit befaßt. Die Mannigfaltigkeiten, von denen wir sprachen, unterliegen noch einer Bedingung: Sie müssen differenzierbar sein. Vereinfacht ausgedrückt: Sie dürfen keine verborgenen Risse oder scharfen Knicke enthalten – Faltungen zum Beispiel sind erlaubt.

Die Synergetik kann mathematisch sowohl mit kontinuierlichen als auch mit diskreten Gleichungen formuliert werden. Hermann Haken denkt sogar an die Möglichkeit einer topologischen Fassung von Instabilität und Emergenz, freilich muß er anderes im Auge haben als Thom, denn die Katastrophentheorie erweist sich nach

Haken als nur unter sehr eingeschränkten Bedingungen gültig. Sie ist nur gültig, wenn das System einem Potential unterliegt, das heißt, wenn es von einer Kraft angezogen wird, die immer vom selben Punkt ausgeht, welchen Weg es auch nimmt. Wenn wir eine Kugel irgendwo vom Rand einer Schüssel ins Innere rollen lassen, ist die Erdanziehung ein Potential.

In der Synergetik – wie ja auch im eigentlichen Gleichungsteil der Katastrophentheorie – wird die Sukzession der Form (A → E in System Z) nicht *direkt* durch Strukturbildung illustriert, sondern *indirekt* auf der Gleichungsebene repräsentiert. Analog der Katastrophentheorie geht es immer um einen Bruch der Symmetrie, und zwar im wesentlichen dargestellt durch den Symmetriebruch im Lösungsraum von Gleichungen. Wir werden diese Vorgehensweise im folgenden sehr vereinfacht vorführen, jedoch so, daß ihr Kern sich deutlich zeigt.

Die Synergetik gehört, wie zu Beginn dieses Kapitels erklärt, zu den Theorien, die in die Breite gehen. Ihr Erfolg muß darin liegen, eine einheitliche Rechenmethode auf inhaltlich-material völlig verschiedene Systeme anzuwenden und zu zeigen, wie neue Strukturen aus alten über Instabilitätspunkte (Symmetriebrüche) hervorgehen. Im Gegensatz zur Katastrophentheorie ist ihre Methode auf emergente *Selbstorganisation* zugeschnitten. Selbstorganisierende Systeme unterliegen oft keinem Potential – sie gelangen zu ganz verschiedenen Punkten mit je verschiedenen Wahrscheinlichkeiten auf ganz verschiedenen Wegen. Sie schaffen sich oft ihre Zielpunkte selbst.

Hakens allgemeines Schema sieht folgendermaßen aus: Eine alte Struktur, beschrieben durch nichtlineare Evolutionsgleichungen mit internen Variablen (Moden) und externen Parametern (Kontrollparametern), wird instabil durch Änderung der Kontrollparameter (zum Beispiel Fluktuationen), wobei eine große stabil bleibende Anzahl der internen Variablen durch eine sehr geringe Auswahl von instabil werdenden internen Variablen ausgedrückt werden kann: durch die Ordnungsparameter. Bildlich gesprochen: Die instabilen Moden versklaven die stabilen (und derselbe Typ dieser Gleichungen gilt für völlig verschiedene Systeme). Es entsteht eine neue Struktur, das heißt, die wenigen übrigbleibenden Moden, die als Ordnungsparameter fungieren, beschreiben eine neue makroskopische Konfiguration.

Das Anfangssystem, zusammengesetzt aus sehr vielen Untersystemen, hat – so Haken – eine homogenere Struktur als das schließlich emergierte Endsystem; die Symmetrie ist gebrochen. Nehmen wir an, wir haben zwei verschiedene Systeme A und B, und A erteilt B durch eine Kraft F «Befehle». A bewirkt also eine Zustandsänderung in B, und zwar so, daß B sofort reagiert: Wenn A sich in $t = 1$ ändert, dann ändert sich B in $t << 1$ (lies: «viel kleiner»); wenn A «abgeschaltet» wird, «dämpft» sich B in seinen Ausgangszustand. A organisiert B. Fassen wir jetzt A und B zusammen zum Gesamtsystem AB, so daß die Kraft F dem *Gesamtsystem* intern ist, dann organisiert sich AB selbst. Sowohl A als auch B lassen sich jeweils mit einer Zustandsgleichung beschreiben; die obigen Reaktionsbedingungen bleiben gültig. (Die Zustände sind durch Variablen q_n – Moden – charakterisiert, die den Zeitverlauf beschreiben und auf die die äußeren oder Kontrollparameter wirken. Dies wird innerhalb des Systems so ausgedrückt, daß man die q_n mit den Kontrollparametern l verbindet, die zum Beispiel Amplituden verkörpern.) Wenn wir Wasser kochen, können wir den Zustand des Wassers durch Variablen beschreiben, die – sagen wir – den Druck oder Flüssigkeitsverlauf symbolisieren. Wir erhöhen den Kontrollparameter – die Hitze der Kochplatte –, und eine neue Struktur entsteht. Vor dem Instabilitätspunkt (100 Grad) war das Wasser ruhig, danach brodelt es, und viel Dampf steigt auf.

Wenn $l < 0$, nimmt das System, das hier einem Potential V unterliegt, eine stabile Lage (a) ein, bei $l = 0$ liegt ein Instabilitätspunkt, nach dessen Durchlaufen das System eine Möglichkeit bei $l > 0$ auswählt (Abb. 24).

Die Variablen machen das System stabil oder instabil, je nach Größe von l, mit dem sie verbunden sind.

Die Pointe ist nun diese: Abb. 24 zeigt Fälle, in denen nur *ein* Freiheitsgrad existiert. Die behandelten Systeme sind jedoch, wie erwähnt, dadurch gekennzeichnet, daß man sie als komplexe Systeme nur mittels *vieler* Variablen (zum Beispiel Vielteilchensysteme) beschreiben kann. Wir haben also ein ganzes Gleichungssystem. Das Problem entsteht, diese Komplexität zu reduzieren.

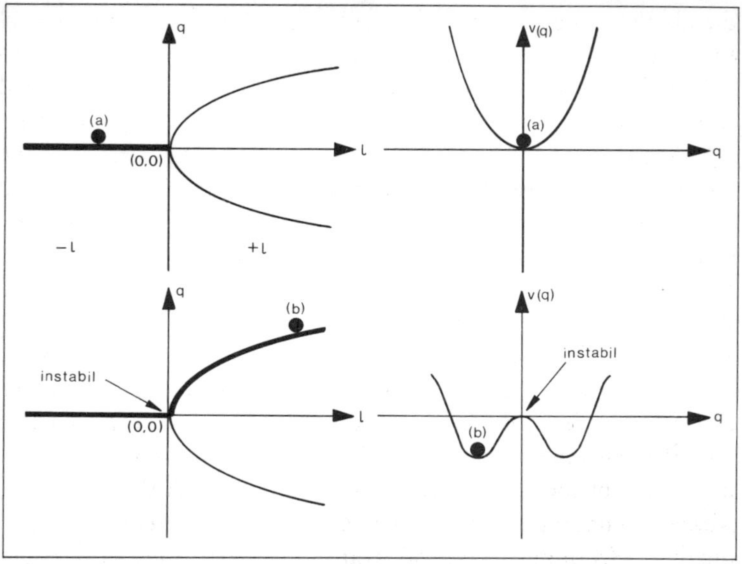

Abb. 24

Es gibt einen mathematischen Trick, über den wir kurz berichten wollen: Man kann die stabilen Variablen direkt durch die instabilen (Ordnungsparameter) ausdrücken. Dabei zeigt sich, daß viele stabile und wenig instabile vorkommen; der stabile Teil B folgt dem instabilen Teil A «unmittelbar» – A hat B versklavt, wie sich Haken ausdrückt. Dadurch wird die Komplexität (werden die Freiheitsgrade) reduziert und der *neue Zustand*, ausgedrückt durch die Ordnungsparameter, hergestellt.

Ein Beispiel: Man kann einen Laser durch q_n = angeregte Atome beschreiben, die Photonen mit Wellenlänge l aussenden; der Kontrollparameter ist die zugeführte Energie. In schwach angeregtem Zustand (das heißt bei geringer Energiezufuhr) haben wir einen stabilen, ungeordneten und homogenen Zustand in dem Sinne, daß die Photonen alle möglichen Wellenlängen annehmen (Abb. 25).

Steigern wir die Energiezufuhr. Von einer gewissen Energiestufe an erreicht der Laser einen Instabilitätspunkt. Die Energiezufuhr als äußere Fluktuation läßt den Laser – gemäß Randbedingungen –

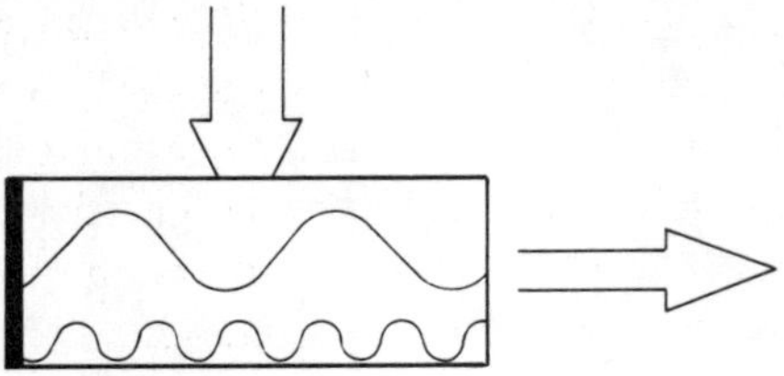

Abb. 25 Schema eines Lasers vor Laserschwelle

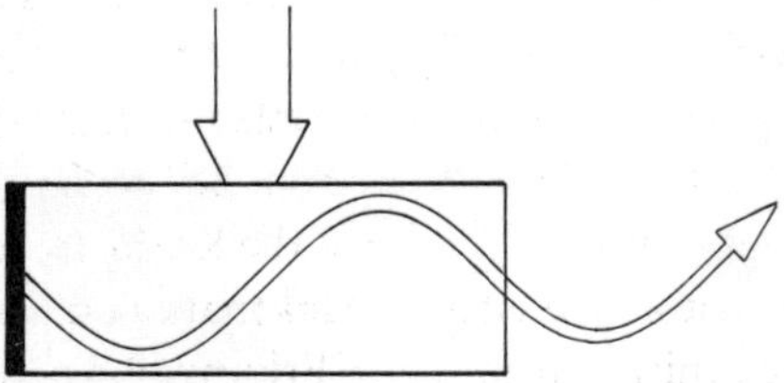

Abb. 26 Schema eines Lasers nach Überschreiten der Laserschwelle

eine Wellenlänge, das heißt ein q(l), auswählen (Abb. 26). Der Laser ist durch verspiegelte Endflächen begrenzt – die rechte Laser-Endfläche (hier im Bild) ist halb verspiegelt. «Die Spiegel», schreibt Hermann Haken in seinem Buch ‹*Synergetik*›, «sorgen für eine Selektion der Wellenzüge: Solche, die sich in axiale Richtung ausbreiten, werden mehrere Male zwischen den Spiegeln reflektiert und halten sich länger im Laser auf, während ihn andere sehr schnell verlassen.»

Ein neuer Zustand ist erreicht; alle anderen Atome schwingen nach der selektierten Wellenlänge – sie hat die Versklavungsfunktion –; die Atome folgen ihr. Und das bedeutet auf der Gleichungsebene: Die vielen anderen Atomschwingungen werden ausgedrückt durch die eine Schwingung.

Die versklavten Moden schwingen so langsam, daß wir ihre Schwingungsfrequenz fast gleich Null setzen dürfen. Dies ist die Voraussetzung dafür, daß die versklavenden Moden eingreifen und gewinnen, die langsamen zum Mitschwingen zwingen können.

Wenn wir eine genaue Interpretation der q_n haben, können wir sagen, welche *Klasse* neuer Phänomene am behandelten System mit welcher Wahrscheinlichkeit auftritt; unmöglich dagegen ist es, vorherzusagen, welche *einzelne* neue Eigenschaft tatsächlich emergiert – in unserem Laserbeispiel: welche Wellenlänge (Mode) sich herausselektiert. Dies ist irreduzibel zufällig. Die Klassifikationsmöglichkeiten treffen freilich nicht unfehlbar zu. Im Gegenteil: Nur unter bestimmten Bedingungen und nur bezüglich bestimmter Systeme lassen sich überhaupt solche Klassifikationen aufstellen; oft kann man das Spektrum neuer Eigenschaften auch erst im nachhinein aufstellen, wenn man schon weiß, welche neue Eigenschaft aufgetreten ist. Alles hängt jeweils vom speziellen System ab.

Sind wir in der Behandlung des Emergenzproblems weitergekommen? Nun ja, neue Aspekte sind hinzugetreten: Selbstorganisation (es gibt kein globales Stabilitätskriterium – die Kräfte lassen sich nicht aus einem Potential ableiten); Fluktuationen (als «Anfangsstoß» für Selbstorganisation und zur Erkundung neuer Zustände); Klassifikation (manchmal möglich vor dem Instabilitätspunkt: etwa Eigenschaften des Laserlichts unter bestimmten Randbedingungen).

Das ist viel. Was können wir damit anfangen?

Unser Kugel/Torus-Modell kann als vereinfachte Form eines Zeitabschnittes der Morphogenese aufgefaßt werden. Betrachten wir den Vorgang der Zelldifferenzierung einer zweidimensionalen Zellschicht, deren Längen L_1 und L_2 vorgegeben sind (Abb. 27).

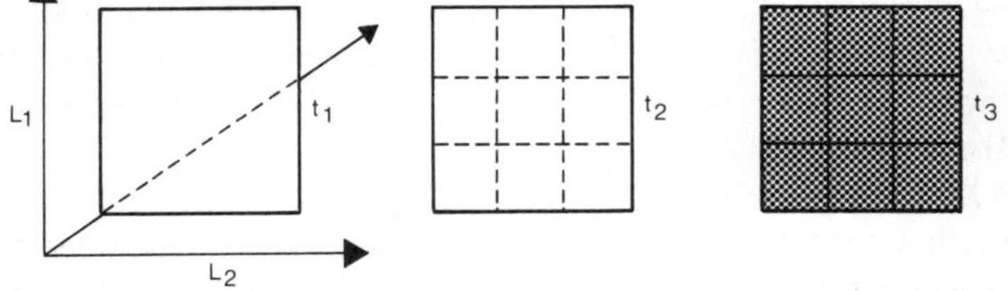

Abb. 27 Zelldifferenzierung

Die Raumsymmetrie wird während dieses Vorgangs gebrochen. Spezifische Aktivator- und Inhibitorsubstanzen führen zur Bildung von «Einschnürungen» (und damit von Zellen). Dabei kann auch ein «Loch» entstehen (Abb. 28).

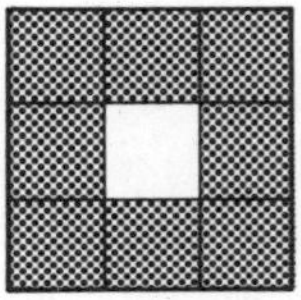

Abb. 28

Im Modell könnte ein «Loch» in diesem Fall einfach ein undifferenzierter «Fleck» sein, den die große Konzentration des Inhibitors an dieser Stelle ließ beziehungsweise *nach Ausdifferenzierung wieder bildete*. Wir sehen dann die undifferenzierte Fläche als «leer» an.

Die Entwicklung der Zellfläche ist von der Lage und der Konzentration der Substanzen abhängig. Diese Konzentration mag wiederum von einem äußeren Kontrollparameter (zum Beispiel Fluktuationen) teilweise abhängen; teilweise induzieren sich die Substanzen selbst.

Unter diesen Vorgaben läßt sich der Vorgang synergetisch beschreiben: *Pars pro toto* haben wir nun neun Zellen, die einigermaßen gleichmäßig «stabilisiert» sind, zum Beispiel durch ein Gleichgewicht zwischen Aktivator und Inhibitor. Nach Überschreiten einer kritischen Schwelle der Inhibitorkonzentration in diesen Zellen wird das System instabil (Abb. 29).

In der Mitte ist nicht die Inhibitorkonzentration aufgetragen (die Zelle müßte sonst völlig schwarz sein), sondern das *räumliche* Loch. (Das obige Beispiel ist ein Spezialfall der Theorie zellulärer Automaten.)

Man kann nach Haken sämtliche internen Variablen (Moden) durch den Ordnungsparameter ausdrücken: Die stabilen Moden werden bei der Beschreibung eliminiert; nur noch die Bewegung (Konzentration) der instabilen Moden, die die Ordnungsparameter

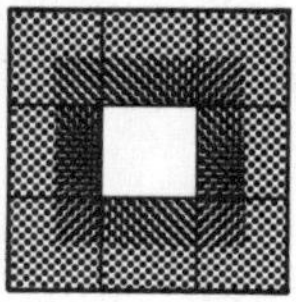

Konzentration
des Inhibitors:
Neun Zellen

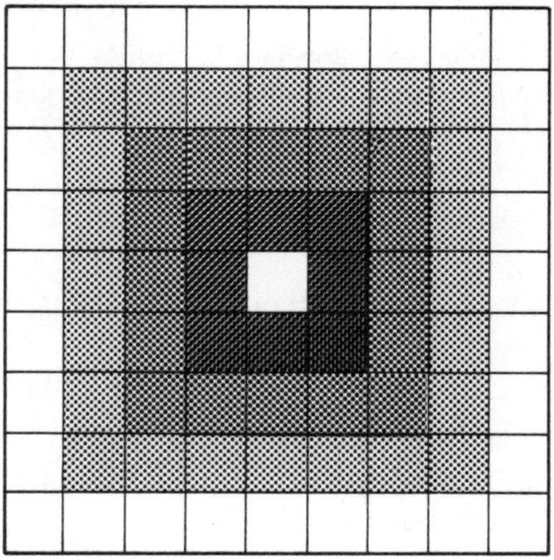

Größere Anzahl
von Zellen

Abb. 29

bilden, ist von Belang. Haken: «Deren Kooperation und Wettbewerb bestimmen... welche Muster entstehen können», zum Beispiel auch ein ganzes Löcherfeld. Die Übertragung auf den dreidimensionalen Fall in der Form Kugel/Torus bereitet natürlich keine prinzipiellen Schwierigkeiten. Wir erinnern an die Bilder S. 136f, die der Beschreibung des direkten physikalischen Vorgangs ohne Rücksichtnahme auf mathematische Modellbildung dienten. Aber das ist der Punkt: Uns interessiert eine allgemeine Theorie der Emergenz, die präzise zeigen soll: Was passiert beim emergenten Schritt? Wir wollen das Problem nicht trivialisieren und physikalisieren – unser Kugel/Torus-Modell ist *allgemein* und *abstrakt*. Es kann sich freilich erweisen, daß eine solche Theorie nicht existieren kann, weil allgemeine Lösungen – wie Haken bezüglich der Selbstorganisation sagt – nicht existieren, sondern nur Lösungen beschränkter Klassen von Gleichungen. Man ist dann immer an eine spezielle Interpretation gebunden. Erinnern wir uns noch einmal an das Modenkonzept: Die Moden, unter denen ausgewählt wird, werden *vorausgesetzt*. Zwar entstehen durch Versklavung vorhandener Moden neue Systemeigenschaften, aber *wie* das genau am

Bifurkationspunkt geschieht und in welchem Verhältnis der alte zum neuen Zustand steht, wird nicht gesagt.* Haken bildet die alte Struktur nicht in die neue ab – dazu müßte er seinen Hinweis auf eine topologische Variante seiner Synergetik ernster nehmen.

Emergenz und strukturelle Stabilität

Versuchen wir einen Neuansatz vor dem Hintergrund dessen, was wir bisher dargestellt haben. Wir sahen die Grenzen der Begriffsbildung – die *speziellen* Grenzen innerhalb der Modellprojektionen – von Theorien, in deren Gegenstandsbereich emergente Phänomene fallen. Wir sahen auch, daß die Problematik der Emergenz sich genau in dem *Zwischenbereich* der Grenzen spezieller und allgemeiner wissenschaftlicher Begriffsbildung bewegt und ihre Fragen aufwirft: Wenn Wissenschaftlichkeit an Mathematisierbarkeit gebunden ist und wenn es sich um die Grenzen der Mathematik (überhaupt) handelt, wie besprochen – dann geht es um die Grenzen wissenschaftlicher Begriffsbildung im allgemeinen. Wenn jedoch Begriffsbildung in der Wissenschaft nicht an Modellbildung gekoppelt wäre oder wenn die Grenzen der mathematischen Begriffsbildung, die sich bezüglich der Emergenz zeigen, nicht die von der Grundkonzeption und dem Gesamtentwurf der Mathematik als solcher bestimmten und geforderten wären, sondern nur ganz spezielle Defekte und Desiderate einer statischen Fundamentalinterpretation und Anwendung der Mathematik erkennen ließen, die sich möglicherweise durch Einführung neuer Begriffe änderten (sich vielleicht einer neuen Mathematik des Prozesses näherten), dann geht es um die Grenzen wissenschaftlicher Begriffsbildung im speziellen, nämlich der Mathematik, ja bestimmter Disziplinen der Mathematik.

* Vgl. zu diesem Punkt: Marie-Luise Heuser-Keßler, ‹*Die Produktivität der Natur*›.

Welch gewaltiges Unterfangen, diese neue Mathematik, die schon konzipiert wird, an der man schon arbeitet. In diesem Neuland geht es um Maß, Zahl und Dimension: «*A mathematical study of form must go beyond topology*» – eine mathematische Untersuchung der Form muß über die Topologie hinausgehen, so Benoit Mandelbrot, der «Erfinder» der Fraktale, der Formen gebrochener Dimension.

Dies ist für unser Problem «Wie entsteht eine neue Form?» von großer Bedeutung. Aber wir müssen vorsichtig sein – wir dürfen nicht *Form* und *Struktur* verwechseln. Form ist konkrete Struktur, Ordnung der «Wirklichkeit», gestiftet durch Abbildung, Projektion der Struktur auf diese «Realität». Wir lesen dann an der Struktur ab, was die Form ist – was sie sein mag. Erreichen werden wir sie nie.

Damit geraten wir schon wieder in ein Dilemma. Ein neues Hindernis, ein Stolperstein auf dem Weg zu einer Theorie der Emergenz. Das nachfolgende Gespräch zwischen einem konservativen und einem... na gut, sagen wir: revolutionären Physiker hilft uns, diesen Weg zu betreten, ohne auf die Nase zu fallen. Es führt uns vor das Tor, vor dem ein Wächter steht. Der ist unbestechlich. Hinter diesem Tor ist wieder ein Tor mit einem Wächter, der ist mächtiger noch als der erste. Dieser kann den Anblick des dritten – es gibt noch einen dritten, einen vierten... – kaum ertragen. Wenn wir vor dem ersten Tor stehen, haben wir die anderen vergessen. Das erste Tor soll sich öffnen:

HERR H.: Ach... Guten Tag. Wie geht es Ihnen? Lange nicht gesehen. Sie haben sich gar nicht verändert.

HERR K. (erbleicht): Oh.

HERR H.: Nur nicht aus dem Gleichgewicht geraten, Sie *könnten* sich ja noch verändern.

HERR K.: Wenn *Sie* es sagen... Ich fühle mich trotzdem ganz wohl. Nur manchmal überkommt mich eine leichte Unpäßlichkeit.

HERR H.: Besonders bei meinem Anblick.

HERR K.: Da täuschen Sie sich. Ich habe persönlich nichts gegen Sie. Mir ist nur unverständlich, was Sie treiben: Sie nennen es Physik, ich nenne es... anders.

HERR H.: Raus mit der Sprache.

HERR K.: Wie gesagt, ich habe persönlich nichts gegen Sie.

HERR H.: Herr K., werden Sie nicht komisch...

HERR K.: Was heißt hier «werden»?...

HERR H.: Daß «werden» für Sie ein Fremdwort ist, weiß ich schon lange. Für Sie heißt «werden» einfach der Übergang von einem Gleichgewicht zu einem anderen. *Das* nennen *Sie* Physik. Ich nenne das... einen Zustand.

HERR K.: Schauen Sie, die Physik ist im Grunde eine Wissenschaft, die nur unter sehr speziell definierten und eingeschränkten Bedingungen gilt. Je mehr man den Bereich der Physik einschränkt, desto eingeschränkter gelten ihre Gesetze: Sie sind dann zum Beispiel nicht mehr universal gültig, wie etwa der zweite Hauptsatz der Thermodynamik universal gültig ist...

HERR H.: Mal langsam...

HERR K.: ...für abgeschlossene Systeme: Formulieren wir ihn mal so: Was in einem Kasten passiert, der gegen Materie- und Energieaustausch abgeschlossen ist, das wissen wir genau – nämlich gar nichts.

HERR H.: Der Gleichgewichtszustand ist ein Attraktor, er definiert eine universal gültige Potentialbedingung, wollen Sie sagen.

HERR K.: So kann man das auch ausdrücken. Also schön. Folgendes: Was aber in einem Kasten vor sich geht, in den man zum Beispiel Energie hineinpumpt, das wissen wir weniger genau. Da kann nämlich eine ganze Menge passieren. Auf jeden Fall haben wir kein universal gültiges Kriterium für diese «ganze Menge»...

HERR H.: Fern vom Gleichgewicht gilt keine universale Potentialbedingung.

HERR K.: Sie sagen es. Auf deutsch: Es passiert immer etwas anderes. Je nach der Höhe der hineingepumpten Energie kann das System instabil werden – sich zum Beispiel aufspalten –, dann einen stabilen Zustand anstreben, aber welchen? Das hängt ab von der früheren Aufspaltung. Das ist spezifisch. Hängt von den Anfangsbedingungen ab.

HERR H.: Sicher. Wo auch immer Sie eine Murmel an die Innenwand einer Schüssel drücken – wenn Sie sie loslassen, rollt sie auf den Schüsselboden. Schlagen Sie jedoch von unten gegen die Schüssel – was dann passiert: ob die Schüssel entzweigeht, wohin die Murmel fliegt – *it depends.*

HERR K.: Ohn viel Tand und Gleisnerei: Das konservative System verhält sich wie ein Dummkopf, dem eine schwierige Frage gestellt wird. Das offene System wie der Schlaukopf, wenn der Dummkopf die Frage auf einmal beantwortet.

HERR H.: Sie verstehen es besser als ich, den gebildeten Laien anzusprechen, mein Herr. Aber eine Frage: Sie haben Probleme. Wo tut es Ihnen weh?

HERR K.: Das ist einfach zu beantworten: Der Schlag auf die Schüssel fällt aus der Physik heraus.

HERR H.: Sie meinen, was *genau am* Instabilitätspunkt, was *exakt während* der Bifurkation geschieht, ist physikalisch nicht zu beschreiben?

HERR K.: Genau das.

HERR H.: Meinen Sie, daß dies eine Folge der Nichtuniversalität ist?

HERR K.: Führen Sie mich nicht aufs Glatteis. Natürlich gibt es eine eingeschränkte Universalität an kritischen Punkten in Systemen, fern vom Gleichgewicht. Aber wir brauchen hier Gott sei Dank nicht ins einzelne zu gehen. Diese Universalität zeigt eigentlich immer nur, daß irgendwelche Größen auseinandertreiben (divergieren, wie der Lateiner zu sagen pflegt), daß Berechnungsmethoden versagen, daß Parameter sich qualitativ stark ändern etc. Irgend etwas gilt halt nicht. In dem Sinne haben Sie sogar recht mit Ihrer Frage.

HERR H.: Sie übertreiben ein wenig. Erstens kann man die Größen genau bezeichnen, und zweitens ist zum Beispiel das Versklavungsprinzip der Synergetik ziemlich universal…

HERR K.: Okay, okay. Ganz ruhig. Erstens, zweitens: das kann ich auch. Erstens ist es nicht möglich, diesen Universalitätsbegriff quantitativ auf einfache raum-zeitliche Größen und deren Korrelation zurückzuführen. Das erschwert es zum Beispiel enorm, eine geometrische oder topologische Abbildung zwischen dem System vor und nach der Instabilitätsphase zu finden. Zweitens werden beim Übergang am Instabilitätspunkt Erhaltungssätze verletzt.

Das erschwert – milde gesagt, Kollege H. – die Anwendung der Physik. Denn der Kern der Physik sind die Erhaltungssätze.

HERR H.: Sie scherzen.

HERR K.: Nicht in der Physik, nur in der Philosophie.

HERR H.: Also schön: Inwiefern werden Erhaltungssätze verletzt?

HERR K.: Dadurch, daß in der Nähe des Instabilitätspunktes Fluktuationen eine überragende Rolle spielen.

HERR H.: Werden wir ein wenig scholastisch: *am* Instabilitätspunkt, *im* Instabilitätspunkt, *in der Nähe* desselben? Was also? Wo also?

HERR K.: Danke. Das wünsche ich Ihnen auch. Aber lassen wir die Polemik. Wenn Sie mit «scholastisch» Haarspaltereien meinen, dann war Ihre Frage keineswegs scholastisch. Natürlich geht es um das Verhalten *am* Instabilitätspunkt oder *in seiner Nähe*. Wie sollte man *in* eine Singularität hineinsehen können?

HERR H.: Vielleicht indem wir das Auflösevermögen unserer Theorien erhöhen? Dann erwiese sich der Punkt als Fleck. Aber bleiben wir erst einmal bei den Erhaltungssätzen. Ich habe die Frage nur gestellt, weil sie sich in Kürze als wichtig erweisen wird. Die Evolutionsgleichung von Haken...

HERR K.: Nicht so schnell. Bitte lassen Sie mich einen einfacheren Fall nehmen.

HERR H.: Ich weiß nicht, ob das richtig ist. Wir unterhalten uns doch darüber, inwieweit die Physik auf *komplexe* Systeme, zum Beispiel auf Vielteilchensysteme anwendbar ist. Die Systeme sind meist fern vom thermodynamischen Gleichgewicht: Durch Zufuhr von Energie *und* Entropie entstehen neue Strukturen, denn die Systeme laufen ab einem gewissen Schwellenwert, kritischer Punkt genannt, über Instabilitätspunkte. Wenn die Systeme wirklich *evoluieren*, müssen sie ihre Entropie vermindern...

HERR K.: Das ist bekannt, Sie brauchen mir die Theorien von Herrn Prigogine, wie etwa sein Stabilitätskriterium bezüglich der Entropieproduktion, nicht zu erklären.

HERR H.: Herr K., mir ging es nur darum, plausibel zu machen, daß einfache Fälle gar nicht die Eigenschaften besitzen, die uns interessieren!

HERR K.: Aber deswegen brauchen Sie doch nicht gleich die Evolutionsgleichung anzuführen. Was ist eigentlich ein einfacher Fall? Fragen wir uns erst einmal das. Wollen wir eine Physik der Selbstorganisation oder eine Physik der Emergenz in ihrer Gültigkeit beurteilen?

HERR H.: *As you like it.*

HERR K.: Na schön, kommen wir also auf die Verletzung der Erhaltungssätze zurück. Betrachten wir zwei Beispiele, ein sehr einfaches System und ein komplexeres. Damit decken wir die Gegenstände unserer Diskussion vorhin einigermaßen ab: sowohl bezüglich der Komplexitätsfrage als auch der Nähe zum Instabilitätspunkt.

Wir blenden uns hier aus dem Gespräch aus. Denn wir stehen vor dem Tor; den Weg haben wir hinter uns. Schauen wir noch einmal kurz zurück auf das letzte Wegstück: Wir wollen eine Theorie der Emergenz aufstellen. Wenn etwas Neues geschieht, verändert sich etwas. Trivial? Aber die grundlegenden Gesetze der Physik sind Erhaltungssätze. Wenn nichts geschieht – wenn sich also etwas erhält –, verändert sich nichts. In einer physikalisch vollständigen Theorie der Emergenz müßten wir also Erhaltungssätze in dem Sinne formulieren, daß wir zeigen könnten, was beim Übergang vom alten zum neuen Zustand *erhalten* bleibt – denn es ändert sich nicht *alles*. Die Entstehung einer neuen Eigenschaft ist einem *Symmetriebruch* äquivalent. Wenn ein Torus entstanden ist, wurde die Symmetrie der Kugel gebrochen. Wenn aber die Gesamtsymmetrie erhalten bleibt, muß irgendwo im Co-System, in der Umgebung des Torus die Symmetrie *erhöht* worden sein, so wie sich die Ordnung des Lebendigen nur dadurch erhält, daß es Unordnung in der Umgebung schafft – global ändert sich nichts. Behalten wir das im Auge für unsere folgenden Beispiele von Bifurkationen – auch eine Bifurkation ist ein Symmetriebruch.

Wir schlagen Ihnen nun vor, einen sehr simplen Fall einer Bifurkation (er ist Ihnen schon bekannt) in einem Experiment nachzuvollziehen.

Nehmen Sie ein Blatt Papier zur Hand, zum Beispiel ein Blatt DIN-A4-Schreibmaschinenpapier.

Haben Sie es? Noch nicht?

Jetzt?

Gut.

Nun brauchen Sie noch ein kleines Kügelchen. Formen Sie es aus Watte, Papier (etwa 1 cm^2 groß) oder nehmen Sie Styropor. Es muß schwer genug sein, um von selbst eine sehr schiefe Neigung hinabzurollen, und leicht genug, um von (durchschnittlich starkem) Wind oder Zug bewegt zu werden.

Wenn Sie sich mehr Mühe machen wollen, dann schneiden Sie drei Papierstreifen von etwa 12 cm Länge und 2 bis 3 mm Breite aus und kleben sie folgendermaßen zusammen:

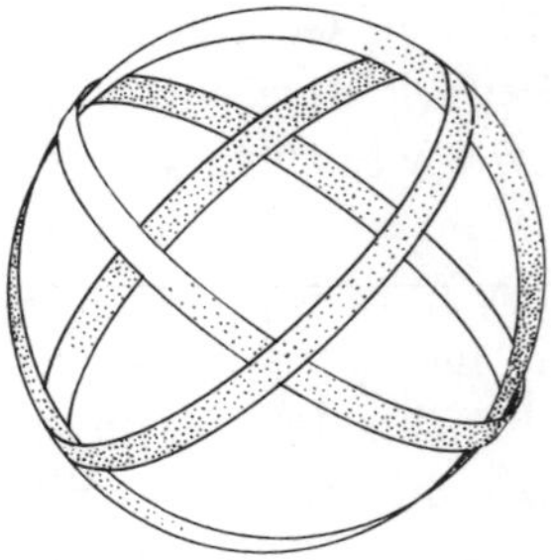

Abb. 30

so daß sich durch Drücken und Ziehen schließlich eine Kugel bildet. (Wir verdanken diesen wertvollen technischen Hinweis Herrn Diplommathematiker Rainer Senft.)

Halten Sie mit beiden Händen das Blatt Papier so, daß es sich in der Mitte zu einer «Parabel» formt. Legen Sie das Kügelchen in die Mulde oder, besser, lassen Sie es den «Abhang» hinunterrollen.

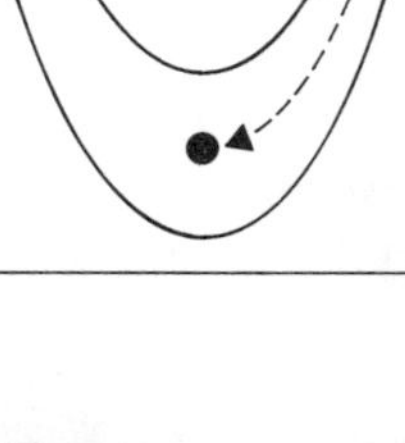

Abb. 31

Dann pressen Sie – sanft und langsam – die äußere Wölbung des Papiers gegen eine scharfe Kante, die parallel zu den Seiten des Blattes liegt, an denen Sie es festhalten.

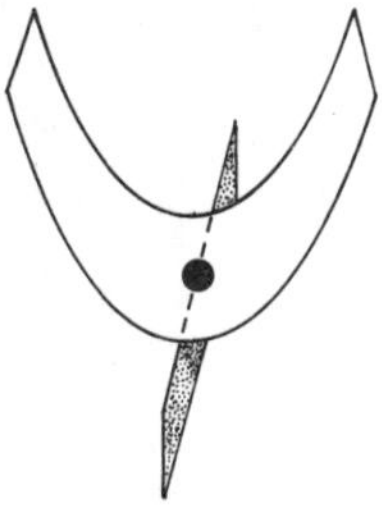

Abb. 32

Pressen Sie. Langsam – denn Sie simulieren ein kritisches Langsamwerden. Und gleich kommt es zu einem «Austausch von Stabilität».

Jetzt.

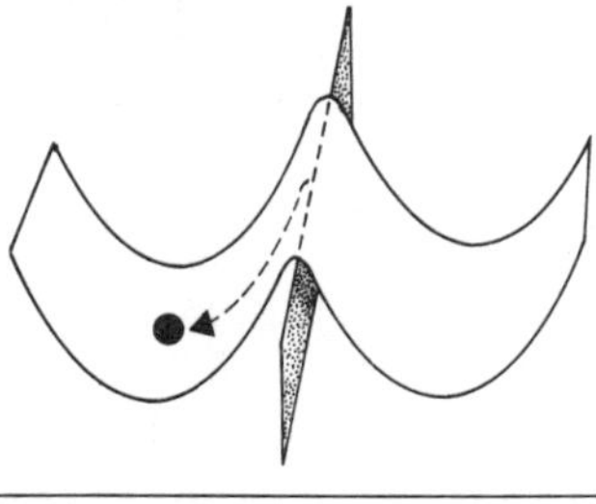

Abb. 33

Die Kugel ist aus einer stabilen in eine instabile Lage geraten und muß sich nun «entscheiden», ob sie rechts oder links den sogenannten «Potentialhügel» hinunterrollen soll, um wieder in eine stabile Lage zu kommen. Die stabilen Lagen sind Attraktoren («Anzieher»), die instabilen Repulsoren («Abstoßer»). Durch das kritische Langsamwerden, das Sie mittels einer Verformung des Papiers simulierten, haben Sie eine Bifurkation (eine Gabelung) hervorgerufen. Wir haben einen Vorzustand (stabile Lage im Potentialtal) und zwei mögliche Nachzustände (stabile Lage rechts oder links vom entstandenen Potentialhügel). Es handelt sich um eine strukturelle Instabilität, das heißt, zwischen diesen beiden Zuständen ist keine 1 zu 1-Abbildung möglich.

Was würde ein klassischer Physiker wie Herr K. dazu sagen? Ist das Physik?

HERR K.: Die Physik fängt dort an, wo die Kugel sich entschieden hat, auf welche Seite sie rollen wird.

Das anthropomorphe Verb «entscheiden» muß natürlich ersetzt werden durch «irreduzibel zufälliges Ereignis» ...

HERR K.: ... auf deutsch: Wir wissen nichts darüber. Die Wahrscheinlichkeit, daß sie nach links rollt, ist 0,5, und daß sie nach rechts rollt, ebenfalls 0,5.

HERR H.: Unter den idealisierten Bedingungen...

HERR K.: Wie zum Teufel wollen Sie Physik... was rede ich: Wissenschaft treiben, ohne Modelle, das heißt...

Meine Herren, meine Herren, bitte! Eins nach dem anderen.

HERR H.: Befassen wir uns endlich einmal mit der angeblichen Verletzung von Erhaltungssätzen bei der Bifurkation. Dann sehen wir weiter.

Gut. Akzeptiert, Herr K.?

HERR K.: Natürlich.

Herr K. hatte in seinem letzten Statement zwei Beispiele für Bifurkationen versprochen. Das erste haben wir gerade experimentell nachvollzogen. Das zweite Beispiel soll nur eine geringe Komplizierung des ersten sein.

Wenn Sie das einfache Experiment ausgeführt haben, wird es eventuell vorgekommen sein, daß die Kugel auf dem Hügel liegenblieb. Durch einen leichten Windstoß oder mäßiges Zittern rollte sie dann in das Tal. Wir haben Fluktuationen (Schwankungen) eingeführt. Ohne Fluktuationen bliebe die Kugel, wenn sie sich *genau* über der scharfen Kante befände, stabil liegen. So weit, so gut.

Ein Erhaltungssatz sagt uns, daß bestimmte Größen, wie etwa Energie oder Impuls, in abgeschlossenen Systemen zeitlich konstant bleiben. Also: Wenn die Kugel die Schüsselwand (in unserem Experiment die Papierneigung) hinabrollt, dann besitzt sie eine bestimmte kinetische und eine bestimmte potentielle Energie (Lageenergie). Die Kugel hat immer eine Masse m, eine Geschwindigkeit v und eine Höhe h, einen Abstand von der x-Achse. Die Potentialkurve, so der Fachterminus, soll hier die Neigung eines Hügels auf der Erdoberfläche (x) bedeuten. Dann ist das Potentialfeld die Gravitation, und g symbolisiert die Schwerebeschleunigung 9,81 m/sec^2 (Abb. 34).

Die potentielle Energie wird durch mgh und die kinetische durch $1/2\,mv^2$ bezeichnet. In jedem Bewegungszustand der Kugel gilt: $\Sigma\,mgh + 1/2\,mv^2$ (= die Gesamtenergie) bleibt konstant. Wenn die Kugel hinunterrollt, verliert sie – vorausgesetzt, unser Hügel ist gegenüber äußeren Einwirkungen abgeschlossen – in dem Maße potentielle Energie, wie sie kinetische gewinnt (bei x_0 ist ihre potentielle Energie = 0), und wenn sie dann links hochrollt, ist es umgekehrt.

Bis jetzt gilt der Erhaltungssatz – auch dann, wenn die Kugel nach der Deformation des Potentials rechts oder links die Kuppe hinunterrollt. Gehen wir einmal der Frage nach: Warum sollte man eigentlich Erhaltungssätze für emergente Systeme, die doch oft offene Systeme sind, fordern? Da sich in einem emergenten Schritt immer nur ein Teil des Systems ändert und der Rest inva-

Abb. 34 Schema für Potentialfall

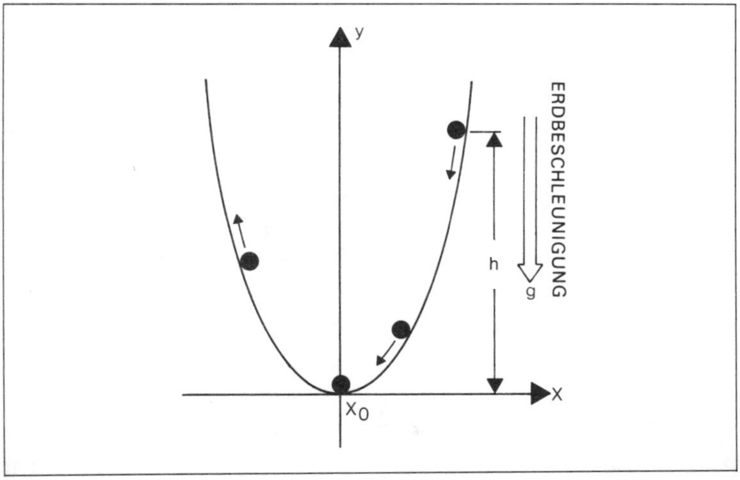

riant bleibt, müssen für das System Einschränkungsbedingungen gelten, die verhindern, daß das ganze System aus dem Ruder läuft. Es müßte also beschrieben werden, was sich verändert *und* was gleich bleibt: Aus einer Mücke entsteht kein Elefant, sondern eine etwas variierte Mücke. *Je komplexer das System wird, desto größer ist die Rolle, die die Erhaltungssätze spielen.*

Sehen wir uns jetzt 1. den Vorgang der Deformation selbst und 2. den Vorgang am Instabilitätspunkt an.

Ad 1: Wenn die Deformation als eine rein mathematische Transformation betrachtet wird, treten keine Probleme auf. In der Mathematik gelten keine Erhaltungssätze. Sehen wir die Deformation jedoch als einen physikalischen Vorgang an, müssen wir eine *Krafteinwirkung* annehmen (Sie pressen das Papier gegen eine scharfe Kante). Diese Kraft muß in das System einbezogen werden (Abb. 35).

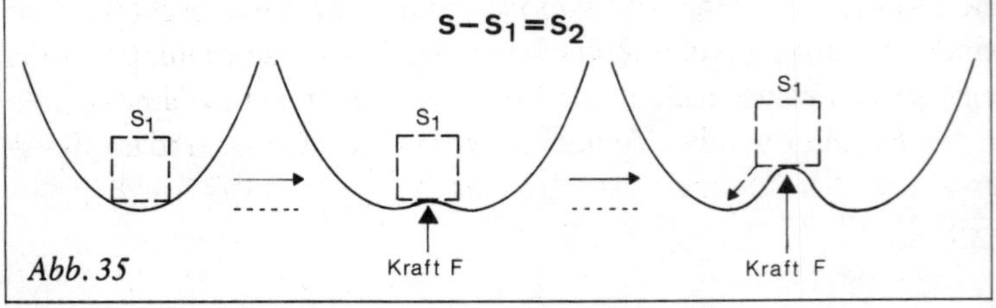

Abb. 35

Wenn man nur einen *Teil* des Systems betrachtet, etwa bloß die lokale Umgebung der Kugel während der Deformation, wird natürlich ein Erhaltungssatz verletzt. Die lokale Umgebung der Kugel (S_1 im Kasten) muß durch das globale System $S–S_1$ ergänzt werden, das *Co-System* von S_1 (im Kasten S_2). Erhaltungssätze gelten global: für geschlossene Gesamtsysteme. Wenn ich das Gesamtsystem unterteile, verletze ich Erhaltungssätze: Im Teilsystem *wirkt* etwas, ohne daß ich die Wirkungsursache berücksichtige, zum Beispiel die oben erwähnte Kraft.

Aus Nachlässigkeit berücksichtigt die Physik heute diese Komplementarität von System und Co-System gleich Gesamtsystem nicht immer. Gerade bei offenen Systemen muß man darauf achten, ihr nichttriviales Komplement miteinzubeziehen, also die Energie und Entropieflüsse in ihrer Gesamtheit präzise gesetzlich zu erfassen.*

Ad 2: Liegt die Kugel in der Schüsselmulde auf x_0, und die Deformationskraft beginnt zu wirken, wird irgendwann ein Punkt erreicht, an dem die Kugellage instabil wird, das heißt, jede noch so kleine Änderung wird sie nach rechts oder links rollen lassen. Was aber geschieht, wenn wir uns dem Instabilitätspunkt immer mehr nähern? Nehmen wir an, die Kugel bleibt liegen. Jeden Augenblick kann sie abwärts rollen. Was geschieht?

Was sähen wir, könnten wir den Vorgang in Zeitlupe betrachten?

Darüber kann die Physik keine Aussagen machen. Die Wirklichkeit ist körnig – wie ein Foto –, sie ist diskret. Sie kennen die Bewegungssimulation in der Leuchtreklame. Eine Birne geht an, eine andere aus, eine an... Was geschieht dazwischen? Nichts.

Was geschieht während eines Quantensprungs? Bestrahlen wir ein Atom mit Licht, dann «hüpft» zum Beispiel ein Elektron von einer «Bahn» (= Aufenthaltswahrscheinlichkeitsmittelung p_1) auf eine «höher gelegene Bahn» (= p_2). Aber was macht es dazwischen? Es muß doch irgendwo sein. Oder vernichtet Gott es und erschafft es wieder? Wir kennen die Problematik schon vom Bewegungsbegriff her.

Die Gesamtenergie des Atoms bleibt immer erhalten. Das ist eine einschränkende Bedingung: Der Sprung kann überhaupt nur stattfinden, *wenn* die Gesamtenergie erhalten bleibt. Mit anderen Worten: Die Energie des Protons und des Atoms im Grundzustand (zum Beispiel!) ist gleich der Energie des Atoms im ersten angeregten Zustand. Und dazwischen? Da bleibt nichts erhalten, weil nichts geschieht, was sich heute physikalisch fassen ließe. Die Frage ist falsch gestellt. Es gibt keine «Bahn» des Elektrons, weder «um den Kern» noch von einer «Bahn» zur anderen. Deswegen ist im Grunde eine

* Das triviale Komplement eines Systems wäre alles andere, die ganze Welt. Interessant ist jedoch nur die nähere Wirkungsumgebung des Systems, das heißt die Umgebung, mit der das System in Wechselwirkung tritt, die auch meßbar ist.

Matrix mit diskreten Zahlenwerten, zum Beispiel

1	0	0	0	Zeile
0	1	0	0	.
0	0	1	0	.
0	0	0	1	.
	...			

die beste Darstellung der Quantenmechanik. Nehmen wir an (was nicht ganz korrekt ist), die «Bahn» sei die Diagonale der Matrix. Zwischen der Eins der ersten Zeile und ersten Spalte und der Eins der zweiten Zeile und zweiten Spalte ist... nichts. Eben. Mehr ist uns nicht gegeben.

Kommen wir auf die Kugel zurück. Nehmen wir doch einfach eine Lupe zur Hand.

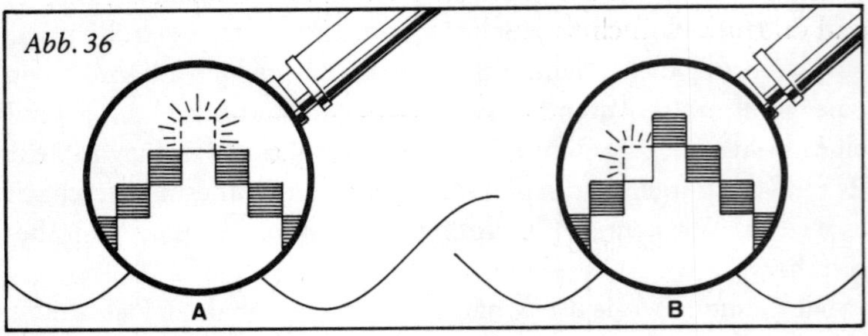

Abb. 36

Was sehen wir? Die Kugel liegt auf der Hügelkuppe (A). Sie fällt links hinab (B). Dazwischen ist nichts, da werden Sie vergeblich suchen. (Jedes Kästchen soll einen möglichen Zustand symbolisieren, die grauen die nicht besetzten, die weißen den besetzten.)

Warum fällt die Kugel? Die übliche Antwort ist in diesem Fall: Weil sie Fluktuationen unterliegt, leichten, immerwährenden, externen Schwankungen. Für diese Schwankungen *gelten keine Erhaltungssätze* – es sei denn, jede Fluktuation würde präzise durch eine Kontrafluktuation ergänzt. *Das sieht jedoch keine Theorie vor.*

Damit haben wir eine vollständige Beschreibung des Vorgangs. Oder?

Emergenz und fraktale Bewegung

Es ist möglich, noch einige Bits zuzulegen. *Blow up*. Nehmen wir einmal unsere Lupe unter die Lupe. Was betrachten wir eigentlich? Ein zweidimensionales Modell. Wir hatten schon öfter den Begriff der Dimension hervorgehoben. Seine Wichtigkeit wird sich jetzt erweisen – er wird unsere Lupe sein. Unser Hauptbeispiel für eine strukturelle Instabilität stellt sich nach dem vorangegangenen Überlegungen einfacher dar. Die Frage lautet nicht mehr: Wie kommt das Loch in die Kugel?, sondern: Wie wird aus einem Potentialtal ein Potentialhügel, so daß die Kugel in Bewegung gerät?

Wir werden unser Modell noch weiter vereinfachen müssen, um die wesentlichen Punkte herausheben zu können. Im allereinfachsten Fall der Emergenz handelt es sich um die Aufspaltung eines Punktes in zwei, die eine eindeutige Abbildung zwischen Anfangs- und Endzustand nicht zuläßt.

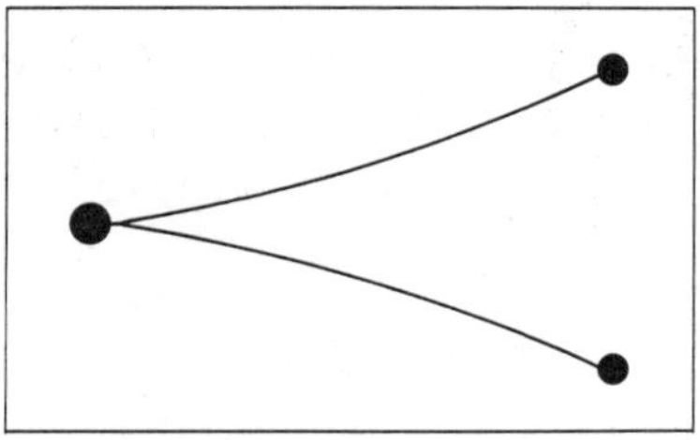

Abb. 37

Die Punkte symbolisieren die Stabilitätslagen der Kugel: Zuerst liegt sie im Potentialtal (linker Punkt), dann entsteht – wie in unserem Experiment – der Potentialhügel ganz langsam, bis die Kugel schließlich rechts oder links hinabrollen wird (die zwei rechten Punkte).

Bevor wir auf den Dimensionsbegriff zu sprechen kommen – unsere Lupe, durch die wir die «Lage» am Instabilitätspunkt betrachten wollen –, ergänzen wir in unserer Stabilitätspunktaufspaltung noch die Instabilitätspunkte. Wir sehen dann sofort, wie der Vorgang symmetrischer und leichter behandelbar wird.

Also, Schritt für Schritt. Zuerst die Möglichkeit:

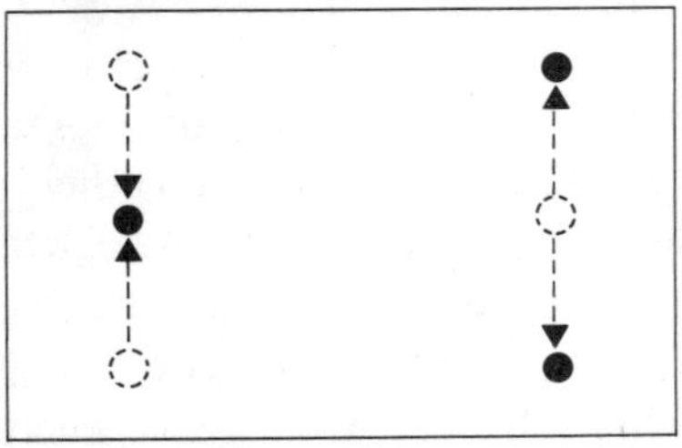

Abb. 38
Flußdiagramm des Vorzustandes (Kugel im Potentialtal) und Nachzustandes (Kugel im Potentialtal rechts oder links vom Potentialhügel)

Und schließlich der Vollzug:

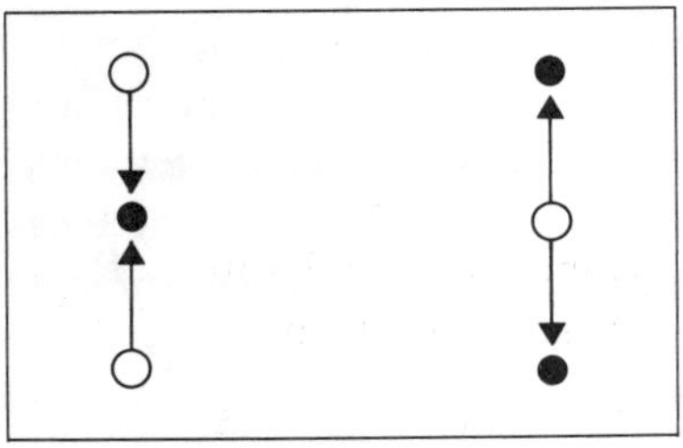

Abb. 39
Flußdiagramm des Vor- und des Nachzustandes (Vollzug)

Die Pfeile symbolisieren die Bewegungsrichtung der Kugel vom Instabilitäts- zum Stabilitätspunkt, vom Repellor zum Attraktor, von der Hügelspitze zur Talsenke – reduziert auf den eindimensionalen Fall.

Wir wollen also die Bewegung der Kugel simulieren: hier die Bewegung eines Punktes auf einer Linie – eines nulldimensionalen Gebildes auf einem eindimensionalen. Wir idealisieren – ein erlaubtes Verfahren – die Kugel im Modell zum Punkt. Was «Dimension» bedeutet, weiß jeder. Ein Körper ist dreidimensional, eine Fläche hat zwei Dimensionen, eine Linie nur eine, für den Punkt bleibt die Nulldimensionalität. Das klingt einleuchtend. Die Dimensionen erzeugten die Griechen durch ideale Bewegung: Ein Punkt bewegt sich gerade und erzeugt eine Linie, die Linie wird parallel verschoben und erzeugt eine Fläche, die Fläche bewegt sich in Richtung des Lots, das man auf sie fällen kann, und erzeugt einen Körper.

Wir wollen jetzt unsere Lupe auf die Bewegung der Kugel richten, wie wir es vorhin im Bild getan hatten. Aber natürlich können wir keine wirkliche Lupe gebrauchen. Diese wird uns eine Theorie liefern, die Theorie der Fraktale, der gebrochen-dimensionalen Formen. Mit ihr sehen wir «in» den Instabilitätspunkt. Wir werden eine «gebrochene» Bewegung konstruieren und damit unser Problem lösen. Aber zuerst müssen wir kurz auf die Frage eingehen, was eine gebrochene Dimension ist. Mit allen nachfolgenden Konstruktionen nähern wir uns Schritt für Schritt unserem Ziel. Wir werden im folgenden eine Linie betrachten und sie «zerhacken». Der Leser kann sich schon einmal vorstellen: Der Punkt (die Kugel) muß sich irgendwie auf dieser zerhackten, gebrochenen Linie bewegen, wie er sich in den obigen Diagrammen auf den ganzen Linien bewegte – vom Repellor zum Attraktor.

Sehen wir uns nun einmal das folgende geometrische Gebilde an:

Abb. 40

Eine Linie. Noch ist alles klar. Nehmen wir ein Drittel von ihr weg (die Zahlen brauchen Sie noch nicht zu beachten):

Abb. 41

Und jetzt ein Drittel von jedem übriggebliebenen Drittel:

Abb. 42 Cantor-Diskontinuum

Und so weiter. Welche Dimension hat das Gebilde, das durch diesen Grenzprozeß konstruiert wird? Eins oder Null? Da der Grenzprozeß *abzählbar* unendlich viele Schritte enthält, bleiben unendlich viele Intervalle übrig. Aber jedes Intervall hat so viele Punkte wie die ganze Linie. Also: Dimension 1. Aber: Die übrigbleibende Linie enthält keine vollständige Punktmenge. Sie ist völlig unzusammenhängend, bis ins kleinste auseinandergerissen und mit Lükken versehen. Also: Dimension 0. Aufgrund welchen Kriteriums sollen wir uns entscheiden? Dies muß uns die Dimensions- und Maßtheorie sagen. Freilich kann dies nicht der Ort sein, mathematische Theorien zu entwickeln. Wir müssen uns mit Vereinfachungen behelfen, die nicht verfälschen. Zu diesem Zweck präsentieren wir einen konstruktiven Begriff der Dimension, mit dessen Hilfe wir das obige Problem lösen können. Die Vereinfachung liegt darin, daß dieser Begriff nur auf selbstähnliche Gebilde anwendbar ist, so wie wir ihn darstellen. In der Fachliteratur ist die Verallgemeinerung freilich schon geleistet.

Benoit Mandelbrot (Mathematiker in Harvard) hat das grundlegende Werk über die Fraktale geschrieben: ‹*Die fraktale Geometrie der Natur*›. Schon in den sechziger Jahren beschäftigte er sich mit der Geometrie der Skaleninvarianz, das heißt mit Formen, die selbstähnlich ineinander verschachtelt sind, wobei sich herausstellte, daß diese Formen extrem kompliziert sein können. Nehmen wir als Beispiel Matrjoschka, die russische Puppe in der Puppe in der Puppe... Sie sind ineinander verschachtelt, und bei jeder Puppe ist das Verhältnis von – sagen wir – Augen und Nase zueinander gleich: Grob gesagt sitzt die Nase immer unter den Augen, und diese liegen immer in der Mitte des Gesichtes. Die Gesamtheit der Puppen ist selbstähnlich – jede Puppe ist der anderen ähnlich.

Skaleninvarianz heißt also, daß die Maßverhältnisse (das Verhältnis der Teile untereinander) für jede Verschachtelungsstufe dieselben sind. Stellen wir uns vor, wir hätten ein gleichschenkliges Dreieck vor uns – nicht nur die Umrisse, sondern die ganze Fläche. Sodann setzen wir auf jeden Schenkel des Dreiecks ein kleineres Dreieck, dessen Schenkel ein Drittel so groß sind wie die des ersten. Wir setzen diese drei ebenfalls gleichschenkligen Dreiecke mit einer ihrer Seiten (Schenkel) in die Mitte der Schenkel des größeren Dreiecks (nach außen zeigend), so daß ein sechszackiger Stern entsteht (Davidstern). Mit diesem Prozeß fahren wir fort: Im nächsten Schritt haben wir die zwölf Seiten des Sterns zur Verfügung, auf die wir wieder zwölf um ein Drittel Schenkel kleinere Dreiecke setzen, deren Schenkel jetzt ein Neuntel so groß wie die des Anfangsdreiecks sind. Und so weiter. Wir erhalten dann ein Gebilde, daß entfernt an eine sechsstrahlige Schneeflocke mit extrem kompliziertem gefrästen Rand erinnert. Das ist ein Fraktal.

Die extreme Kompliziertheit der Formen kann man sich folgendermaßen klarmachen: Es ist nicht möglich, die Umrisse dieser Formen zu rektifizieren, das heißt, ihre Länge durch einen Grenzübergang zu berechnen. Man berechnet eine solche Länge durch Integrieren (gleich kontinuierliches Summieren). Zur Veranschaulichung stelle man sich vor, die Länge einer sehr komplizierten Kurve möge dadurch gemessen werden, daß man sie «auseinanderstreckt», wie man einen Kreis zu einer Geraden strecken kann. Eine fraktale Kurve jedoch (wie die Umrisse unserer «Flocke») ist nicht «auseinanderstreckbar». Wir können sie nicht auseinanderziehen und ein Lineal anlegen – jedes Auseinanderziehen ergibt wieder dieselbe komplizierte Struktur. Würden wir also versuchen, die fraktale Kurve mit einem Metermaß zu messen, erhielten wir jedesmal, wenn wir sie streckten und das Maß anlegten, ein anderes Ergebnis! Wir könnten die Länge nicht berechnen.

Mandelbrot fand nun einen Weg, solch komplizierten Formen ein Maß zuzuordnen. Es stellt sich heraus, daß dies nur geht, wenn diese Formen gebrochene Dimensionen annehmen.

Hat das auch einen praktischen Wert? Aber ja. Mandelbrot stellt die Frage: Wie lang ist eine Küstenlinie? Der Grenzbereich zwischen Wasser und Meer, auf dem Sandstrand oder an Felsen, ist ein Fraktal! Jeder weiß, wie kompliziert diese Strukturen sind. Ebenso fraktal sind Wolkenränder oder der Umriß eines im Wasser zerfließenden Tintentropfens. Oder: Zerreißen Sie ein Stück Papier und versuchen Sie, die genaue Länge der zerfetzten Ränder zu messen. – Fast alle Naturformen sind fraktal.

Freilich gibt es eine Grenze: Die Natur ist nicht unendlich ineinander verschachtelt. Es gibt eher ganz verschiedene, aufeinander gebaute Formen. Wenn ich einen Wolkenrand untersuche, stoße ich irgendwann auf eine molekulare und atomare Struktur. Dort hört die Selbstähnlichkeit und die Verschachtelung des makroskopischen Wolkenrandes auf, und eine andere Mikrostruktur beginnt. Die Modelle passen nie exakt auf die Wirklichkeit, und gerade die Mathematik, so anwendbar auf die komplizierten Formen der Wirklichkeit sie dank Mandelbrot wurde, hat immer eine nichtempirische Überschußbedeutung, einen Schuß Platonismus, der sie als Vertreterin des Reiches der Abstraktion ausweist.

Dies spricht keineswegs gegen eine Anwendung der Fraktale auf die Natur. Wir wiesen auf die besondere Eigenschaft der Fraktale, nämlich die gebrochene Dimension, hin. Schon 1919 veröffentlichte der Mathematiker Felix Hausdorff einen Aufsatz, «Dimension und äußeres Maß», in dem er die Konzeption einer gebrochendimensionalen Form rechtfertigte. Man kann sich dies anschaulich folgendermaßen vergegenwärtigen: Der Umriß einer fraktalen Form ist nicht nur nicht zu rektifizieren, er ist dermaßen kompliziert und ineinander «verkrumpelt», daß er eine «verschwimmende» Grenze zwischen Linie und Fläche bildet, wie bei der «Flocke». Oder, bei anderen Gebilden, zwischen Fläche und Körper – denken Sie an ein schaumiges Gebilde, dessen Inneres immer wieder, wie stark unsere Lupe auch sein mag, aus schaumigen Gebilden besteht. Dieses Gebilde hat ein dreidimensionales Inneres, aber es hat genauso viel Höhlungen wie feste Substanz.

Vielleicht kann man sich ein Fraktal nicht «vorstellen». Dann müssen wir uns damit zufriedengeben, daß die Mathematik gezeigt hat: es gibt sie.

Erinnern wir uns: Wir hatten eine «gebrochene» Linie konstruiert, man nennt sie «Cantor-Diskontinuum», nach dem Mathematiker Georg Cantor, dem Erfinder der Mengenlehre. Wir wollen nun versuchen, dieser Linie eine Dimension zuzuordnen, immer im Auge behaltend, daß wir zu einer gebrochenen Bewegung kommen wollen, welche unsere Kugel zwischen den Instabilitätspunkten vollzieht. Ja, wir werden sehen: sie bewegt sich auch «im» Instabilitätspunkt gebrochen. Damit können wir in ihn hineinschauen, denn er hat nicht mehr die Dimension Null. Ebenso haben wir unser Abbildungsproblem gelöst, denn unser einfachster emergenter Fall war ja die Aufspaltung der einen Stabilitätslage der Kugel im Potentialtal in dann zwei stabile Lagen, nachdem sich das Potentialtal durch kritisches Langsamwerden (erinnern Sie sich an unser Experiment mit der Kugel und dem Blatt Papier) in einen Potentialhügel verwandelte und die Lage der Kugel so instabil wurde, daß sie rechts oder links hinabrollen mußte. Diese zwei Zustände (die eine stabile Lage; die zwei möglichen stabilen Lagen) können wir dadurch aufeinander abbilden, daß wir die gebrochene Bewegung der Kugel im Zustand 2 als Komplement (ergänzendes Gegenstück) zur gebrochenen Bewegung in Zustand 1 erweisen können.

Unsere Kugel *bewegt sich immer, und zwar immer gebrochen*. Es gibt keinen statischen Zustand in der Wirklichkeit. Dies ist eine Konsequenz aus unseren Postulaten. Unsere Modelle müssen diesen Prozeß der Wirklichkeit so gut wie möglich simulieren.

Sehen wir also zu, wie wir dieser gebrochenen Linie eine Dimension zuordnen können (vgl. Abb. 41 und 42). Wir fangen mit dem für eine Linie üblichen dimensionalen Maß 1 an. Dies ist die Anfangslinie, man nennt sie «Initiator». Er besteht (bezüglich unseres Beispiels) normalerweise aus dem Intervall 0 bis 1. Jetzt führen wir den «Generator» ein. Das ist unsere zweite Linie, aus der das mittlere Drittel, also das Intervall ⅓ bis ⅔ ohne seine Endpunkte, herausgenommen wurde. (Für unser Dreieck, aus dem dann die Schneeflocke wurde, ist der Initiator – eben das Anfangsdreieck. Der Generator ist *ein* Schenkel des größeren Dreiecks *mit* dem daraufgesetzten kleineren Dreieck. Diese Linie mit einer «Pyramide» in der Mitte wendet man immer auf *jeden* übrigbleibenden Schenkel an; man stanzt damit aus dem Schenkel das Dreieck – die «Pyramide» – heraus.) Die Linie wird also in *zwei* Teile in der (Selbst-) Ähnlichkeitsrelation 1 : 3 zerlegt.* Diese garantiert die Zerlegung der jeweils übriggebliebenen Linien in ebenfalls immer zwei Teile in der Relation 1 : 3. Somit erzeugt der Generator schließlich in einem Grenzprozeß unsere unzusammenhängende «Linie». Bei jedem Schnitt bleiben zwei Teile übrig, die durch die Ähnlichkeitsrelation 1 : 3 verbunden sind.

Uns interessiert das Verhältnis der übrigbleibenden und weggelassenen Teile. Ihre Anzahl steht rechts von unseren Linien, die immer gebrochener werden (Abb. 41/42). A ist die Anzahl der Teile insgesamt (einschließlich der herausgeschnittenen Leerstellen), B die der übrigbleibenden Teile. Um die Information zu messen, die wir jeweils im Konstruktionsprozeß erhalten, setzen wir ld B/ ld A.** Ein anderer Logarithmus würde es auch tun – es kommt

* Unter Zerlegung verstehen wir hier eine Teilung, die eine ursprüngliche Länge kürzt, so daß die übrigbleibenden Teile kürzer als das Ausgangsganze sind.

** Der Logarithmus dualis (ld) ist der Logarithmus der Basis 2; also ist zum Beispiel der ld von 3 gleich 1,585, da 2 hoch 1,585 gleich 3 ist. Wenn ich den ld einer Zahl wissen will, muß ich herausfinden: 2 hoch wieviel ist gleich eben dieser Zahl?

uns nur darauf an, ein Maß oder Gitter, das immer feiner wird (A), über die Linie zu legen. Mit diesem Gitter messen wir die übrigbleibenden Teile. Der Logarithmus kommt ins Spiel, weil in der Maß- und Dimensionstheorie die zu bestimmende Dimension im *Exponenten* (also als Hochzahl) einer Einheitslänge meines Lineals oder Gitters steht. Wir rechnen also mit Exponenten, und das funktioniert, indem man den Logarithmus nimmt, der ja eine Hochzahl ist.

Wir finden nun: $\mathrm{ld}\ 2/\mathrm{ld}\ 3 = \mathrm{ld}\ 4/\mathrm{ld}\ 9 = \ldots = \mathrm{ld}\ 32/\mathrm{ld}\ 243 = \ldots = 0{,}6309$. *Das ist die Zahl, die wir gesucht haben!* Sie ist die Dimension des Cantor-Diskontinuums, der *gebrochenen Linie.* Diese Zahl ist die Hausdorff-Dimension der unzusammenhängenden Linien; sie ist der Quotient der Anzahl der Teile, in welche die Linie aufgespalten wird (A), und der übrigbleibenden Teile (B), beide im ld. Prüfen wir, ob es sich um eine Dimension handelt. Wie? Sehr einfach: Eine *zusammenhängende Linie* muß die Dimension 1 haben, die Hausdorff-Dimension muß also mit der euklidischen zusammenfallen. Um eine Linie zu konstruieren, müssen wir ein Maß anlegen, wir zeichnen im metrischen Raum. Nehmen wir unseren Initiator:

Abb. 43

Er ist 9 Zentimeter lang (der Zentimeter sei hier unser Einheitsmaß). Die *Anzahl* der Teile ist also 9. Die gesamte Linie ist in der *Ähnlichkeitsrelation* 1 : 9 konstruiert. Also: $\mathrm{ld}\ 9/\mathrm{ld}\ 1/\tfrac{1}{9} = \mathrm{ld}\ 9/\mathrm{ld}\ 9 = 1$. Egal, wie wir unsere Linie aufspalten (der trivialste Fall ist $\mathrm{ld}\ 1/\mathrm{ld}\ 1$), immer erhalten wir Dimension 1. Die Anzahl der Teile insgesamt (das Maß oder Gitter, das wir jeweils darüberlegen) und die Anzahl der übrigbleibenden Teile (das, was wir mit dem Maß messen wollen) ist beim Initiator einfach immer dieselbe. Somit fällt die Hausdorff-Dimension in diesen «trivialen» Fällen mit der euklidischen zusammen. Die Hausdorff-«Dimension» *ist* also eine Dimension (dies gilt auch für andere Dimensionszahlen); natürlich gibt es einen mathematischen Beweis in der Fachliteratur.* Was

* Robert J. Adler, ‹*The Geometry of Random Fields*›.

man auch noch sieht: Unsere Dimension ist maßstabsinvariant – wir können das Maß größer oder kleiner machen, die Dimensionszahl bleibt dieselbe. Wir halten also fest: Die *gebrochene Linie* hat die Dimension 0,6309, eine gebrochene Dimension. Die *ganze Linie* hat die Dimension 1, eine ganzzahlige Dimension, wie sie auch die Griechen der Linie zuordneten (Punkt der Dimension Null bewegt sich ideal und erzeugt Linie der Dimension 1). Beide Dimensionen haben wir nach Hausdorff/Mandelbrot gemessen – die fraktale oder Hausdorff-Dimension ist also allgemeiner als die übliche der Griechen, die bis 1919 galt. *Mit der üblichen Dimensionstheorie können wir keine gebrochenen Dimensionen messen!*

Nun zur Bewegung der Kugel. Wir lassen sie auf dem Cantor-Diskontinuum laufen, da wir eine gebrochene Bewegung konstruieren wollen, um dadurch eine Abbildung des Zustandes 1 (eine stabile Lage) in Zustand 2 (zwei mögliche stabile Lagen) zu bewerkstelligen. Unser Problem war der Antimorphismus, das heißt der nicht strukturerhaltende Übergang von der Schale zum Hügel, den wir durch den Vergleich von zwei Flußdiagrammen (Attraktoren und Repulsoren, vgl. S. 198) kennzeichneten, das heißt von Kurven, auf denen sich eine Kugel (Punkt) bewegte. Diese Kurven sind *kontinuierliche* Linien, die Bewegung auf ihnen wird durch Differentialgleichungen dargestellt.

Sehen wir uns noch einmal das folgende Flußdiagramm an:

Abb. 44

Es ist vorausgesetzt: 1. daß die Kugel kontinuierlich einen der Pfeile entlangläuft, und 2. daß präzise die Anfangsbedingungen (weißer Kreis) und der Endzustand (schwarzer Kreis) angegeben werden können, die Zustände, in denen die Kugel *ruhig liegt*. Damit die Kugel vom Anfangs- in den Endzustand rollt, müssen von außen Störungen (zum Beispiel Fluktuationen) auf sie einwirken. Das Bewegungsdiagramm der (hin- und herrollenden) Kugel zeigt Abb. 45.

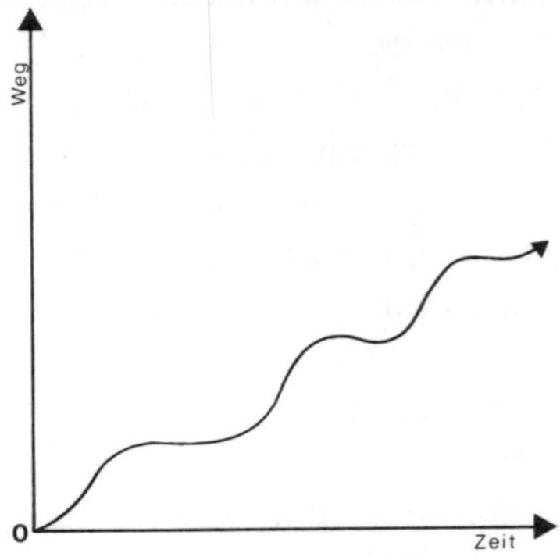

Abb. 45

Klassisch betrachtet. Und bei uns? Für das Cantor-Diskontinuum mit der Dimension 0,6309 würde ein Bewegungsdiagramm folgendermaßen aussehen:

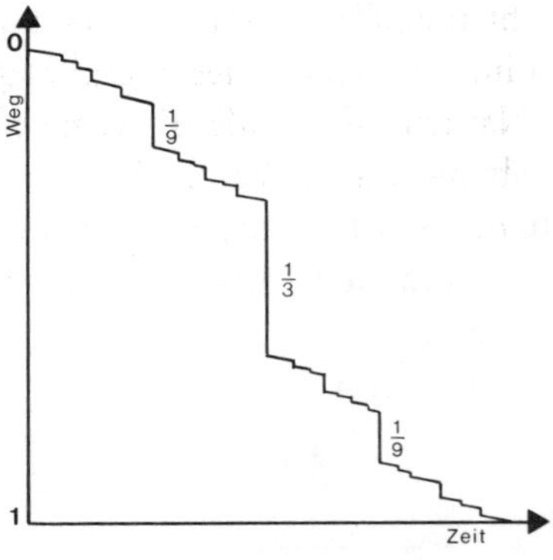

Abb. 46

Dies ist nur ein Ausschnitt mit der *künstlichen* Anfangsbedingung-Endbedingung 0–1. Die Bewegung ist diskontinuierlich und hat keine echten Anfangs- und Endbedingungen, das heißt, die Kugel springt immer und ist nie wirklich an einer Stelle – wir können sie nicht an Punkt x festhalten und dann loslassen. Man sieht, daß das obige Bewegungsdiagramm, wenn wir es einmal um 90 Grad drehen, dem Cantor-Diskontinuum analog ist. Die bei Drehung waagrechten (sonst senkrechten) Stellen entsprechen den weggenommenen Stellen – erst ⅓, dann von den beiden übrigbleibenden Dritteln je ⅓, also bezüglich der Gesamtlinie zweimal ⅑ usw. An diesen Stellen «springt» die Kugel, das heißt, «klassisch» gesprochen: sie legt den *Weg* ⅓ (zum Beispiel) in keiner *Zeit* (sofort) zurück. Das ist die diskontinuierliche Bewegung, die eigentlich kein klassisches Analogon hat. Die Bewegung fängt ja nicht bei 0 an und geht zu 1. Sie ist immer irgendwo zwischen 0 und 1. *Die Kugel bewegt sich immer diskontinuierlich.*

Als wir die Voraussetzungen der Infinitesimalrechnung darstellten, haben wir gesehen, daß man Zenon nicht entrinnen kann. Wir werden zwei Voraussetzungen fallenlassen: 1. daß die Bewegung kontinuierlich ist; und 2. daß sie klar angebbare Anfangsbedingungen hat.

Übertragen wir die diskontinuierliche Bewegung auf unseren Potentialfall (Abb. 47)

Die Formen der Natur sind fraktal – dies wollen wir hier im Modell zum Ausdruck bringen. Unsere fraktale oder gebrochene Bewegung gestattet nicht nur die Lösung unseres Emergenzproblems, sondern auch die Einführung eines neuen grundlegenden Zustandsbegriffes für die Naturwissenschaft. Bewegung und Fluktuation sind dasselbe. Es gibt nicht auf der einen Seite eine deterministische Bewegung und auf der anderen Seite Fluktuationen, die den Determinismus extern einschränken. Die Natur fluktuiert, aber sie fluktuiert präzise beschreibbar. Diese These wird uns eine einheitliche Beschreibungsweise für viele Phänomene ermöglichen, zum Bei-

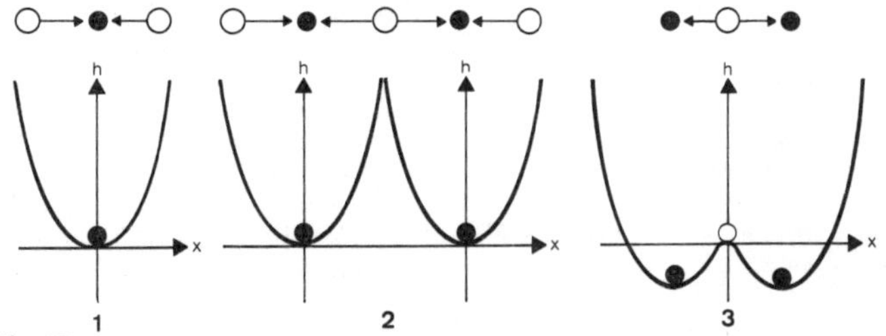

Abb. 47

spiel klassische Mechanik und Quantenmechanik besser aufeinander zu beziehen. Man muß dazu die gebrochene Bewegung randomisieren. Darunter verstehen wir hier den Einbau von Fluktuationen, die sonst als äußere Schwankungskräfte angesehen werden, in den Bewegungszustand selbst. Unsere *nicht*randomisierte gebrochene Bewegung ähnelt einer chaotischen Bewegung – zwar deterministisch, aber nicht präzise an einem Punkt lokalisierbar. Der Zustand der Kugel ist quasi-deterministisch verschmiert, jedoch präzise verschmiert, das heißt, es ist möglich, ihren Bewegungszustand für eine und *nur* für eine endliche Länge anzugeben, nicht für einen Punkt, denn sie ist nie an einem Punkt.

Wir haben das Flußdiagramm (klassisch) der Schüsselmulde (1), das klappen wir einmal um den rechten Endpunkt – wir spiegeln es (2), um es in das Flußdiagramm (klassisch) des von der Mulde aufsteigenden Potentialberges (3) zu transformieren. Wir konstruieren jetzt ein Cantor-Diskontinuum, das die permanente diskontinuierliche Bewegung der Kugel vom Repellor (weißer Punkt) zum Attraktor (schwarzer Punkt) simuliert – eine «gebrochene» Bewegung (andere sind möglich – es geht hier ums Prinzip).

Schauen wir uns Diskontinuum 1 beziehungsweise 2 in der Vergrößerung an (Abb. 49).

Wir finden wieder die gebrochene Dimension, indem wir das Verhältnis der übrigbleibenden Teile (B) zu den Teilen insgesamt (A) im Logarithmus dualis ausrechnen: ld 8/ld 10 = ld 64/ld 100 = … = 0,9030.

Dieses Diskontinuum simuliert also die gebrochene Bewegung der Kugel zum Attraktor (das Diagramm ist von oben nach unten zu lesen); die Kugel wird sozusagen «stotternd», ihre Bewegung wie von einem Stroboskop zerhackt gesehen (Abb. 50).

Abb. 48

Abb. 49

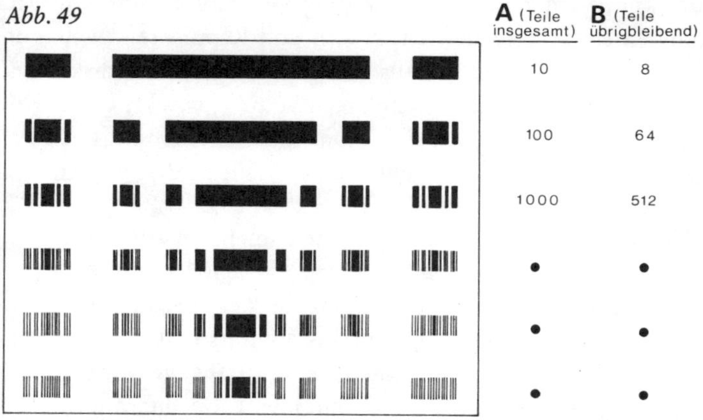

Dieses Bewegungsdiagramm ist *analog* der diskontinuierlichen Bewegung auf dem Cantor-Diskontinuum (vgl. Abb. 46) konstruiert. Die Feinheiten der Bewegung auf den 45° geneigten Linien haben wir hier nicht einzeichnen können. Diese Linien müssen Sie sich noch einmal wie die gesamte Linie eingeteilt denken.

Abb. 47,2 deutet nur eine rein darstellungstechnische Überleitung an (das kritische Langsamwerden, die Ausbuchtung der Schüssel von unten, bis die Kugel in eine instabile Lage gerät), eine Überleitung zu 3, der permanenten *Bewegung* der Kugel auf der

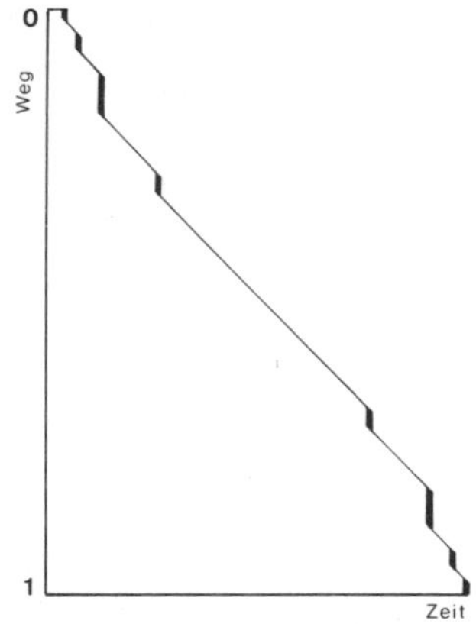

Abb. 50

Hügelkuppe am *kritischen Punkt*, am Instabilitätspunkt. 3 ist das Komplement von 1, die Attraktoren und Repulsoren (weiße und schwarze Punkte) sind vertauscht. Somit ist auch die diskontinuierliche Bewegung von 3 komplementär zu 1, was im ersten Konstruktionsabschnitt (Abb. 48,3) zum Ausdruck kommt: Die «weggeschnittenen» und die übrigbleibenden Teile sind vertauscht. Wir vergrößern (Abb. 51).

Wir ordnen wieder die gebrochene Dimension zu: Verhältnis B zu A, also ld 2/ld 10 = ld 4/ld 100 = … = 0,3010.

In einer starken Interpretation handelt es sich hierbei um die *wirkliche* Bewegung der Kugel am Instabilitätspunkt – dieser wirklichen Bewegung wird die Dimension 0,3010 zugeordnet («wirkliche Bewegung» – das heißt der Limes der Modelliteration).

Wir haben nun durch die Lupe gesehen. *Am Instabilitätspunkt bewegt sich die «Kugel» mit der gebrochenen Dimension 0,3010.* Ein Punkt hat aber üblicherweise die Dimension 0! Wir haben den Punkt vergrößert. In unserem Modell, wo sich ja eigentlich ein Punkt auf einer Linie bewegt, zeigt sich dies am besten. Aber die Verallgemeinerung auf eine dreidimensionale Kugel bereitet keine prinzipiellen Schwierigkeiten, sondern nur einige technische Pro-

Abb. 51

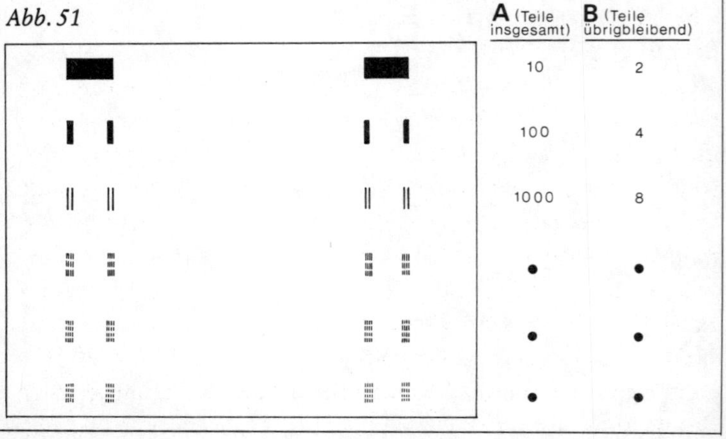

bleme: Es wird einfach ein bißchen komplizierter, aber nichts wesentlich Neues tritt auf.

«Entscheidet» sich dann die Kugel, rechts oder links hinunterzurollen, befindet sie sich wieder in einem Zustand wie 1. Es kommt also auf die Aufeinanderfolge der jeweiligen gebrochenen Bewegungszustände an, wenn man einen emergenten Schritt am Instabilitätspunkt theoretisch erfassen will. Natürlich kann man nicht in den Instabilitätspunkt hineinsehen, aber mit Hilfe der gebrochenen Linienfolge wird es möglich, sich ihm so weit anzunähern, wie es bisher kein anderes Verfahren gestattet: *Die gebrochene Bewegung (0,3010) ist der emergente Schritt im Vollzug.*

Bevor wir unsere Dimensionstheorie der Emergenz abschließen, noch ein paar Bemerkungen zu dieser seltsamen Bewegungsart, die ja gerade für klassische Fälle gelten soll – unser quantenmechanisches Beispiel sollte sie nur veranschaulichen. Die Einführung «pathologischer» Bewegungsarten ist keineswegs so kurios, wie sie auf den ersten Blick erscheinen mag. So schreibt zum Beispiel Franz Exner, der Lehrer Erwin Schrödingers, in seinen ‹*Vorlesungen über die physikalischen Grundlagen der Naturwissenschaften*›: «Nach alledem liegt der Gedanke nahe, daß alle physikalischen Gesetze nur Durchschnittsgesetze sind; wären wir imstande, den Fall eines Körpers im leeren Raum genau zu untersuchen, wir würden ohne Zweifel die Beschleunigung konstant und die zurückgelegten Wege den Fallgesetzen entsprechend finden. Folgt aber daraus, daß diese Übereinstimmung auch noch zutreffen würde in Zeiten, die nicht nach Sekunden, sondern nach Billionstel von Sekunden oder noch weniger zählen? Vielleicht ist die Beschleunigung nicht konstant, sondern schwankt sehr rasch um einen Mittelwert, und vielleicht ist die Bewegung des Fallenden in kleinsten Zeiten nicht gleichförmig, sondern unregelmäßig beschleunigt. Boltzmann hat, gesprächsweise, dieser Ansicht vollkommen zugestimmt und es nicht nur für möglich, sondern sogar für sehr wahrscheinlich gehalten, daß der fallende Körper sich ruckweise bewegt, vielleicht nicht in einer ‹Geraden›, sondern in einer Zickzacklinie.»

Diese Überlegungen sind nicht so weit von den unsrigen entfernt, auch wenn es Exner nur um den Begriff der Bewegung geht, ohne Bezugnahme auf Emergenz. Die sogenannte Brownsche Bewegung

(Abb. 52) ist ein verbindendes Glied zwischen Exners Position und den von uns aufgezeigten Problemen: Winzige in Flüssigkeit suspendierte Teilchen schwanken irregulär in Zickzacklinien hin und her (wobei *lokal* der zweite Hauptsatz der phänomenologischen Thermodynamik verletzt wird, denn die Schwankungen finden auch im Gleichgewicht statt).

Die Zickzacklinie des Teilchens hat die *gebrochene* Dimension ≈ 2! Man muß das Teilchen nur weiter umherschwanken lassen, bis es *fast* die Fläche ausfüllt. Und noch etwas: Die Anfangs-(A) und die Endbedingung (E) sind völlig künstlich und willkürlich. Dies gilt ebenso für die Linien von Knick zu Knick (zum Beispiel Linie L von x nach y); sie sind ohne jede physikalische Bedeutung und nur meßtechnisch bedingt. Mißt man genauer, erweisen auch sie sich als geknickt. Die Brownsche Bewegung ist eine gebrochene Bewegung.

Eines unserer Postulate lautet: Alles ist prozessual. Daraus folgt: Unsere *makroskopische* Kugel bewegt sich immer; Fluktuationen – wenn man so will – *sind ihr inhärent.* Damit kommt aber keineswegs eine Vagheit ins Spiel, denn wir können präzise angeben, was sich *erhält* und was sich *verändert* (vgl. unsere Diskussion der Erhaltungssätze, S. 186 ff).

Die Dimension ändert sich, und die Co-Dimension ändert sich. Erhalten bleibt die Summe von beiden. Die Co-Dimension ist die Differenz der Dimension des behandelten Objektes (hier die Bewegung!) und des Raumes, in den das Objekt eingebettet ist (hier die

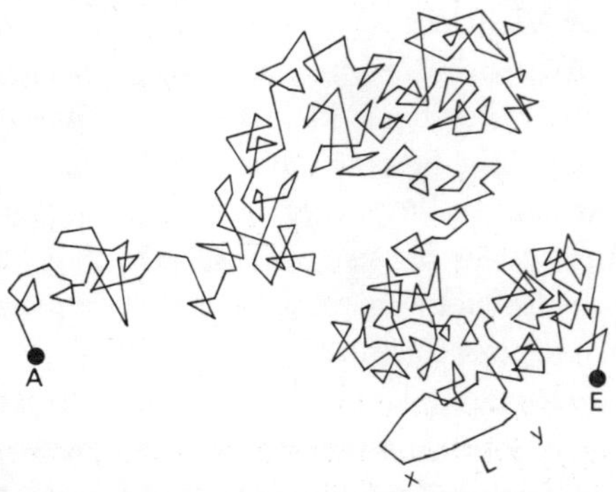

Abb. 52

Linie). (Die Co-Dimension des eindimensionalen Systems Linie in den x-, y-, z-Koordinaten des dreidimensionalen Raumes ist 2, nämlich 3 minus 1.) In unserem Fall sieht das folgendermaßen aus:

Raum Dim	1	1	1	1
Objekt Dim	0,9030	0,3010	1	0,9030
Co-Dim	0,0970	0,6990	0	0,0970

Bewegungsbild

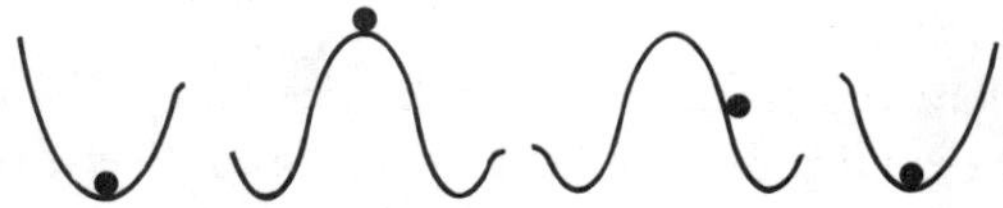

Abb. 53

Die gebrochene *Bewegung zum Attraktor* der Schüsselmulde ist von der Dimension 0,9030, wie wir gesehen haben. Am Bifurkationspunkt (auf dem Potentialhügel) verringert sich die Dimension der Bewegung auf 0,3010; sie wird eingeschränkt, während sich die Co-Dimension von 0,0970 auf 0,6990 *erhöht* (wie aus den Voraussetzungen ersichtlich, ist die Summe von Dimension und Co-Dimension immer gleich 1, sie bleibt erhalten). Die Co-Dimension symbolisiert die Vielzahl der Wahlmöglichkeiten der gebrochenen Bewegung – wenn die Kugel jetzt den Potentialhügel hinabrollt, hat sie sich für die eine der beiden Möglichkeiten (links oder rechts) «entschieden». Ihre Wahlmöglichkeit auf dieser Strecke ist also 0. So auch die Co-Dimension. Erst danach tritt wieder der erste Fall ein, nämlich die gebrochene Bewegung am Attraktor der Schüsselmulde (der rechten oder linken).

Damit haben wir das einfachste emergente Modell beschrieben. Die obige Analyse hat die grundlegendsten und einfachsten Schritte eines emergenten Vorganges bloßgelegt. Es ändern sich immer die Werte eines *lokalen* Parameters (der hier im einfachsten Fall der Bewegungszustand ist). Wir legten mehr Gewicht auf gebrochene Dimensionen als auf gebrochene Symmetrien, denn dort konnten wir unsere Lupe ansetzen und das Geschehen am Bifurkationspunkt näher heranholen und präziser fokussieren.

Einfach ausgedrückt, war doch unser Hauptproblem bei der mathematischen Darstellung von Emergenz – und das wäre nicht mehr und nicht weniger als die Darstellung des der Wirklichkeit nächsten Modells –, daß man in keines der unzähligen tatsächlich auftretenden Emergenzereignisse (mathematisch: Katastrophenpunkte oder Bifurkationen) «hineinschauen» kann. Daraus ergab sich, daß allen von uns angeführten mathematischen und physikalischen Theorien über Katastrophen, Bifurkationen, Phasenübergänge etc. eine minimale und doch entscheidende Defizienz eigen ist und daß es daher auch alle nicht zu einer *abschließenden* Theorie der Emergenz gebracht haben.

Die eigentliche Schwierigkeit besteht darin, daß bei emergenten Ereignissen die Ähnlichkeit beziehungsweise der Zusammenhang von Vorzustand und Nachzustand offenkundig ist, es also naheliegt, den Übergang mit im wesentlichen einer Transformation darstellen zu wollen. Man hält sich hier bewußt oder unbewußt an die Devise: *Natura non facit saltus* – schon gar nicht eine Mixtur aus einem großen Schritt und einigen Steppschritten. Auf der anderen Seite ergab sich immer mit gleich intuitivem Zwang, daß man das Neue nicht auf das Alte reduzieren beziehungsweise mit ihm vergleichen konnte. Beide Seiten hatten schon eher eine weltanschauliche oder die jeweilige Forscherpersönlichkeit gleichsam psychologisch kennzeichnende Dimension, als daß sie in einer theoretischen Synthese miteinander vereinbar gewesen wären. Es standen und stehen sich also zwei gleichmächtige und einander ausschließende Intuitionen gegenüber.

Als vernünftiger Mensch möchte man angesichts einer solchen Situation sagen: So kann es doch nicht sein.

Der Fehler beider Sehweisen besteht darin, daß sie das Emergenzereignis entweder auf einen Schlag als ungeteiltes Ganzes mathematisch darstellen wollten oder daß sie es ebenfalls als ungeteiltes Ganzes für letztlich mathematisch nicht darstellbar ansahen. Letztere Position war gewissermaßen eine Spur richtiger, aber noch nicht konsequent zu Ende gedacht.*

* Wir möchten am Schluß darauf hinweisen, daß eine technischere und auf mehrere Dimensionen verallgemeinerte Version unserer Dimensionstheorie der Emergenz inzwischen vorliegt, in der wir auch noch einmal auf Erhaltungssätze eingehen, die extrem kompliziert zu formulieren sind: Peter Eisenhardt/Dan Kurth, «Aufriß einer Theorie der Emergenz».

Traditionelle und kritische Ökologie

Die Natur

Als Dino seine letzte Zigarette aufgeraucht hatte, ging er in den lauwarmen Sommerabend hinaus und suchte einen Automaten. Er klimperte mit seinen vier Markstücken und sah sich um. Na also, da war schon einer. Während Dino die Münzen in den Schlitz fallen ließ, fiel ihm ein weiterer, aber kleinerer Selbstbedienungsautomat auf. Er hatte eine widerlich gelbe Farbe, die selbst in der Dunkelheit leuchtete. So einen hatte er noch nie gesehen. Nachdem er eine Pakkung Zigaretten gezogen hatte, trat er näher heran und versuchte, die Aufschrift zu entziffern. Er brachte nur NATUR zusammen. Naturreiner Geschmack? überlegte er, natürliches Aroma? Aber von was? Dino wurde neugierig, holte einen Groschen aus der Tasche und steckte ihn in den rostigen Schlitz (das würde kein großer Verlust sein). In der Mitte des Automaten befand sich ein Drehgriff, darunter ein Metallplättchen. Dino beugte sich vor und knipste sein Feuerzeug an. «Kräftig ziehen und nach links dreh...» Er zog und drehte. Der Griff ließ sich leicht bedienen, und ein kleines rotes Büchslein klapperte in das vorspringende Ausgabefach. Es war aus Holz; Dino verstaute es ein wenig erstaunt in seiner Jacke und machte sich auf den Rückweg. Zu Hause würde man sehen.

Maria lag schon im Bett und las einen Band Kurzgeschichten. Sie blickte nur kurz auf, als er ins Schlafzimmer trat und die Zigaretten auf das Bett warf; ihre Hand grapschte nach der Schachtel. Während sie sich eine Zigarette anzündete, sah sie Dino an. Er wollte sagen: ‹Es sind meine›, aber statt dessen zeigte er ihr das rote Büchslein. «Oh, ein Geschenk», murmelte sie ironisch und versuchte, es zu öffnen. Dino setzte sich aufs Bett, und sie begutachteten beide neugierig den Inhalt: Gebilde aus Gummi in verschiedenen Farben. «Gummibäumchen», sagte Maria erstaunt und kicherte über das Wort. Sie steckte eines in den Mund. Es schmeckte tatsächlich nach Fruchtgummi, wie die berühmten Bärchen. «Wo hast du die her?...

das ist ja apart.» Dino erklärte es. «Unmöglich», erwiderte Maria kategorisch, «so einen Automaten gibt es da nicht.» Auch Dino konnte sich nicht daran erinnern, einen derart widerlich gelben Automaten jemals zuvor dort gesehen zu haben. Er hätte ihm auffallen müssen, denn er ging jeden Tag an dieser Stelle vorbei. Aber Dino hatte jetzt anderes zu tun, als sich darüber zu wundern. Er steckte auch ein Bäumchen in den Mund; gleich darauf klebten zwei Bäumchen aneinander.

Zwei Stunden später wurde ihm schlecht.

In derselben Nacht starben Dino und Maria eines natürlichen Todes.

Und überall hingen diese widerlich gelben Automaten.

Zwei Begriffe von «Ökologie»

> Die bisherige unfehlbare Sicherheit und Gesetzmäßigkeit, mit welcher [der Wille] in der ... Natur wirkte, beruhte darauf, daß er allein in seinem ursprünglichen Wesen ... tätig war ... ohne Störung von einer zweiten ganz anderen Welt, der Welt als Vorstellung ...
>
> ARTHUR SCHOPENHAUER

Hinter Ökologie als scheinbar in sich geschlossener wissenschafts- und zivilisationskritischer «Welt-Anschauung» verbergen sich zwei unvereinbare Denkansätze. Sie unterscheiden sich grundsätzlich in ihrem Verständnis der Begriffe «Natur» und «Mensch» und ihres Verhältnisses zueinander.

«Ökologie» in der nach wie vor gebräuchlichsten, gewissermaßen schon traditionellen Bedeutung bezieht sich auf Natur als den Gegenstand einer erhaltenden, schützenden oder wiederherstellenden Aktivität von – Menschen. Diese Aktivität ist nichts anderes als das einfache Komplement des «Sich-die-Erde-untertan-Machens»; gemeinsam mit diesem ist ihr die letztlich anthropozentrische Vergegenständlichung der Natur und damit ihre Statifizierung. Ökologie in diesem Sinne ist eine Erscheinungsform von Ideologie – und sei es nur als Spezialfall der Ideologie der Wissenschaftlichkeit.

Insofern «Ökologie» als Schlagwort politischer Instrumentalisierung Verwendung fand und findet, handelt es sich um die bislang trivialste Variante dieser Ideologie – sozusagen um einen naturalistischen Fehlschluß in Form einer Partei.

«Ökologie» kann aber auch ganz anders verstanden werden. Charakteristisch für das ökologische Denken sollte nämlich die Einsicht sein, daß diesem Denken kein irgendwie homogen oder konsistent gearteter Gegenstandsbereich entspricht, sondern vielmehr eine Mannigfaltigkeit unterschiedlicher Anwendungsbereiche. Daraus ergibt sich grundsätzlich – wenngleich zumeist unverstanden – ein konkreter Ansatz zur Überwindung der von uns aufgezeigten Grenzen der wissenschaftlichen Begriffsbildung.

Zuvor muß aber noch eine Schwierigkeit überwunden werden: Die Ökologie muß mit der Evolutionstheorie in Übereinstimmung gebracht werden. Das ist bislang durchaus nicht geleistet. Im Gegenteil: Ökologie mit ihrer Orientierung am je einzelnen und besonderen Partialsystem blendet systematisch die grundlegende Prozessualität von Evolution, das Entstehen und Vergehen und damit auch die letztlich unvermeidliche Vernichtung aller Partialsysteme aus.

Aber erst durch die Einbeziehung des Partialsystems «Mensch» – als Spezies oder als *zoon politikon* und *animal rationale* – in die übergreifende Dynamik der Evolution läßt sich die Fiktion des vergegenständlichenden Denkens überwinden. Eine kritische Ökologie könnte von hier aus anfangen, die Vieldeutigkeit der Natur des Menschen zu verstehen. Wir wollen das im folgenden in einigen Punkten näher erläutern. Daß es sich dabei nur um einen Anfang handeln kann, liegt – in der Natur der Sache.

Traditionelle Ökologie und Wissenschaft

> – Hier werde ich auf die Felder der Physik herabsteigen; die Frage ist diese: Wie muß eine Welt für ein moralisches Wesen beschaffen sein?
>
> TÜBINGER ARBEITSKREIS FÜR IDEALES DENKEN

Unabhängig von denen, die Ökologie als eine Ideologie gebrauchen, gibt es auch solche – zum Beispiel an den biologischen Fachbereichen –, die mit diesem Thema gar keine politischen Folgerungen verbinden, sondern ein bloß wissenschaftliches Erkenntnisinteresse.

Gemessen an den von uns hinlänglich beschriebenen Standards der naturwissenschaftlichen Theorienbildung ist die Ökologie keine Wissenschaft. Sie ist notwendig deskriptiv und nur beschränkt verallgemeinerbar. Reproduzierbarkeit ist in der traditionellen Ökologie nicht einmal mehr eine sinnvolle Forderung, da ihre Gegenstände ja keine technisch-experimentellen Artefakte oder präparierte Ensembles sind, sondern lokal je verschiedene, natürliche Vorkommnisse – nicht etwa bestimmte Sorten natürlicher Arten, sondern ein je durch seine charakteristische Zusammensetzung als besonders geprägtes Kollektiv. Im übrigen steht die traditionelle Ökologie in einem unüberwindlichen Gegensatz zu der biologischen Grundwissenschaft: der Evolutionstheorie.

An dieser Stelle ist es notwendig, den Gegensatz zwischen der traditionellen und einer «kritischen» Ökologie herauszuarbeiten. Er betrifft das jeweilige Verhältnis der «ökologischen Theorie» zur Evolutionstheorie, was den Gegenstand der Ökologie insofern betrifft, als der zugrunde gelegte Begriff «ökologisches System» in der traditionellen Ökologie mehr oder weniger *statisch*, in der kritischen Ökologie hingegen prinzipiell als *dynamisches* System verstanden wird. Diese gegensätzlichen Grundannahmen sind von großer Bedeutung, führen sie doch zu gänzlich unterschiedlichen Theorien – im Falle der «kritischen Ökologie» handelt es sich dann im Grunde um gar keine selbständige Theorie, sondern um eine Betrachtung von lokalen Zuständen relativer Stabilität in der Evolution, wobei sich das Interesse mehr auf die dynamischen Anfangs- und Endphasen richtet, nicht auf die vermeintliche Homöostase, die sich der traditionelle Ökologe herbeisehnt. Es ist auffallend, daß in den mathematisch-methodisch anspruchsvollen Arbeiten zum Thema Ökologie bei weitem überwiegend traditionelle mathematische Methoden der Differential- und Differenzengleichungen Verwendung finden, so zum Beispiel (aus der jüngsten Literatur) in dem Buch ‹*Simulation des Verhaltens ökologischer Systeme. Mathematische Methoden und Modelle*› von Otto Richter. Speziell die Darstellung mittels Differentialgleichungen enthält, wie schon ausführlich gezeigt wurde, eine metaphysische und die prozessuale eigenzeitliche Dimension dynamischer Systeme verfälschende Fiktion: die Vorstellung, man könnte diese Systeme durch die bloße Iteration unterschiedlicher Stabilitätsphasen ersetzen. Ein solches Vorgehen ist für komplexe Systeme unzureichend. Zudem kommt bei der Stabilitätsanalyse die Kontinuumsmetaphysik wieder ins Spiel.

Selbst Diskretheit wird nur – man könnte sagen – simuliert durch sogenannte Eigenwertlösungen und nicht *fundamental* in die Mathematik eingeführt. Iterationen sind eigentlich Näherungsmethoden, also Hilfsmittel zur Lösung von komplexen Gleichungen. Auch spielt der Begriff der Selbstorganisation in der traditionellen Ökologie keine grundlegende Rolle. Sie verfehlt also den dynamischen Charakter ökologischer Systeme. Daß dies nicht eine bloße Behauptung ist, wollen wir anhand einer aus der Fülle der Literatur ausgewählten, bewußt populären Darstellung zeigen:

«In einem System sind eben Einwirkungen meist nicht dort zu Ende, wo sie zunächst hinzielen. Sie stehen offenbar über ein dichtes Netz von unsichtbaren Fäden mit vielen anderen Systemteilen auf geheimnisvolle Weise in Verbindung und können daher über unbekannte Rückwirkungen – manchmal sofort, manchmal mit zeitlicher Verzögerung – sogar ins Gegenteil dessen umschlagen, was beabsichtigt war.

Die puffernde Wirkung unseres Systems, das also zunächst nur die direkten Folgen offenbart (und die waren, weil unmittelbar gewollt, meist positiv), läßt allmählich auch die weit schwierigeren indirekten Folgen in immer stärkerer Anhäufung spüren. Wir müssen feststellen, daß unsere Zivilisationsgesellschaft als Teilsystem der Biosphäre in eine Krise geraten ist...

Daß es bis dahin kommen konnte, hat weitere Ursachen. All diese steuernden Eingriffe und Einzelmanipulationen, wie auch der Raubbau an Ressourcen geschahen aus einem vordergründigen Glauben an die Unbegrenztheit des technisch Machbaren und auch an die Unbegrenztheit einer alles ausgleichenden Umwelt mit ‹unendlichen› Reservaten an Luft, Land und Wasser. Doch damit nicht genug. In das gut funktionierende System unserer Biosphäre setzten wir eine immer größer werdende Zahl künstlicher Einzelsysteme hinein wie Fabriken, Kraftwerke und landwirtschaftliche Großbetriebe, Siedlungen, Stauseen, Verkehrsnetze, Brücken und Häfen.

Tag für Tag starten wir neue Entwicklungsprojekte und setzen sie in bestehende Systeme hinein, ohne überhaupt zu wissen, daß wir es mit Systemen zu tun haben, geschweige denn, daß es so etwas wie Gesetzmäßigkeiten für das Verhalten und damit für das Überleben von Systemen gibt.»

An diesem für die traditionelle Ökologie exemplarischen Text von Frederic Vester (‹*Neuland des Denkens*›) wird deutlich, daß aus der Sicht ihrer Vertreter die angesprochenen Systeme, an denen so frevlerisch herummanipuliert wird, grundsätzlich stabile, vorgegebene, mehr oder minder ideale Zustände darstellen und sich insgesamt scheinbar harmonisch in den «größeren Systemkomplex», die Biosphäre, einfügen. Als dynamische Phänomene treten allenfalls die durch die kurzsichtigen Menschen verursachten «Störungen» in Erscheinung. Charakteristisch für dieses Denken ist die Unterscheidung zwischen «natürlichen» und «künstlichen» Systemen, wobei die ersteren als das durch ein hohes Maß an Stabilität und Harmonie ausgezeichnete Positivum gelten – eine geradezu sentimentale Wunschvorstellung.

Die kritische Ökologie kennt diese idealisierende Unterscheidung nicht. Das Errichten künstlicher Systeme stellt in jedem Falle immer zugleich eine mehr oder minder gravierende Veränderung einer lokalen Umwelt wie auch – und das ist entscheidend – die Schaffung einer *neuen lokalen Umwelt* dar. Jede Katastrophe, jeder Einschnitt, jede Veränderung – und beträfe es auch nur einzelne

Parameter –, jede Fluktuation ist jeweils zugleich Zerstörung und Schaffung von Umwelt. Es ist deshalb völlig sinnlos, von *der* Umwelt zu sprechen; vielmehr gibt es so viele Umwelten, wie es lokal definierbare, dynamische Systeme mit charakteristischer Wechselwirkung ihrer «Elemente» gibt. Die Grenzen solcher Systeme sind auch nie eindeutig, schon gar nicht auf längere Zeit bestimmbar, und bei jeder Betrachtung muß darüber hinaus berücksichtigt werden, daß das, was ein System ausmacht, von der Perspektive des Betrachters abhängt, der seinerseits wieder ein anderes System sein kann.

Aus der Sicht einer kritischen Ökologie kann ein solcher Perspektivismus grundsätzlich nie transzendiert werden – darin liegt eher eine Stärke als eine Schwäche dieses Ansatzes. Wenn gemeinhin von Umwelt oder Umweltzerstörung die Rede ist, läßt sich nur deshalb relativ schnell ein Konsens herstellen, weil unausgesprochen alle Beteiligten voraussetzen, daß unter «Umwelt» hier eine bestimmte Erscheinungsform bestimmter Umwelten bezogen auf bestimmte Benutzer gemeint ist (der Stadtwald Frankfurt/Main nahe der Startbahn West, das Niddatal, das Wattenmeer, die Sahelzone, der Rhein, die Ukraine etc.). Die Benutzer treffen *Wertentscheidungen*, die ihnen «die Natur» nicht abnimmt. Und diese Wertentscheidungen sind partikuläre Gruppenentscheidungen.

Wir haben das gleiche Bild vor uns wie in der Abrüstungsdebatte, wo auch *eine* Menschheit vorgegaukelt wird. Bisher spielte sich Geschichte immer ab als Konkurrenz von Gruppen. Die Einheit der Menschheit ist sicher ein schönes Ideal, aber wir sollten realistisch sein, sonst werden wir nicht erkennen, welche Gruppe sich schließlich als «die Menschheit» aufspielen wird. Der möglichen Globalität einer Katastrophe, die die Menschheit als ganze betreffen mag, steht immer die Partikularität von Untergruppen der Menschheit gegenüber: Nur durch das dynamische Zusammenspiel dieser Gruppen unter Konkurrenz ihrer Perspektiven entsteht eine Lösungsgesamtheit, die man illusionär die «Perspektive der Menschheit» nennen kann. Wir sind so gebaut, und wenn man uns umbauen will (gentechnisch) – *welche* Gruppe soll es tun?

Kritische Ökologie verschleiert diesen Perspektivismus nicht hinter dem idealen Konstrukt eines harmonischen Wirkungsgefüges der Natur, sondern orientiert sich an dem Ziel, in jedem Fall die dynamischen Systemverläufe bei unterschiedlichen Eingriffen hinsichtlich unterschiedlicher Entwicklungsmöglichkeiten zu vergleichen (wobei immer die bekannten eingeschränkten Prognosemöglichkeiten berücksichtigt werden müssen). Insofern ist sie eine Intertheorie, die ohne Einbeziehung von Soziologie, Psychologie, Technologie, Ökonomie etc. keine sinnvollen Aussagen machen kann. Wesentlich aber ist: Kritische Ökologie ist Ökologie unter dem Primat der Evolution.

Die traditionelle Ökologie dagegen erfaßt ihre Gegenstände wesentlich statisch, stratifizierend, das heißt, sie fixiert bestimmte Ist-Zustände normativ, zum Beispiel als ideale Gleichgewichtszustände.

Letztlich ist eine solche Entzeitlichung qua Idealisierung aber auch für lokale Systemzustände unzulässig. Es ist die grundlegende Einsicht der Evolutionstheorie, daß der für ihre Gegenstände geforderte Wirklichkeitsanspruch prozessual ist.

Der Ökologe als Naturschützer präpariert, nicht anders als der Physiker, ausgewählte Ensembles – und das letztlich unverantwortlich, weil er die ungeplanten Nebenfolgen seiner Präparationen nicht überschauen kann. Er schafft eine künstliche Natürlichkeit. Der Verweis auf die ungeplanten Nebenfolgen ist keine Polemik; die hohen Schornsteine bei Kraftwerken und Stahlerzeugern waren explizit – Umweltmaßnahmen. (Für diejenigen, die es nicht wissen – gibt es solche noch? –: Hohe Schornsteine entlasten die nähere Umgebung vom Dreck, blasen ihn aber dafür weiter entfernt lebenden Zeitgenossen um die Nase; die Effekte können sich hochschaukeln.)

Es spricht wenig für die oftmals vorgebrachte These, die Ökologie sei das Paradigma einer «neuen sensitiven Wissenschaft», geleitet von erhaltender integrativer Einfühlung in komplexe Zusammenhänge. Denn es geht dem Ökologen nicht darum, die Singularität des jeweiligen Gegenstandes zu erfassen, sondern – wie wir schon ausgeführt haben – um dessen normgerechte Gestaltung.

Ohnehin ist es schwer vorstellbar, was eine «sensitive Wissenschaft» sein soll. Nach allem, was wir bisher dazu gesagt haben, ist dies schlechterdings eine *contradictio in adjecto*. Diejenigen, die solche Schlagworte ins Spiel bringen, meinen wahrscheinlich eine um wissenschaftliche Erkenntnisse bereicherte lebensweltliche Erfahrung. Solche Begriffe müssen notwendig unscharf bleiben, und darum kann es auch nicht ausgeschlossen werden, daß für manchen der Wunsch, eine solche Erfahrung zu machen, in der Beschäftigung mit ökologischen Themen Befriedigung findet. Das besagt aber keineswegs, daß die Ökologie ein besonders geeignetes Mittel zur Überwindung abstraktiver Verformungen der Wirklichkeit ist.

Diese jedenfalls ist komplexer als das Wunschdenken der Ökologisten: Die gesamte Erdgeschichte, die gesamte Evolution ist durch teils langzyklisch aufeinanderfolgende, teils singuläre Katastrophen gekennzeichnet.

Die Natur existiert in der Zerstörung...

Gleichgewichtszustände sind die Ausnahmen, niemals von langem Bestand. 1883 vernichtete ein ungeheurer Vulkanausbruch auf Krakatau so gut wie jedes Leben. Wir zitieren den *Brockhaus*: «Die Verluste an Menschenleben betrugen etwa 40000, das geförderte Material 18 Kubikkilometer, das Aschenfallgebiet war etwa 827000 Quadratkilometer groß. Eine 70 Meter hohe Aschenschicht bedeckte die Insel...»

Krakatau wurde auf ein Drittel der ursprünglichen Größe dezimiert. Viel war nicht mehr übrig. Aber schon nach kurzer Zeit erhob sich ein neuer Phönix aus der Asche. Heute, nach hundert Jahren, wimmelt die Insel von Leben, von neuen Lebensformen, die dort vorher nicht existiert hatten. Die *Frankfurter Allgemeine* berichtet: «Mindestens fünfzehn Arten von fünf Tierfamilien wurden beobachtet, die es vor der Katastrophe in diesem Gebiet nicht gegeben hat. Diese Zahl könnte sich... noch erhöhen, wenn Untersuchungen an den Insekten abgeschlossen... sind. Unter anderem fand man eine für das Gebiet neue Schlangenart, die wegen ihrer unterirdischen Lebensweise blind ist, sowie eine besondere Geckoart.»

Durch Katastrophen entstehen neue Arten: Mannigfaltigkeit, Variabilität – nicht durch statische Gleichgewichtszustände.

Kritische Ökologie

«Kritisch» ist die Ökologie sowohl als Methode als auch hinsichtlich ihres «Gegenstandes» erst dann, wenn sie nicht bloß kompensatorisch als Projektion eines letztlich ziellosen Behauptungswillens beziehungsweise eines selbsttherapeutischen Restaurationsbedürfnisses gegen die überhandnehmende Komplexität technisch-ökonomischer «Systemzwänge» in Aktion tritt, sondern wenn auch diese angeblichen Zwänge selbst als Ausprägungen dynamischen Systemverhaltens verstanden werden und der Begriff «Umwelt» generell ein derartiges dynamisches Systemverhalten einschließt. Wenn Ökologie dieses nicht zu erfassen vermag, bleibt sie ein totes Konstrukt. Das heißt aber auch, daß sie nur dann als kritisch gelten kann, wenn sie in einer Theorie der Emergenz verankert ist. Dabei muß es sich natürlich nicht notwendigerweise in jedem Falle um eine mathematische Formulierung handeln. Fest steht jedoch: «Umwelt» ist nichts ohne Evolution, ohne dynamische Prozesse; es gibt sie als statisches, präparierbares Gebilde nicht.

Man begegnet jedoch in der ökologischen Diskussion und «Theorienbildung» noch einem weiteren Mißverständnis hinsichtlich dieses Begriffes: «Umwelt» wird zumeist als ein Synonym für «Natur» verwendet. Diese Einschränkung des Begriffes ist durch nichts gerechtfertigt, und wir halten sie schlechterdings für falsch. Es dürfte recht problematisch sein, ein befriedigendes Kriterium für die Abgrenzung von natürlichen gegenüber nichtnatürlichen Einwirkungen auf beziehungsweise Veränderungen oder Neubildungen von Umwelten anzugeben. Schließlich ist der Homo sapiens eine biologische Spezies. Auch die als besonders gefährlich angesehenen Auswirkungen menschlichen Verhaltens – vor allem der technischen Entwicklung –, die wir in unserem Jahrhundert beobachten können, sind zumindest grundsätzlich so natürlich wie die Art selbst, die sie verursacht.

Es wird häufig argumentiert – und wir haben einen entsprechenden Text weiter oben zitiert –, diese Einflüsse der Menschen auf ihre Umwelten seien heute aufgrund ihrer ungeplanten Nebenfolgen, ihrer Intensität beziehungsweise ihres Umfangs von einer neuen Qualität. Wir haben dem entgegengesetzt, daß die Annahme einer solchen neuen Qualität nicht haltbar ist, wenn man die Auswirkungen erdgeschichtlicher Katastrophen globaler und lokaler Art berücksichtigt – zum Beispiel die Klimaveränderung nach dem Vulkanausbruch auf der Insel Krakatau oder in jüngster Zeit die Giftgasemissionen aus dem Niossee.

Zum allgemeinen Problem eine weitere Leseprobe: «Niemals war die Bedrohung der Natur größer als heute, und zu keiner Zeit lag die Aussterberate so hoch wie gegenwärtig. An dieser Feststellung ändert auch die Tatsache nichts, daß Arten im Verlauf der Evolution immer wieder ausgestorben sind. Denn diese natürliche Aussterberate liegt um vieles niedriger als die derzeitige vom Menschen verursachte. Und sie wurde stets ausgeglichen durch das Neuentstehen von Arten. Artenentstehung und Artentod standen in ausgewogenem Verhältnis zueinander, so daß das Leben insgesamt in seinem Fortbestand unangetastet blieb. Der Austausch zwischen werdenden und vergehenden Arten vollzog sich im Verlauf von Jahrmillionen, nicht wie in unserer Zeit während weniger Jahrhunderte. Hier kann die Neubildungsrate der Arten den Verlust nicht mehr ausgleichen. Das Aussterben trägt daher katastrophale Züge.»

Es ist natürlich auch den zitierten Autoren (Robert Burton u. a., ‹*Evolution und Ökologie*›) nicht unbekannt, daß die bei weitem größte Umweltkatastrophe in der Erdgeschichte nicht nur eine rein natürliche, sondern sogar eine durch die Entwicklung der Biosphäre selbst verursachte war: «Die Freisetzung von Sauerstoff war nicht unproblematisch, denn für die anaeroben Organismen ist er ein starkes Gift, das ihre Zellstrukturen zerstört. Es bedurfte daher der Entwicklung besonderer Schutzmechanismen, um die Organismen sauerstoffresistent zu machen.» Man beachte: Die Zerstörung von mehr als 90 Prozent aller Lebensformen war «nicht unproblematisch». *Natura naturans.*

Wenn heute von den *vom Menschen ausgehenden Gefahren* für «die» Umwelt die Rede ist, so sind damit bei genauer Betrachtung fast immer die *für den Menschen bestehenden Gefahren* aufgrund möglicher Rückwirkungen gemeint. Es ist unmöglich, ein objektives Maß für eine an sich – das heißt nicht letztlich doch auf kulturelle Werte oder Nutzenvorstellungen bezogene – bessere oder schlechtere Umwelt anzugeben. Innerhalb einer bestehenden Biosphäre zwischen höheren und niederen, wünschenswerten oder weniger wünschenswerten, wertvollen oder weniger wertvollen Lebensformen unterscheiden zu wollen, ist schlichte Willkür.

Wenn also der Begriff der Umwelt nicht durch einen irgendwie gearteten Bezug zu dem der Natur gekennzeichnet ist, dann stellt sich die Frage, wie er im Rahmen einer kritischen Ökologie sinnvoll zu verwenden ist. Wir haben es bis jetzt möglichst vermieden, von «der Umwelt» zu sprechen, und bewußt den Plural «Umwelten» verwendet. Das hat seinen Grund darin, daß ein angemessener Begriff von Umwelt die Konkretheit einer jeweiligen Umwelt berücksichtigen muß. Die Crux traditioneller Ökologie ist es ja gerade, daß sie zwar die Besonderheit ihres Wissensgebietes immer wieder hervorhebt und dabei auch den Gegensatz zu abstrakter Theoriebildung betont, zugleich aber letztlich durch eine unangemessene Universalisierung dieses ihres Grundbegriffes nur gleichsam mit theoretischen Mitteln gegen abstraktive Theorien auftrumpfen, sozusagen die «bessere Wissenschaft» anbieten will, besser aufgrund des würdigeren Gegenstandbereiches. Bei den Scholastikern war Gott der würdigste Gegenstand, also die Theologie die höchste und beste Wissenschaft. In der Ökologie stoßen wir auf eine ähnliche «Argumentation». *Deus sive natura.* Der Begriff einer Umwelt ist grundsätzlich nicht dazu geeignet, einen auf ihm basierenden Gegenstandsbereich festzulegen. Denn eine Umwelt muß lokal sein, sie ist durch nichts anderes als durch die Wechselwirkung ihrer Teile charakterisiert, und sie kann unmöglich reproduzierbar sein; und selbstverständlich handelt es sich dabei nicht um ein statisches Gebilde, sondern um ein dynamisches System, das heißt um ein prozessuales Geschehen.

Ähnliche Argumente sind auch von anderen gegen die Ökologie als theoriefähige Disziplin vorgebracht worden, und sie treffen diese auch, insofern sie die mehr oder weniger ungeklärten Fiktionen eines ihr eigenen Gegenstandsbereiches zerstören. Die Frage stellt sich nun, ob Ökologie, egal ob kritisch, traditionell oder sonstwie, mehr sein kann als bloße Beschreibung. Diese Frage ist uns allerdings schon früher begegnet, und zwar im Zusammenhang mit dem Begriff eines letzten intendierten Modells. Tatsächlich kann man das Interesse an der Ökologie und dem intensiven interdisziplinären Diskurs über ökologische Themen nicht bloß als Ideologie, politische Rankünе oder Naturromantik vom Tisch fegen. In ihm kommt vielmehr eine Krise des wissenschaftlichen Weltbildes in unserer Epoche zum Ausdruck. Es handelt sich letztlich um eine Phase, in der die Grenzen der naturwissenschaftlichen Begriffsbildung erreicht sind, in der Erklärung sich prinzipiell nicht mehr eindeutig gegenüber Beschreibung abgrenzen läßt.

Das Paradigma einer Theorie, der ein derartiges letztes intendiertes Modell zugrunde liegt, ist die Theorie dynamischer Systeme. Ökologie als eine Theorie der Umwelten ist nur ein anderer Ausdruck für eine solche Theorie. Wenn man dies ernst nimmt, muß man alle relevanten Faktoren, die auf das Entstehen, Zusammenwirken und Zugrundegehen dynamischer Systeme Einfluß haben, jenseits jeder künstlichen Unterscheidung zwischen natürlich, technisch, industriell etc. berücksichtigen. Kritische Ökologie ist daher wie jede Theorie, die auf ein letztes intendiertes Modell zielt, notwendig interdisziplinär, genauer: eine Intertheorie.

Aber auch eine Theorie dynamischer Systeme kann man angemessen oder unangemessen angehen. Die erste Voraussetzung für eine angemessene Behandlung dieses Problemkreises ist, wie schon erwähnt, die Maxime, daß generell eine Theorie dynamischer Systeme und speziell eine Ökologie nur hinsichtlich ihrer Stellung zu beziehungsweise innerhalb einer Theorie der Evolution sinnvoll thematisierbar sind. Denn selbst dynamische Systeme können trotz einer vermeintlichen Einsicht in ihren dynamischen Charakter nur jeweils isoliert und als präparierte Gebilde betrachtet werden. Eine solche scheinbar harmlose Präparierung ist in der einschlägigen Literatur der Regelfall. Entsprechend unserer Kritik an einer derartigen Präparierung (die bereits in der Fiktion eines «Anfangszustandes» enthalten ist) am Beispiel der Bewegung einer Kugel in ein Potentialtal beziehungsweise auf einem Potentialhügel – das heißt ihres Verhaltens am Bifurkationspunkt – gilt natürlich und erst recht bei der Betrachtung komplexer Systeme: Sie haben keinen definierbaren Anfangs- und Endzustand, und sie lassen sich prinzipiell nicht isoliert betrachten. Metaphorisch gesprochen: Sie sind ständig im Fluß.

Eine derartige Theorie setzt also, wie erwähnt, den expliziten Bezug auf eine Theorie der Emergenz voraus, deren Grundprinzipien wir im Kapitel «Dimension und Emergenz» aufgezeigt haben. Komplexe dynamische Systeme beziehungsweise Umwelten sind untrennbar mit dem Verhalten der sie bildenden Einheiten (Entitäten) verknüpft, ja sind nichts anderes als die Erscheinungsform, in der das Gesamtverhalten der sie bildenden Entitäten zum Ausdruck kommt. Diese sind nicht den Elementen einer Menge gleichzusetzen, was unter anderem auch bedeutet, daß sie nicht eindeutig determiniert sind als Entitäten eines bestimmten dynamischen Systems, etwa einer Umwelt. Das konstitutive Verhältnis Entitäten – Umwelt(en) hat nicht die Eindeutigkeit einer Elementschaftsrelation; sowohl die Entitäten als auch die Umwelten sind prozessual, lokal, sie sind wechselwirkende Gebilde, man könnte auch sagen: sie haben ihre je eigene Geschichte. Allerdings ist die «Geschichte» einer Entität innerhalb einer Umwelt nicht unwesentlich gerade durch die Zugehörigkeit zu dieser Umwelt bestimmt.

In der Entwicklungsgeschichte eines dynamischen Systems (einer Umwelt) lassen sich nun – neben anderen – zwei Phasen, Expansion und Reifung, unterscheiden, die durch ein besonders hohes Maß an Systemorientiertheit beziehungsweise, unter anderem Aspekt, an Systemunterworfenheit der Entitäten gekennzeichnet sind. Wir orientieren uns an dem Evolon-Modell von W. Mende und M. Peschel (in: ‹*Chaos and Order in Nature*›, hg. von Hermann Haken), die die emergente Entwicklung eines dynamischen Systems in sieben Phasen unterteilen:

1. Durchbruch (Integration der Entitäten in eine neue Funktion).
2. Latenz (Vorbereitung: hyperbolisches internes Wachstum).
3. Expansion.
4. Übergang (Einschränkung durch die Systemgrenzen, stärkere Kopplung zwischen Co-System und Subsystemen).
5. Reifung.
6. Climax (*äußere* Fluktuationen, keine Selbstinduktion).
7. Instabilität (kleine Ursachen – große Wirkung).
1. Durchbruch …

.

.

.

Die beiden Phasen, auf die es uns ankommt, sind die der Expansion (3) und der Reifung (5). In unserem Rahmen muß eine Interpretation dieser Phasen folgendermaßen aussehen: Die *Phase der Expansion* ist dadurch gekennzeichnet, daß das systembildende beziehungsweise eine Umwelt schaffende Zusammenwirken der Entitäten eine gegenüber bestehenden anderen Umwelten hinreichend große Intensität erhält, um sich durchsetzen zu können.

Hierbei unterscheiden sich diese Entitäten sehr deutlich von solchen, die an dem betreffenden Schaffungs- oder Expansionsprozeß nicht teilnehmen, also von den Entitäten anderer dynamischer Systeme. Aber sie unterscheiden sich noch nicht notwendigerweise deutlich untereinander.

In der *Phase der Reifung* dagegen erreicht die Differenzierung der Entitäten des betreffenden dynamischen Systems beziehungsweise der betreffenden Umwelt ein Maximum; diese Entitäten lassen sich dementsprechend einer maximalen Klassifikation unterwerfen. Die Phase der Reifung entspricht also der Phase der Stabilität.

Expansion ist somit durch relative innere Homogenität und Heterogenität nach außen, Reifung hingegen durch maximale innere Heterogenität charakterisiert.

Umwelten unterliegen aber in nicht geringerem Maße als die sie bildenden Entitäten der Evolution. Vor allem läßt sich die Evolution einer Umwelt nicht von der in ihr enthaltenen Entitäten abgrenzen. Der Begriff «Umwelt» bezieht sich damit also auch nicht einmal auf eine relativ konstantere Größe als etwa die Begriffe «Entität», «Art» oder «Typus».

Wir haben in der bisherigen Darstellung implizit drei Ebenen unterschieden: 1. die Ebene der Entitäten, 2. die des Zusammenwirkens von Entitäten zur Bildung einer Umwelt und 3. die der miteinander wechselwirkenden Umwelten.

Typisch für die Auflösung einer Umwelt in der auf die Reifephase folgenden Instabilitätsphase ist es, daß sich die Umwelt selbst als eine einheitliche homogene (konsistente) auf der Ebene der Umwelten (3) nicht mehr sicher klassifizieren läßt. Das kann sowohl daran liegen, daß sich ihre Grenzen nicht mehr eindeutig gegenüber anderen bestimmen lassen, als vor allem auch daran, daß sich innerhalb der Grenzen einer ursprünglichen Umwelt Kompartimente (Unterteilungseinheiten) entwickelt haben, die ihrerseits als dynamische Systeme jeweils eigene Umwelten bilden. Entscheidend allerdings ist, daß alle derartigen Phasen eben nur Phasen, das heißt willkürlich ausgezeichnete Übergänge innerhalb eines Entwicklungsprozesses eines dynamischen Systems darstellen.

Zum Schluß wollen wir nun noch die vielleicht interessanteste Phase dieses Entwicklungsprozesses betrachten, nämlich das Verhalten der Entitäten eines dynamischen Systems nahe am Bifurkationspunkt. Für diese Phase ist charakteristisch, daß sie keine Klassifikation auf der Ebene irgendwelcher Entitäten zuläßt, ja, es ist nicht einmal möglich, überhaupt von Entitäten zu sprechen. Was sich allerdings unterscheiden läßt, sind Teile einer Gesamtheit, die ihrerseits nicht etwa als ein bestimmtes dynamisches System klassifizierbar wäre, sondern die nur negativ als Dysfunktion, Abweichung, lokale Störung innerhalb schon bestehender Umwelt(en) feststellbar ist.

Diese Überlegung erhält ihren vollen Stellenwert erst in einer ausgeführten allgemeinen Theorie der Emergenz. Für die Ökologie läßt sich daraus allerdings abschließend folgern: Jede Umwelt ist ursprünglich aus einer lokalen Störung oder Zerstörung einer anderen Umwelt hervorgegangen.

Ökologie und Mythos

Die ökologische Bewegung ist deshalb von so epochaler Bedeutung, weil mit ihrem Thema, und zwar *genau mit ihrem Thema* ein wesentliches Defizit unserer Epoche angesprochen wird: der Mangel an zukunftsorientierter, programmatisch umsetzbarer Sinnstiftung. Ökologie steht damit am Ende einer Reihe solch «geistesgeschichtlich» herausragender Themen wie Humanismus, Aufklärung, Sozialismus (Gleichheit), Liberalismus (Freiheit) und den Utopien der Brüderlichkeit.

Bei all diesen «sozialen Mythen» (Georges Sorel) steht letztlich eine anthropozentrische Fiktion, ein utopisches Menschenbild im Zentrum, mit der eingebauten Konsequenz eines unaufhebbaren Antagonismus zwischen der Partikularität der Träger dieses sozialen Mythos und der Universalität seines Geltungsanspruchs. Dagegen steht bei dem neuen sozialen Mythos der Ökologie ein scheinbar neutrales Drittes, ausgestattet mit dem Vorzug möglicher Vergegenständlichung, im Zentrum: die Natur.

Es sei betont, daß es sich hier nicht um eine Ideologie, sondern um einen Mythos handelt. Wir übernehmen diesen Begriff von Georges Sorel, aus seinem Buch ‹*Über die Gewalt*›.

Sorel schreibt: «... die Menschen, die an den großen sozialen Bewegungen teilnehmen, stellen sich ihre bevorstehende Handlung in Gestalt von Schlachtbildern vor, die den Triumph ihrer Sache sichern. Ich schlug vor, diese Bildungen... als *Mythen* zu bezeichnen: der Generalstreik der Syndikalisten und Marx' katastrophenhafte Revolution sind Mythen. Ich habe als bedeutsame Beispiele von Mythen diejenigen angeführt, die durch das Urchristentum, durch die Reformation, die Revolution... aufgestellt wurden. Ich wollte zeigen, daß man nicht versuchen darf, derartige Systeme von Bildern zu analysieren, so wie man eine Sache in ihre Bestandteile zerlegt: daß man sie vielmehr als ein Ganzes historischer Kräfte nehmen und sich insbesondere davor hüten muß, die nachher vollzogenen Taten mit den Vorstellungen zu vergleichen, die vor der Handlung gegolten hatten.»

Bestimmte Gruppen haben also eine bilderhafte, ganzheitliche Vision, die sie wesentlich antreibt und nach deren *Wahrheit* zu fragen völlig sinnlos ist. Der heutige Mythos wird am besten ausgedrückt (natürlich nur das Skelett) durch das Schlagwort: *Friede mit der Natur*. Wir brauchen hier nicht auszuführen, was alles dahintersteckt. Wohlgemerkt: Es geht uns hier nicht um eine Denunziation oder Entlarvung wie bei einer Ideologiekritik – ohne soziale Mythen ist kein politisches Handeln möglich. Nur: bitte lesen Sie noch einmal den letzten Halbsatz Sorels nach dem Doppelpunkt.

Zu einem Mythos kann man sich, im Unterschied zu einer Ideologie, nicht strategisch bekennen. Damit formuliert er zugleich eine *implizite* Gemeinsamkeit über unterschiedliche Ideologien hinaus. Das Faszinierende an der Ökologie ist, daß man mit ihr gleichermaßen praktische und sinnfällige Erfüllungen des Heils- und Erlösungsmomentes, das jedem derartigen Mythos eigen ist, erreichen wie auch eine anschauliche und universale Relevanz begründen kann. Ungewöhnlich ist in diesem Falle die Universalität des Anspruchs möglicher Vergegenständlichung in Verbindung mit der bloßen Anschaulichkeit des Gegenstandbezuges. Ähnlich wie wir bei der letzten Theorie eine Abschwächung der operationalen, erklärungsmäßigen, pragmatischen Kraft der Theorien gesehen haben, so mag auch die handlungsanleitende Kraft sozialer Mythen sich mit der Zeit abschwächen. Sollte die Ökologie ein letzter Mythos sein? Jedenfalls entspricht der Anschaulichkeit ein ästhetisches Empfinden und keine Norm, im Gegensatz zu allen bisherigen sozialen Mythen. Ein ästhetisches Empfinden läßt sich aber letztlich nicht operationalisieren. Wir glauben, daß damit die Ökologie einen unserer Epoche angemessenen Mythos ausdrückt.

Denn die Vereinigung der Menschheit zu einer homogenen Einheit (Weltgesellschaft) wird, wenn überhaupt, von der Technik vollbracht. Damit ist dieses allen sozialen Mythen ursprünglich zugrunde liegende Ziel als solches gar nicht mehr faßbar, sondern einer Eigendynamik fern jeder Humanität überantwortet. Ein neuer Mythos kann dem kein alternatives Ziel entgegensetzen, vielmehr nur noch das zu dieser Entwicklung Komplementäre bewahren: die wie immer geartete «Natürlichkeit des Menschen». Darunter läßt sich gewiß nichts abgeschlossen Definiertes verstehen, aber mindestens eine gefühlsmäßige Komponente dürfte allen Definitionsversuchen gemeinsam sein: das Eingepaßtsein des Menschen in das Wirkungsgefüge der Natur; letztlich eine gewisse Bescheidenheit seiner Rolle.

Mit der Ökologie stoßen wir an eine Grenze der Entwürfe des Menschen von sich selbst, vielleicht an die Grenze des Sinns, den die menschliche Gattung ihrem Dasein und ihrer Geschichte zu geben sucht. Ist es uns denn möglich, den Sonntagnachmittagsspaziergang in den «Gang aufs Land» (Hölderlin) umzuwandeln?

Folgen wir Hölderlin:

«Aber schön ist der Ort, wenn in Feiertagen des Frühlings
 Aufgegangen das Tal, wenn mit dem Neckar herab

Weiden grünend und Wald und die schwanken Bäume
des Ufers
Zahllos blühend weiß wallen in wiegender Luft,
Aber mit Wölkchen bedeckt, am roten Berge der Weinstock
Dämmert und wächst und erwärmt unter dem
sonnigen Duft.»

Wir tun uns ein wenig schwer, dieses Erleben nachzuvollziehen. Ferne Zeiten.

«Aber fraget mich eins, was sollen Götter im Gasthaus?»

Eben.
Aber: Ästhetisches Empfinden als verbleibender Modus der Erfahrung von Umwelt ist hinnehmend rezeptiv und damit auch versöhnlich und friedlich. Eröffnet sich uns damit eine ungeahnte Nähe zu den Ideen östlicher Weisheitslehre (Taoismus, Buddhismus)? Der Kosmos ist der Schmuck, und der Mensch:

«Tut er das Ohne-Tun
Ist nichts, das nicht regiert würde» (Lao Tse).

(Wir meinen damit freilich nicht das Aussitzen der Tunix auf den Regierungsbänken.)

Das kosmische Bild

Nachdem wir die Grenzen wissenschaftlicher Theoriebildung erkundet und dabei auch immer betont haben, daß Wissen nur innerhalb dieser Grenzen gewonnen werden kann, müssen wir uns kritisch und selbstkritisch – im Sinne der Kantschen Vernunftkritik – die Frage stellen, inwiefern wir nun über eine jenseits der Erkenntnisgrenzen wissenschaftlicher Theorien gelegene *Wirklichkeit* reden können. Zum einen, wie schon dargestellt, als Grenzwertbildung der zeitlich gestaffelten Modelliteration. Diese könnte keine Richtung haben, und es könnte für sie kein immanentes Fortschrittskriterium angegeben werden, wenn sie nicht auf ein ihr übergeordnetes, sie übersteigendes «Ziel» bezogen wäre. Auf diese Weise trifft man zwar nicht auf eine Wirklichkeit, aber man kann über den Horizont der eigenen Erkenntnisweisen hinaus auf das Postulat mindestens irgendeines Ersatzes für so etwas wie Wirklichkeit schließen. Dieser Argumentationsstrang interessiert uns hier aber weniger. Wir haben von Wirklichkeit nicht in diesem kritischen Sinne gesprochen, sondern in einem unkritischen, das heißt metaphysischen Sinne, und das ganz bewußt. «Metaphysik» soll hier nicht als Synonym für Ontologie (Seinslehre) verstanden werden, sondern als Gegenstück zu «kritischer Philosophie». Mit anderen Worten: «Wirklichkeit» äußert sich als alltägliche Erfahrung des Lebens – jenseits unserer rationalen Erkenntnis.

Auf der anderen Seite sind solcher metaphysischen Rede aber enge und genau bestimmte Grenzen gesetzt, und zwar dadurch, daß sie nicht in Widerspruch zu unseren Ausführungen über die Grenzen der wissenschaftlichen Theorienbildung, Abstraktion etc. stehen darf. Es gab (zum Beispiel bei Berkeley und Hegel) idealistische Ansätze, in denen Überlegungen angestellt wurden, die unseren Ausführungen über die Entwicklung der wissenschaftlichen Theoriebildung im weitesten Sinne ähneln. Sie gingen allerdings von der Voraussetzung aus, daß man dabei ohne die Annahme einer vorgegebenen metaphysischen Wirklichkeit auskommen könne.

Wir halten diese Versuche für unzureichend und glauben vielmehr, daß man immanent von dem Begriff der «Abstraktion» zu einem seinerseits abstraktiv nicht darstellbaren Komplement kommen muß. Denn Abstraktion ist ja verstanden als Modellbildung gemäß den Bedingungen der Klassifikation, Verallgemeinerung und Reproduktion, und zwar als Bildung von Modellen von *etwas*. Insofern haben diese Modelle ihre Differenz jeweils an sich. Demnach kommt man zu einem inhaltlichen Begriff der Wirklichkeit auch nur, wenn man versteht, daß das von ihm Bezeichnete nur als komplementär zu der der Modellbildung als Operation zugrunde liegenden Intention vorstellbar ist. Mittels Modellbildung *will* man ja immer den jeweiligen Gegenstandsbereich räumlich und zeitlich homogenisieren und entgrenzen, das heißt simultane Verfügbarkeit fingieren: Ich kann auf jede beliebige Stelle zu jeder beliebigen Zeit Bezug nehmen, als hätte ich ein potentiell unendlich großes Feld, bedeckt mit unendlich harten Bauklötzchen, vor mir, die ich mit unendlich langen Armen herausgreifen und mit denen ich hantieren kann, wie es mir gefällt.

Komplementär zu der Modellbildung als Operation kommt man zu den Prinzipien der *Aktualität* und *Lokalität* als Elementen unserer «Minimal-Metaphysik».

Gleichermaßen komplementär zum Prinzip der Verallgemeinerung in der Modellbildung ist das Prinzip der *Singularität* in der Minimal-Metaphysik. Während die Modellbildung als erkenntnismäßige Einstellung in einem primär statischen Sinne funktioniert, wird sie gerade in den Theorien, in denen die Grenzen ihrer Erkenntnisbedeutung besonders drastisch deutlich werden, mehr oder weniger notgedrungen auch dazu verwendet, geschichtliche, dynamische, prozessuelle, evolutive, emergente Phänomene darzustellen. Wir haben aber gesehen, daß dabei das eigentliche Kennzeichen dieser Prozesse nicht erfaßt werden kann, nämlich das Auftreten prinzipiell neuer Sachverhalte, kurz die Emergenz.

Auch haben wir gezeigt, daß die Mathematik als wesentliches Mittel der Modellbildung diese Prozesse nur sehr unspezifisch simulieren kann. Für unsere Minimal-Metaphysik müssen wir daher das Prinzip der *Prozessualität* fordern. Das Prinzip der *Wechselwirkung* als letztes Element unserer Minimal-Metaphysik ist komplementär zu der fundamentalen Voraussetzung der Modellbildung, nämlich der jeder Homogenisierung des Gegenstandsbereiches zugrunde liegenden Fiktion strikter Separierbarkeit – mit anderen Worten: der Annahme, Systeme könnten geteilt werden, ohne daß sich die einzelnen Teile im Vergleich zu ihrem noch ungetrennten Zustand wesentlich änderten. Darüber hinaus ist Wechselwirkung aber auch eine immanente Forderung der Minimal-Metaphysik: Wirklichkeit kann nicht als unverbundenes Nebeneinander aktualer und lokaler Singularitäten, sondern *muß als ereignishafter Prozeß* verstanden werden. Der Ereignischarakter seinerseits beruht auf der Wechselwirkung.

Hier kommen wir nun zu dem zweiten «Fundament» unserer Minimal-Metaphysik; es ist ihre Begründbarkeit in der Erfahrung.

Denn Wirklichkeit ist ja nicht bloßes Komplement zu Abstraktion und Theorie, sondern etwas in der Erfahrung sich Offenbarendes.

Die wissenschaftliche Erfahrung aber ist eine verarmte Erfahrung. Der Wissenschaftler ist ein umgebauter Mensch (Bacon), ein Mensch, der einer Gehirnwäsche unterzogen wurde. Sein Geist wurde gereinigt, von allen Stimmungen, Gefühlen und Empfindungen bei der Arbeit befreit, damit die Modelliteration störungsfrei verlaufen möge. Das gelingt natürlich nur teilweise.

Was leistet nun unsere Minimal-Metaphysik? Nichts. Sie öffnet keinen operationalen Zugang zu irgend etwas, sie analysiert nichts, erklärt nichts, sagt nichts voraus, begründet nichts. Sie ist ein Bild, aber kein Bild des Seins.

Ein Bild von was ist unsere Minimal-Metaphysik?

Wir sagen: ein kosmisches Bild.

Finale

Über die Bewegung
Ein Gespräch

MITCHEL J. FEIGENBAUM: *Hi!*

GALILEO GALILEI: *Che?*

FEIGENBAUM: *O, perdono, professore. Eh... well: hello, ehi, aho...*

GALILEI: Bitte, *Signore*, strapazieren Sie um Gottes willen nicht Ihr Italienisch.

FEIGENBAUM: Puh... Sie mußten also auch Englisch lernen.

GALILEI: *Si*, statt Latein, mein Herr. Alles kurz und knapp. Wenn man will. Läßt es sich ausdrücken.

FEIGENBAUM: Okay, okay, wenn Sie übertreiben... Aber ich sage Ihnen: Meine Sprache ist nicht einfach, wenn man sich angemessen, reichhaltig und idiomatisch ausdrücken möchte.

GALILEI: Sie haben natürlich recht, *La prego*, verstehen Sie mich nicht falsch.

FEIGENBAUM: Einigen wir uns also auf den Lateinersatz?

GALILEI: Bei Ihrem Italienisch! *Bene, bene,* auf *eine* Sprache müssen wir uns einigen. Ich bin dafür. Aber ich frage, ob Sie ein objektives Kriterium für eine Entscheidung haben.

FEIGENBAUM: Ich hätte ein Kriterium, aber ich weiß nicht, wie ich es sinnvoll anwenden soll, da ich kein Linguist bin.

GALILEI: Sie machen mich wirklich neugierig, *affè di Dio*!

FEIGENBAUM: *Well*, wenn wir davon ausgehen, daß unsere Sprache – unsere Sprachen, um genau zu sein – notwendige Darstellungsmittel und... Darstellungsformen der Wirklichkeit sind, dann... sollten wir eine auswählen – eine Sprache –, die ihr Objekt am klarsten und adäquatesten ausdrückt. Zum Beispiel könnte es eine sein, in der das Verb eine größere Rolle spielt als das Substantiv, damit wir die Bewegung besser behandeln können. Mein Kollege Bohm hat...

GALILEI: Bitte, *momento*. Ich glaube dies: Wir können nicht einfach eine Sprache auswählen, nicht einfach, sage ich. Wir müssen die Sprache der Natur erkennen.

FEIGENBAUM: Die Natur spricht nicht.

GALILEI: *Permetti*. Ich bin kein Mystiker, ich bin Mathematiker wie Sie. Da ist eine Ordnung in der Natur, und eine Sprache bildet diese Ordnung ab: Die Sprache der Mathematik.

FEIGENBAUM: Sagen wir: Die Ordnung der Natur wird nachkonstruiert... Aber lassen Sie mich einen Augenblick... damit es keine Mißverständnisse gibt: Was ich vorhin sagte, nehmen Sie doch bitte bloß *cum grano salis*. Ich sprach nur ein Hauptproblem an, mit dem wir uns werden herumschlagen müssen: Substantive in einer natürlichen Sprache drücken eben oft etwas Statisches aus, wie Strukturen in der Mathematik. In der Umgangssprache haben wir dann die Verben, um einen Vorgang, eine Bewegung, einen Prozeß, ja wie soll ich sagen... zu simulieren vielleicht. Was haben wir in der Mathematik?

GALILEI: Sie meinen, was ist das Pendant des Verbums in der Mathematik, wenn man einmal gelten lassen will, daß das Substantiv der Struktur entspricht? *Interessant*, ich bin bereit, mich einzulassen.

Così: Um die Natur zu verstehen, müssen wir verstehen, was Bewegung ist. Die Sprache der Natur ist die Mathematik. Die Mathematik ist die Wissenschaft der abstrakten Strukturen. Strukturen sind statische Gebilde. *Avante:* Wie drücken wir «Bewegung» in der Mathematik aus – für uns zunächst einmal «Ordnungsänderung»? *Chiare?*

FEIGENBAUM: Sehr schön. *Go on*.

GALILEI: Indem wir eine Ordnung, eine Struktur auf eine andere abbilden. Früher sprach ich immer von *proporzione, proportio*, jetzt sage ich «Abbildung» oder «Funktion», je nach Ordnungsart.

FEIGENBAUM: Das Verb in der Mathematik ist die Abbildung oder Funktion?

GALILEI: *Si*, wenn Sie unseren Vergleich so weit treiben wollen.

FEIGENBAUM: Mmh... Drückt die Abbildung eine Bewegung aus?

GALILEI: *No*. Man simuliert Bewegung – nicht bloß Ortsveränderung, auf die wir uns zunächst beschränken – durch *repetizione*, durch Iteration von Abbildungen.

FEIGENBAUM: Es gibt da ein Verfahren... aber ich möchte erst noch etwas anderes sagen. Ich wiederhole meine letzte Frage noch einmal: Drückt Abbildung eine *Bewegung* aus?

GALILEI: *E prego:* Was hat die *Zeit* in der Mathematik zu suchen?

FEIGENBAUM: *Ja,* ganz richtig...

GALILEI: ...die Frage ist alt. Sie hängt mit der Konstruktion von Größen zusammen: Der fließende Punkt schafft die Linie, die Linie die Fläche, die Fläche den Körper...

FEIGENBAUM: Ich meine mehr. Was Sie aussprachen, war ein – zugegebenermaßen wichtiger – Teilaspekt. Aber: Kann die Zeit wesentlich in die Bedeutung der Grundbegriffe der Mathematik eingehen? Verstehen Sie?

GALILEI: *Naturale, Signore* Feigenbaum. Sie ließen mich nicht ausreden. Durch konstruktive Darstellung wird das Problem der Bewegung ungelöst in die Mathematik hereingenommen, aber ohne daß es als solches – ungelöst oder nicht – den Kern träfe. Zwei Fehler.

FEIGENBAUM: Ich habe hier ein Buch; was darin steht, hat mich außerordentlich verwundert, als ich es das erste Mal las, und es verwundert mich immer noch. Es handelt sich nur um einen Absatz... ich zeige Ihnen das mal...

GALILEI: Augenblick... ‹*Topoi – kategoriale Analyse der Logik*›. Erinnert mich an einige dickere und schwerere Bücher, aus denen ich in der Schule einiges auswendig lernen mußte. Neuscholastik?

FEIGENBAUM: Nein, nein, um Himmels willen. Lesen Sie hier, lassen Sie mal den Rest.

GALILEI: *Bene,* keine Aristoteles-Zitate. Ah, hier, ja, ja... «stellt eine Funktion grundlegend als eine Art von Menge dar – ein festes, statisches Ding... vermittelt nicht den ‹operationalen› oder ‹transitorischen› Aspekt des Begriffes...» Das klingt nicht so revolutionär bis jetzt.

FEIGENBAUM: Lesen Sie weiter!

GALILEI: Vielleicht sollte ich doch wissen, worum es in diesem Buch geht. Ich konnte doch nicht *alle* Neuerscheinungen lesen. Es wird sehr viel geschrieben.

FEIGENBAUM: Sie sagen es. Aber das ist nicht notwendig für unseren Zweck. Lesen Sie einfach weiter.

GALILEI: *Bene.* «Es ergibt sich ein bestimmter Eindruck, von Wirkung, Aktion, sogar von Bewegung, deutlich gemacht durch den Gebrauch des Pfeilsymbols, die Quelle-Ziel-Terminologie, und durch die gemeinhin gebrauchten Synonyme für Funktion wie ‹Transformation› oder ‹Mapping›» ...!

FEIGENBAUM: Bis hierhin.

GALILEI: Sofern ich das verstanden habe, sagt der Autor: Wenn ich zwei Mengen habe, den Definitionsbereich A und den Wertebereich B

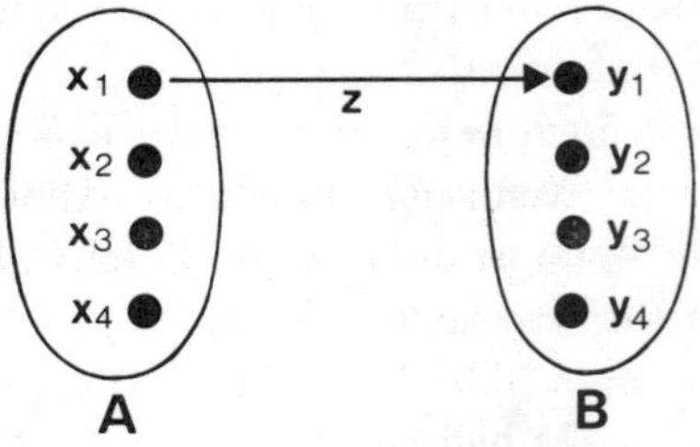

Abb. 54

mit Elementen $x_1, x_2 \ldots y_1, y_2 \ldots$, dann *wirkt* der Zuordnungspfeil z von A *auf* B. *Corretto?*

FEIGENBAUM: Exakt. Und eine Wirkung findet in der *Zeit* statt, denn physikalisch ist sie von der Dimension Energie mal Zeit.

GALILEI: Physikalisch, *Signore*, physikalisch! Der Autor kann nicht im Ernst meinen, daß in der Mathematik...

FEIGENBAUM: Doch. Genau das.

GALILEI: Aber das Problem wird doch nur verschoben. Ich gehe davon aus, daß wir klären wollen: Was ist Bewegung? Wir wollen ein mathematisches Bild. Das Problem ist: Wie entsteht aus *statischen* Bildern ein *dynamischer* Film? Wenn das Bild als Bild sich schon in sich bewegt, frage ich: Habe ich nicht das Resultat in die Voraussetzung gesteckt?

FEIGENBAUM: Warum?

GALILEI: *Perciò:* Bewegung ist eine Abbildung von Orten x auf Zeitpunkte t

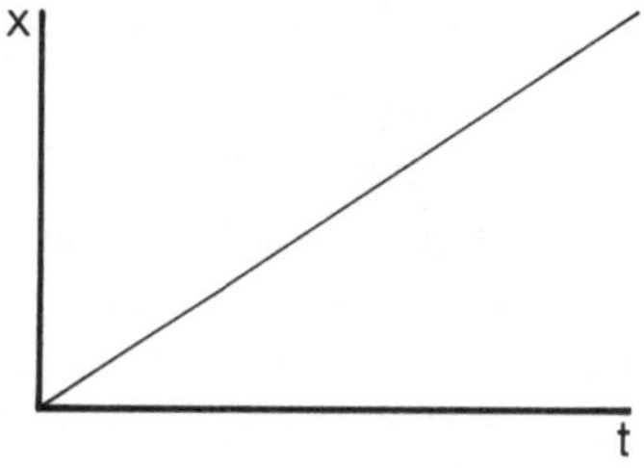

Abb. 55

wie in jedem Bewegungsdiagramm ersichtlich. X ist eine Funktion der Zeit...

FEIGENBAUM: Aber das ist noch keine Bewegung, sondern bloß eine tabellarische Zuordnung von Orten zu Zeiten...

GALILEI: Eben. Will ich Bewegung, muß ich *ableiten:* dx nach dt. Dann fließt es. Wenn ich bloß das Abbildungsdiagramm (Abb. 54) habe – wo ist die Bewegung? Ich habe bloß statische Ab-bilder. Zudem sind sie diskret.

FEIGENBAUM: Mister Galilei, Sir, vielleicht sind Ihre Voraussetzungen falsch. Vielleicht will der Autor nur deutlich machen: Wie genau wir die Bewegung auch analysieren, immer stoßen wir auf – Bewegung. Sie ist grundlegend und unanalysierbar.

GALILEI: Mag sein. Ich würde trotzdem mathematische von physikalischer Bewegung unterscheiden wollen. Aber: das klingt mir wie ein Argument, das Herr Simplicio vor langer Zeit einmal in einem Gespräch vorgebracht hat. Unter der Voraussetzung, daß ein Körper bei Abbremsung – zum Beispiel wenn ich ihn nach oben geworfen habe – immer größere Grade der Langsamkeit, und zwar unendlich viele, durchlaufen müßte, würde er nie zur Ruhe kommen...

FEIGENBAUM: Entschuldigen Sie, *diese* Voraussetzung würde ich nicht machen. Ich sage nur: Sie können aus statischen Bildern nie einen laufenden Film konstruieren; das meinte der Autor. Und das ist *Ihre* Voraussetzung.

GALILEI: *No.* Ich vermeide diese Zenonsche Paradoxie. Es gibt keinen Bewegungs*zustand*. Ein Körper verharrt nie eine endliche Zeit bei einem Geschwindigkeitswert, er geht über jeden Wert sofort hinaus, ohne mehr als einen Augenblick bei demselben zu verweilen...

FEIGENBAUM: Was ist ein «Augenblick»?

GALILEI: *Momento:* ein Grenzbegriff. Herr Leibniz und Mister Newton haben das Problem gelöst. Wir brauchen das nicht noch einmal zu erörtern. Ich will das jetzt auch gar nicht voraussetzen. Ich sage aber folgendes: Ob ein Körper bezüglich eines *Punktes* in einem Koordinatensystem *ruht* oder sich in einem *Bewegungszustand* befindet, ist ununterscheidbar.

FEIGENBAUM: Ich könnte Ihnen da fast zustimmen, wenn Sie nur nicht glauben würden, Bewegung wäre kontinuierlich, ein Flux. Abgesehen davon: Leibniz glaubte an einen Bewegungszustand.

GALILEI: Mag sein. Das ist mir egal. Allgemein mathematisch mag das möglich sein. Ich interessiere mich für den mathematischen Spezialfall: die Natur, nicht für bloße Modelle.

FEIGENBAUM: Wir beziehen uns *mittels* Modelle *auf* das, was wir «Natur» nennen – ein letztes, nie erreichbares Modell. Physik ist nicht bloß angewandte Mathematik, aber ich will mich nicht in solchen Erörterungen verlieren. Mein *physikalischer* Ansatz lautet: Die Welt ist in diskrete Zellen aufgeteilt. (Ich beziehe mich auf die Theorie zellulärer Automaten.) Die Anzahl dieser Zellen ist abzählbar unendlich. Sie sind gekennzeichnet durch einen Besetzungszustand: an oder aus, 1 oder 0, ja oder nein; wie auch immer man es ausdrücken möchte. Auf einer grundlegenden Ebene – *die aber gar nicht vorausgesetzt sein muß* – mögen diese Zellen die Größe *h*, die Plancksche Konstante, haben, so:

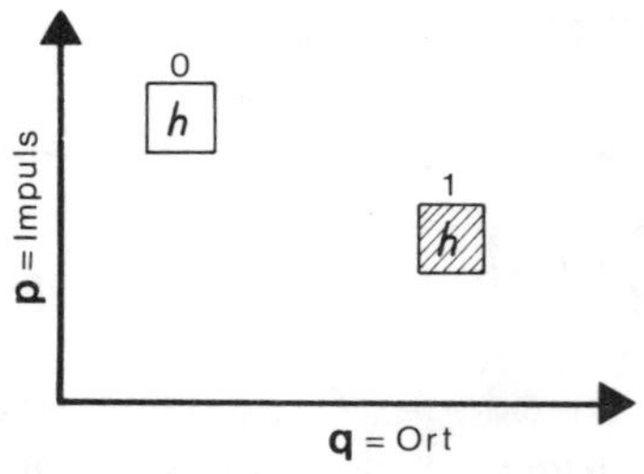

Abb. 56

Es kommt auf die Ebene der Darstellung und auf die Parameter an, die ich für das Koordinatensystem verwende: auf den Darstellungsraum.

GALILEI: Schön, schön. Was ist dann Bewegung bei Ihnen?

FEIGENBAUM: Ich setze voraus, was Herr Konrad Zuse, der Erfinder des Computers, *«digitale Partikel»* nennt: ja – nein. Besetzungszustände von Zellen, die nicht sofort vollständig auseinanderlaufen und verschwinden. Nicht:

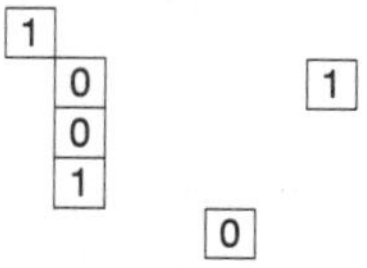

sondern: 1 0 1 0 1 0 etc.

Wir schreiben hier auch von links nach rechts, das heißt, die Bewegung vollzieht sich von links nach rechts, die Zellen symbolisieren einen aktualen Besetzungszustand zu einer Zeit; das Teilchen ist also zu t_1 in Zelle 1, zu t_2 in Zelle 3, zu t_3 in Zelle 5 und so weiter. Der *globale* Besetzungszustand gleich 0 der Welt kommt nie vor. Auch *lokal* fangen wir immer schon an mit einem irgendwie geregelten Besetzungszustand. Die Welt existiert schon immer für uns. Es gab keinen Urknall. Die Wissenschaft behandelt nicht das Nichts. Absolute Homogenität ist eine Abstraktion. Die Welt ist diskret – es ist immer etwas da... Am Anfang war *nicht* die Abstraktion...

GALILEI: *Adagio, Signore.* Ich muß Ihre *verbosità* unterbrechen. Wenn ich Sie recht verstehe, wollen Sie sagen: 1. die Partikel bewegt sich immer, 2. ein Anfangszustand ist rein künstlich von uns gesetzt?

FEIGENBAUM: Ja.

GALILEI: *Bene.* Haben Sie einen mathematischen Kalkül?

FEIGENBAUM: Nein.

GALILEI: Kennen Sie jemanden, der...

FEIGENBAUM: Es gibt Ansätze, zum Beispiel von Herrn Zuse, den ich erwähnte, von Mister Zeigler, von Mister Wheeler, Mister Minsky... Die Sache steckt noch in den Kinderschuhen. Sie müssen bedenken, daß damit nicht bloß Ortsveränderung beschrieben würde, sondern ... zum Beispiel auch Pflanzenwachstum. Mister Zeigler versucht dies. Auch in dem Buch ‹*Du steigst nie zweimal in denselben Fluß*› der Herren Eisenhardt, Kurth und Stiehl wird in dem Kapitel «Dimension und Emergenz» auf Zellwachstum kurz eingegangen. Wie gesagt: ein sehr universeller, noch nicht ausgearbeiteter Ansatz. – Aber ich will Ihnen ein Beispiel geben, sehr vereinfacht.

Wir fangen an mit dem Zustand 0 und geben die Regel an: Auf jeden Besetzungszustand folgt für die *rechte* angrenzende Nachbarzelle der je entgegengesetzte Zustand. Dann bekommen wir: 0 1 0 1 0 1 0 1 etc. Wir sind uns freilich darüber im klaren, daß wir keinen echten Anfangszustand haben: 0 heißt nicht «nichts». Wir haben einfach die *linken* Besetzungszustände nicht angegeben.

GALILEI: Sie hätten auch mit 1 anfangen können.

FEIGENBAUM: Ja, sicher. Auch die oberen und unteren sowie die diagonalen Zustände sind hier noch nicht definiert. (Am einfachsten übrigens stellt das gekästelte Rechenpapier die – zweidimensionale – zelluläre Struktur dar). Gut. Wenn dieses digitale Teilchen nun auf ein Hindernis, sprich einen anderen Besetzungszustand trifft ...

GALILEI: Wie mißt man die Geschwindigkeit?

FEIGENBAUM: Jede Zelle hat für ihre Besetzung eine Eigenzeit, die vom konkreten System abhängt ... Sie bringen mich etwas aus dem ... Wo war ich ...?

GALILEI: «... einen anderen Besetzungszustand trifft ...»

FEIGENBAUM: Ja, richtig ... etwa auf diesen:

```
1
1
1
```

– was wird geschehen? Das hängt von den Regeln ab, mit denen wir die anderen Besetzungszustände der digitalen Partikel definieren. Nehmen wir an, wir hätten Abweichungen eingebaut, etwa gesagt: nach jedem fünften Zustand zwei nach oben, zwei nach unten, abwechselnd:

```
           0                  0
                             [1]
1 0 1 0 1  1 0 1 0 1  1 0 1 0 1[1] etc.,
                             [1]
                     0
```

dann würde das Teilchen «hängenbleiben», denn wenn es versucht, *zwei Zellen hoch* zu springen, passiert nichts, weil es nicht dorthin gelangen kann – *dieser Zustand* ist ja nicht besetzt. Wenn wir statt jedem sechsten jeden fünften Zustand nähmen:

```
            1                   1
           [1]
1 0 1 0    [1]   0 1 0 1    1 0 1 0    0 1 etc.,
           [1]
                       0
```

würde das Teilchen «über das Hindernis springen». Aber wir müssen diese «Zuckungen» nicht «Abweichungen» nennen. Es gibt keinen natürlichen Zustand, keine ideale deterministische Norm: *Bewegung und Fluktuation sind dasselbe.*

GALILEI: Es muß also auch nicht deterministisch jeder fünfte oder sechste Zustand die «Abweichung» sein...

FEIGENBAUM: *No.* Ich würde sogar so weit gehen zu sagen, daß man nicht einfach eine Übergangswahrscheinlichkeit einführen darf, wie das üblicherweise getan wird. Wahrscheinlichkeiten sind nicht grundlegend, sondern müssen aus diesem Modell...

GALILEI: ...bezüglich der Eigenzeit...

FEIGENBAUM: ...wäre möglich...

GALILEI: ...hätte da eine Idee...

FEIGENBAUM: ...mathematisch? ...

DIE AUTOREN: Lieber Leser... psst... einen Augenblick...

GALILEI UND FEIGENBAUM sind schon ziemlich weit entfernt. Galilei gestikuliert heftig, und Feigenbaum nickt nachdrücklich.

DIE AUTOREN: Mein Gott, wenn die noch weitergemacht hätten, nicht auszudenken. Wir können doch in einem Buch nicht *alle* Probleme lösen. Andere wollen auch noch was zu tun haben.

LESER: ...

DIE AUTOREN: Ja, nun sagen Sie doch mal was. Also wirklich. Wir sollten... ach, da kommt noch jemand... Hallo... Sie...

ALAIN ROBBE-GRILLET: Ja, bitte?

DIE AUTOREN: Was wollen *Sie* hier, *Monsieur*? Das hier ist ein Sachbuch, kein Roman, wenn es uns gestattet ist, das festzustellen...

ROBBE-GRILLET: Es ist, es ist. Ich habe mir öfter mal anhören müssen, was Sie so von sich gaben, meine Herren. Wie Sie wissen, habe ich auch das Problem: Was ist die Beschreibung von Wirklichkeit?

DIE AUTOREN: Wollen Sie etwa eine Konklusion vorbringen?

ROBBE-GRILLET: Ach nein. Ich sage bloß: Die Dinge erklären sich nicht, erzählen keine Geschichte. Ich habe das unter Annahme des Gegenteils zu zeigen versucht. Also, seien wir doch konsequent: alle Realität ist unbeschreibbar, und ich weiß instinktiv: Das Bewußtsein mag strukturiert sein wie unsere Sprache, nicht aber die Welt und nicht das Unbewußte; mit Wörtern und Sätzen kann ich weder repräsentieren, was ich vor Augen habe, noch was sich in meinem Kopf verbirgt. Die Wissenschaft wie die Literatur ist also das Streben *nach einer unmöglichen Repräsentation*. Was kann ich tun, wenn ich das weiß?

DIE AUTOREN: Nun, ich kann immerhin Modelle...

ROBBE-GRILLET: Mir bleibt, Fabeln zusammenzustellen, und sie werden genausowenig Metaphern der Wirklichkeit wie Analogien sein, sondern die Rolle von *Operatoren* spielen. Das, was Sie «Modelle» nennen.

DIE AUTOREN: Das betont noch einmal den pragmatischen Aspekt...

ROBBE-GRILLET: Aber die Operatoren repräsentieren nichts, meine Herren. Ich spiele mit dem Material, ich stecke immer in der Ideologie meines Idiolekts...

DIE AUTOREN rennen davon.

ROBBE-GRILLET: ...

DIE AUTOREN: Irgendwie können wir uns doch verständigen, verdammt noch mal. Das ist ein Baum... das ein Haus... na ja, eher eine Hütte... die Frage scheint manchmal zu sein, ob wir uns überhaupt selbst verstehen, ob unser eigener Idiolekt *in sich* übersetzbar ist...

LESER: Jetzt reicht's langsam.

DIE AUTOREN: Habt ihr das gehört? Da hat doch jemand was gesagt? (Die drei horchen gespannt.) Nichts mehr... Na gut, Leute, jetzt reicht's aber langsam. Kommen wir zum Schluß. Lieber Leser, nachdem Sie nun so viele Geschichten gehört haben über Abstraktion und Wirklichkeit, Modellbildung, Klassifikation, Verallgemeinerung und Reproduktion, über IHN, die widerliche Leere des Raumes und die widerlich gelben Automaten, über emergente Phänomene, gebrochene Dimensionen und «stotternde» Bewegungen, über Paradoxa der Bewegung und der Emergenz, über den harten Brocken Zenon, über Ökologie und Evolution, kurz und gut: über statische Modelle und dynamische Systeme, da fehlt doch noch eine letzte Geschichte: die einzige Geschichte, die letzte Frage: Wie entstand diese Welt?

Darauf wissen wir eine Antwort:

Die Antwort

«Kinder», sprach der weise Mann, «ihr wollt sicher wissen, wie die Welt entstanden ist und woher ihr kommt.»

«Au ja, au ja, erzähl's uns, erzähl doch!» jauchzten die Kinder.

«Also», hub er an, «vor langer, langer Zeit, da landete der Explorator 2i % auf einem unbekannten Planeten. Nachdem er sich von der Überlichtgeschwindigkeit erholt hatte und regeneriert war, stieg er in sein Space Shuttle, setzte auf, schwebte dann mit seinem Antigrav auf den Boden – jedoch mit seinem Ratioplorator fand er keine höheren Intelligenzen, und auch sonst war es recht langweilig dort. Aber gerade als er seinen Spießburger aß, sah er mit Entsetzen, wie sein Space Shuttle, das er einige Meter über der Oberfläche abgestellt hatte, schwankte und zu fallen drohte. Wie sollte er denn ohne dessen Hilfe zurück zu seinem Schiff kommen?»

«Na, mit dem Antigrav», riefen die Kinder.

«Aber nein», sagte der weise Mann, «der ist doch viel zu schwach. Nein, nein, er hatte sofort die Ursache ausgemacht: Es waren viele bösartige Magnetratten, die sich von Feldstärke ernährten. Auf der Stelle griff er sich seine kombinierte Laser-Antimaterie-

Schleuder und erledigte die Ratten. Das hätte er nicht tun sollen...»

«Warum denn nicht?»

«Ja, denkt euch, es geschah folgendes: Als der Explorator 2i % alle Magnetratten ausgetilgt hatte, brach das Magnetfeld des Planeten völlig zusammen, und er begann in einer Spirale in die stark magnetische Doppelsonne zu stürzen. 2i % konnte gerade noch entkommen und sein Schiff für den Überlichtflug fertig machen.

Voller Schreck schaltete er seinen Videoplorator ein, und was sah er auf seinem Schirm?»

«Sag's uns doch», drängten die Kinder.

«Der Planet stürzte wirklich in das Doppelsystem, alle drei verschmolzen. Der Planet war nämlich sehr groß...»

«Wie groß?» wollte ein Winzling wissen.

«Oh, mindestens ein Viertel so groß wie eine der Sonnen. Aber laßt mich weiter erzählen. Also, als alle drei zusammen waren, war die kritische Masse überschritten, und nach vielen Blähungen entstand ein großes, dusteres, schwarzes Loch, und weil das System in einem riesigen Nebel war, saugte es ihn geschwind auf, und bis es eine ganze Galaxie schluckte, verging nur eine kurze Zeit.

Und am Schluß hatte es an Größe so zugenommen, daß es das ganze Universum verputzte.

Der Explorator meldete dies Mißgeschick, so schnell er nur konnte, seiner Zentrale, und die beauftragte die Firma Buildup Ltd., endlich ein stabiles, geordnetes, ruhiges und sauberes Universum zu schaffen, eben das, in dem wir jetzt leben.»

So schloß der weise Mann mit einem gütigen Lächeln.

Aber die Kinder waren nicht zufrieden.

«Wo war denn 2i %, als alles kaputtging?»

«Und... und die Firma und das?» stotterte eines aufgeregt.

«Wer hat denn das vorige Universum gemacht?» piepste ein vorwitziges Mädchen.

«Kinder», sagte da der weise Mann, «es ist Zeit, zu Bett zu gehen.»

Gute Nacht, lieber Leser.

Nachwort (1995)

> Heraklit, der fast ein Jahrhundert vor Platon lebte, ist berühmt wegen der Äußerung «Denen, die in dieselben Flüsse hineinsteigen, strömen andere und wieder andere Wasserfluten zu» – eine Aussage, die Platon selbst mit dem Satz «Du steigst nie zweimal in denselben Fluß» umschrieb.
>
> M. MITCHELL WALDROP

Nicht jeder Prozeß läßt Neues entstehen, höchstens in einem trivialen Sinne. Mit der Geburt eines Homo habilis, dessen Vorfahren ebenfalls der Art Homo habilis zugehören, entsteht zwar etwas Neues, da jedes individuelle Ereignis etwas Neues ist – so wie die Sonne jeden Tag wieder «neu» erscheint –, doch handelt es sich um die Neuheit einer Form, die sich nur unwesentlich von einer anderen – Vorgängerform – unterscheidet. Im Gegensatz dazu ist ein Prozeß echt emergent, wenn die Formveränderung strukturell instabil ist; mit anderen Worten, die neue Form kann in die alte nicht durch stetige Deformation rückgeführt werden, sie ist nicht auf sie reduzierbar. Dies ist zum Beispiel der Fall, wenn aus Homines habiles auf einmal Homines sapientes hervorgehen, als eine neue Art. Andererseits wird aus einer Mücke kein Elefant entstehen; wir hätten es mit einem unerklärlichen Wunder zu tun.

Unsere Theorie beruht auf der Überlegung, daß beim Übergang von einer alten zu einer neuen Form wesentliche Struktureigenschaften der alten, wenn man sie in die neue abbildet, nicht erhalten bleiben. Ein idealisierter einfacher Fall ist die Abbildung einer Kugel in einen Torus (Kugel mit Loch – Bild 19). Diese Abbildung ist nicht strukturerhaltend – kein Morphismus –, da sich die Kugel nicht durch stetige Deformation in den Torus transformieren läßt – wir nennen diese nicht strukturerhaltende Abbildung jetzt «Antimorphismus». Wir gaben noch eine zusätzliche prozessuale, dynamische Bedingung für einen emergenten Vorgang an: Am Instabilitätspunkt, dem Punkt des Übergangs der alten in die neue Form, ereignet sich eine fraktale Bewegung, die gerade die Dynamik der Transformation als das Zusammenbrechen der alten Form und die Entstehung der neuen simuliert. In einem Teilbereich bricht gewissermaßen die Dimension der alten Form zusammen, wird fraktal, damit sich dann eine neue Form zusammensetzen kann – so wie während der Zellteilung ein Flimmern und Fluktuieren einsetzt, so daß die genaue Form des Übergangs – der Teilung – erzittert und verschwimmt. Wir können die meisten emergenten Übergänge freilich etwas abstrakter betrachten, indem wir uns die Abbildung eines alten Eigenschaftsraumes in einen neuen ansehen, woraus sich die Möglichkeit ergibt, die Emergenz neuer Eigenschaften im allgemeinen Sinne zu analysieren. Eine neue *wesentliche* Eigenschaft im Übergang vom Homo habilis zum Homo sapiens ist der Sprachgebrauch des letzteren – hier ist die Abbildung des alten Eigenschaftsraumes in den neuen nicht strukturerhaltend. Diese Fassung war in unserem Buch schon angelegt. Wir haben sie in dem Aufsatz «Aufriß einer Theorie der Emergenz» (1990) etwas weiter ausgearbeitet.

Eine Theorie der Emergenz war zu der Zeit, als wir unser Buch schrieben, und ist auch heute unbedingt erforderlich im Zusammenhang der nichtlinearen Dynamik, da alle vorliegenden Modelle, auf die wir noch kurz eingehen werden, eine allgemeinere Theorie der Entstehung von Neuem voraussetzen. Diese Theorie gab es damals noch nicht, und es ist bis heute, abgesehen von unserem Ansatz, kein Versuch veröffentlicht worden, sie zu formulieren. Sicher, es gibt einige wissenschaftstheoretische Erörterungen, auf die wir hier nicht eingehen wollen, es gibt einige Untersuchungen über die Geschichte des Begriffs, und es gibt die permanente Erwähnung einer Theorie der Emergenz in Veröffentlichungen über Chaos, Antichaos, Komplexität und Selbstorganisation. Aber die Autoren verfügen über keine solche Theorie, was man durch Nachschlagen im Register unter dem Stichwort «Emergenz» leicht feststellen kann. So ist Christopher G. Langton, einer der Theoretiker des Santa-Fe-Instituts zur Erforschung komplexer Systeme, noch am ehrlichsten, wenn er, wie M. Mitchell Waldrop in seinem Buch ‹*Inseln im Chaos*› (1993) berichtet, sagt: «All diese Begriffe wie Emergenz,

Adaption, Komplexität – wir sind ja noch dabei herauszufinden, was sie bedeuten.» Manchmal hat man leider den Eindruck, daß es sich nicht um Begriffe, sondern bloße Wörter handelt. Für alle, die die «Registerprobe» machen wollen, sei noch auf Roger Lewins ‹*Die Komplexitätstheorie: Wissenschaft nach der Chaosforschung*› (1993) hingewiesen. Jack Cohen und Ian Stewart geben denn auch in ihrem Buch ‹*Chaos – Antichaos: Ein Ausblick auf die Wissenschaft des 21. Jahrhunderts*› (1994) zu, daß sie über eine Theorie der Emergenz – ihr Buch handelt zu einem wesentlichen Teil von Emergenz – nicht verfügen (S. 557). Auf den Einwand «Das sind Sachbücher, keine Fachbücher» antworten wir: «Es sind sehr genaue Sachbücher, die über den neuesten Stand informieren; zudem leisten zum Beispiel Cohen und Stewart selbst Pionierarbeit in dieser Forschung. Wer jetzt noch nicht zufrieden ist, der möge in ein technisches Werk blicken, zum Beispiel in die «Bibel» der Komplexitätsforscher, den von Wojciech Zurek herausgegebenen Band ‹*Complexity, Entropy, and the Physics of Information*› (1990), und er wird genauso nur auf «Emergenz», nicht jedoch auf eine Theorie derselben verwiesen.

Im deutschen Sprachraum ist die Lage ähnlich. Hier gab es einen relativ großen Widerhall – so wurde zum Beispiel die entscheidende Frage gestellt, ob eine Theorie der Selbstorganisation, die Strukturentstehung durch das Zusammenspiel von Gesetzen (Notwendigkeit) und Fluktuation (Zufall) beschreibt, vollständig ist. Anton Kranner schreibt in dem 1990 erschienenen Buch ‹*Grundprinzipien der Selbstorganisation*› (herausgegeben von Karl Kratky und Friedrich Wallner): «Reichen ‹Zufall› und ‹Notwendigkeit› als Erklärungskategorien aus, um die Emergenz neuer Strukturen zu verstehen? Oder anders formuliert: Besitzen wir damit bereits eine Theorie der Emergenz? Besonders die letzte Frage wird von einigen Autoren entschieden bezweifelt (Eisenhardt, Kurth und Stiehl 1988, S. 73).» So ist es: Die Theorie der Selbstorganisation allein – wie auch die (Anti-)Chaostheorie und die Komplexitätstheorie – ist keine Theorie der Emergenz.

Trotzdem tauchten unsere Namen immer wieder im Umfeld von Selbstorganisationstheorien auf, zum Beispiel in der ‹*Urgeschichte der Selbstorganisation*› (1991) von Rainer Paslack, der jedoch bemerkt, daß wir *keine* Selbstorganisationstheorie aufgestellt haben, und unser Unterfangen daher als «emergenztheoretische Arbeit» charakterisiert (S. 15). Im Verlauf der Darstellung geht Paslack des öfteren auch auf den Begriff der Emergenz ein, vermeidet freilich eine präzise Unterscheidung von Emergenz- und Selbstorganisationstheorien.

Hermann Haken, der Begründer der Synergetik, trifft diese Unterscheidung seit einiger Zeit überhaupt nicht mehr. So schreibt er in einem Aufsatz, der 1989 in den Akten des 13. Internationalen Wittgenstein Symposions erschienen ist, nach einer kurzen Erörterung unseres Buches: «Die Entstehung neuartiger makroskopischer Strukturen eines gesamten Systems, und zwar von Strukturen, die nicht in den einzelnen Teilen bereits alleine sichtbar sind, bedeutet nichts anderes als eine Emergenz neuer Eigenschaften. Die Synergetik kann so als eine allgemeine Emergenztheorie angesehen werden.» Haken spricht in Vorträgen – zum Beispiel in seinem Beitrag für die öffentliche Vortragsreihe «Chaos – Ein Dialog zwischen den Wissenschaften» (Oktober 1994 bis Februar 1995 in Frankfurt am Main) von der «Emergenz neuer Qualitäten», welche die Synergetik beschreibt.

Es ist natürlich richtig, daß im Prozeß der Selbstorganisation neue Qualitäten, Strukturen oder Formen entstehen. Wir haben in unserem Buch dargestellt, auf welche Weise die Synergetik durch Kooperation von Schwingungsmoden neue Muster oder Formen durch Reduktion von Komplexität entstehen läßt, aber auch darauf hingewiesen, daß sie keine Auskunft darüber gibt, «*wie* das genau am Bifurkationspunkt geschieht und in welchem Verhältnis der alte zum neuen Zustand steht» (S. 183). Dies ist genau das Problem der Emergenztheorie: *Das Geschehen am Punkt der Zustandsänderung zu erklären.*

Haken hat inzwischen den zweiten Punkt, nämlich das genaue Verhältnis des alten zum neuen Zustand, topologisch etwas weiterentwickelt: Er betrachtet – wie wir – eine nicht strukturerhaltende Abbildung zwischen altem und neuem Zustand eines musterbildenden Systems (Hermann Haken/Arne Wunderlin: ‹*Die Selbststrukturierung der Materie: Synergetik in der unbelebten Welt*›, Braunschweig 1991, S. 234ff). Genauer, Haken argumentiert, daß der – nicht näher betrachtete – Übergang von einer Äquivalenzklasse (Objekte mit gleichen Eigenschaften) eines Systems zu einer anderen (Objekte mit gleichen, aber anderen Eigenschaften als die der ersten Klasse) strukturell instabil ist, wenn sich die Klassen nicht eindeutig (immer genau ein Objekt der ersten Klasse ist immer genau einem der zweiten zugeordnet) und stetig (ohne Risse ineinander überführbar) aufeinander abbilden lassen. Das ist an sich völlig korrekt – selbstverständlich ist ein Vorgang der Selbstorganisation auch emergent. Es geht freilich darum, das *Spezifische* einer Theorie der Emergenz herauszustellen und sie überhaupt zu entwickeln; so ist zum Beispiel nicht jeder emergente Vorgang auch einer der Selbstorganisation (etwa eine Supernova).

In unserem schon erwähnten Aufsatz «Aufriß einer Theorie der Emergenz» (1990) haben wir versucht, das Spezifische der Emergenz unter anderem durch nicht strukturerhaltende Abbildungen zwischen Äquivalenzklassen zu charakterisieren (S. 131) und die im Buch vorgeschlagene Theorie zu vertiefen. Setzen wir an dieser Stelle erneut an und versuchen, die Weiterentwicklung unserer Theorie der Emergenz zu skizzieren und sie auf die anderen Theorien nichtlinearer Dynamik zu beziehen.

Gehen wir noch einmal auf das Problem der Dynamik ein. Emergenz ist ja eine bestimmte Form der Dynamik. Wenn unsere Welt dynamisch und prozessual ist, wie kann Bewegung (Dynamik) mathematisch (Statik) beschrieben werden? Zenon meinte, dies sei *nicht* möglich, ja der Begriff der Bewegung überhaupt inkonistent sei. Wir haben dieses Problem ausführlich im Buch dargestellt. Im Kapitel «Statik und Dynamik» befassen wir uns mit den zenonischen Paradoxien, wobei es sich herausstellt, daß sie im Rahmen der klassischen Analysis, also auch mit Hilfe des Grenzwertbegriffs, nicht lösbar sind.

Erst wenn wir uns einiger Ergebnisse der formalen Logik bedienen, zeigt sich, wie man dennoch mit Hilfe der Infinitesimale (beliebig kleine Größen) zu einem befriedigenden Resultat kommt. Entscheidend ist dabei die Überlegung, dem Begriff der «unendlich kleinen Größe» einen mathematisch zufriedenstellenden Sinn zu geben. Dies gelang Abraham Robinson, indem er ein Infinitesimal als «größer als Null, aber kleiner als jede positive Zahl» definierte. Es ist mit Hilfe dieser Definition möglich, eine neue Interpretation der Infinitesimalrechnung zu geben, die es erlaubt, sowohl die bereits bekannten Sätze und Ergebnisse zu erzielen als auch Beweisverfahren zu vereinfachen. Die Axiome und Ableitungsregeln der klassischen Analysis werden also mit einer anderen Interpretation versehen, das heißt, man geht von einem anderen «Modell» der Analysis aus, der sogenannten Nichtstandardanalysis. In ihr läßt sich der Bewegungsbegriff widerspruchsfrei definieren. Betrachtet man eine Größe (zum Beispiel Ort oder Zeit), die sich verändern kann – also keine Konstante ist –, so läßt sich die Änderung dieser Größe x als $x + dx$ ausdrücken, wobei dx eine positive infinitesimale Zahl darstellt und den Zuwachs um einen Betrag bezeichnet, der «beliebig klein, aber größer als Null ist». Diese Größen kann man nicht messen. Rechenverfahren mit solchen unendlich kleinen Größen erlauben es, statt mit Grenzwerten mit Brüchen von Infinitesimalen zu rechnen. Leibniz behauptete in diesem Zusammenhang nicht, daß die Infinitesimalen existieren, sondern nur, daß man mit ihnen arbeiten kann, als ob sie existierten.

Heutzutage verwendet man den sogenannten Kompaktheitssatz der Logiker und Mathematiker Anatoli Malzew und Leon Henkin, um solche Nichtstandardgrößen einzuführen. Er besagt vereinfacht: Wenn in einem Standarduniversum jede endliche Teilmenge einer Menge von Sätzen wahr ist, dann gibt es ein Nichtstandarduniversum, in dem die gesamte Menge der Sätze gleichzeitig wahr ist.

Reicht uns das? Wo ist die Dynamik? Wir denken, daß die im Buch angesprochenen Probleme der Bewegung und Dynamik noch nicht gelöst sind. Der Ort ihrer Lösung ist jedoch kein Utopos, sondern liegt in Theorien, die bereits existieren, aber noch weiterentwickelt werden müssen.

Wie entsteht Neues? Ist es möglich, eine präzise mathematische Theorie zu erstellen, die erklärt, wie aus einem alten Zustand ein neuer auftaucht, der nicht auf den alten zurückführbar ist, aber trotzdem noch eine Verbindung mit ihm hat?

Vor Hunderttausenden von Jahren entstand der Homo sapiens aus dem Homo habilis: Stirnformen, Hirnvolumen und Sprache sind irreduzibel neu, Knochenbau, Größe und Gebrauch von Werkzeug verbinden die beiden Gattungen. Wenn Wasser gefriert, lassen sich die Moleküle nicht mehr gegeneinander verschieben, und der Zustand wird fest-kristallin, aber die chemische Struktur bleibt erhalten – Wasser bleibt Wasser. Vor 15 bis 20 Milliarden Jahren entstand unser Universum aus einem raum- und zeitlosen Grundzustand, der freilich eine bestimmte Ordnung hatte, die sich teilweise dem Universum aufprägte. Wenn man eine Erbsensuppe kocht, bildet sich unter Umständen eine Art Bienenwabenmuster, das man erkennt, wenn man die Suppe von oben betrachtet – die Erbsen jedoch werden nicht zerstört. Sonnen kochen schwerere Elemente aus als Wasserstoff und Helium, doch erschaffen sie weder Elektronen noch Protonen und Neutronen. Eine befruchtete Eizelle, die sich im Teilungsprozeß befindet, entwickelt sich zu einer komplizierten Struktur, die mit dem quasi kugelförmigen Anfangsstadium kaum noch etwas gemein hat – die genetische Struktur aber bleibt erhalten.

Alle diese Vorgänge – man könnte noch viele andere aufzählen – scheinen extrem verschieden zu sein, sie haben jedoch eines gemeinsam: Es entsteht etwas Neues aus einem alten Zustand, der dieses Neue in irgendeiner Form erzeugt und bedingt, ohne daß die Information über den neuen Zustand schon im alten steckt. Wäre dies der Fall, geschähe nur scheinbar etwas Neues, alles Wesentliche bliebe erhalten. Eine Theorie des radikal Neuen, die gemeinsame Eigenschaften aller Übergänge von einem alten Vorzustand zu einem neuen Nachzustand ungeachtet der ungeheuren Vielfalt und Verschiedenheit dieser Prozesse beschreibt, ist eine Theorie der Emergenz.

Eine solche Theorie sollte ganz allgemein gefaßt werden. Es gibt mehrere Begriffe, die unsere Theorie der Emergenz einschränken, von denen wir hier nur zwei erwähnen wollen: «Punktmenge» und «Metrik». Wenn wir fraktale Geometrie betreiben, wenn wir eine fraktale Bewegung ansetzen, um emergente Übergänge zu beschreiben, so setzen wir voraus, daß der Raum, in dem wir dies tun, aus Punkten (Objekten der Dimension Null) in irgendeiner Weise «zusammengesetzt» ist (hier entstehen die im Buch vorgestellten zenonischen Paradoxien) und daß man zwischen zwei Punkten einen

Abstand hat, also ein (Meter-)Maß anlegen kann. Damit ist aber schon sehr viel vorausgesetzt, so daß eine Erklärung des emergenten Vorgangs nicht geleistet wird. Eine Neuentstehung ist ein radikaler Bruch, der angemessen dargestellt werden muß, und zwar für *möglichst viele Systeme*: Wir dürfen auch die Hauptemergenz, nämlich die Entstehung von Allem, nicht von vornherein ausschließen. Mit der Emergenz des Universums taucht ja erst die Raumzeit auf, die durch Anreicherung mit jeweils spezielleren Strukturen stetig, glatt und metrisch *wird*. Der Grundzustand des Kosmos ist nicht so beschaffen; deshalb kommen wir nicht weiter, wenn wir uns mit dem Speziellen befassen.

Nehmen wir also Figuren an, die sich einzig und allein durch ihre Form wesentlich unterscheiden, nicht aber dadurch, daß diese Form größer oder kleiner ist; zudem soll die Form nicht aus Punkten «zusammengesetzt» sein, also aus Nullgrößen, sondern sie besteht aus verschiedenen Unterformen (selbst nicht aus Punkten bestehend), die größer als Null, aber unendlich klein sind. Es ist *nicht* so, daß man diese Unterformen immer kleiner *machen* kann (durch eine Grenzwertbildung), sie jedoch niemals unendlich klein *sind* – gerade das sind sie! Sie haben freilich keine *bestimmte Größe* (etwa 0,00000...001 Millimeter), sie können daher nicht gemessen werden. «Klein» heißt hier nur, daß sie Teile anderer Figuren sind, über deren «absolute» Größe wiederum nichts ausgesagt ist, da ihnen Größe nicht zukommen soll. Dies ähnelt in gewisser Hinsicht der Teilmengenbeziehung oder bestimmten allgemeinen geometrischen Beziehungen: Ein Rechteck, diagonal durchschnitten, besteht aus zwei Dreiecken, ohne daß über die Größe der Figuren etwas gesagt ist – ein unendlich kleines Rechteck kann aus zwei unendlich kleinen Dreiecken bestehen (*unendlich* klein ist keine *bestimmte* Größe). Was unterscheidet die Figuren? Grob gesagt, die Anzahl ihrer «Löcher» (das – mathematische – Geschlecht). Bleiben wir bei unserem Beispiel im Buch. Eine Kugel hat das Geschlecht 0, ein Torus (Kugel mit Loch oder Henkel – auch eine Tasse mit Henkel ist äquivalent – oder ein Kubus mit Loch oder Henkel) aber ist vom Geschlecht 1, eine Brezel hat das Geschlecht 2 und so weiter. Es gibt dann auch Figuren mit unendlich vielen Löchern, die so durchschossen sind, daß sie nicht mehr in sich zusammenhängen. Im

Buch hatten wir das Cantorsche Diskontinuum aufgeführt (Abb. 42), das durch die Wegnahme des mittleren Drittels einer Strecke, dann der mittleren Drittel der zwei übrigbleibenden Strekken usw. entsteht. Das Ergebnis ist ein total unzusammenhängendes Gebilde, doch besteht es aus Punkten (der größte zusammenhängende Teil ist jeweils eine Menge mit einem Punkt als Element) und hat eine Metrik. Stellen wir uns nun ein total unzusammenhängendes Gebilde vor, das aus den erwähnten unendlich kleinen (Unter-) Formen besteht, die wir nach dem Mathematiker und Logiker Abraham Robinson «Monaden» nennen, vielleicht so, daß die Monaden unendlich nahe, aber in keinem bestimmten Abstand ziemlich unregelmäßig beieinanderliegen, ohne in irgendeiner Weise durch ein Metermaß – und sei es auch noch so krumm und verzogen – gemessen werden zu können.

Ein emergenter Übergang, in unserem Beispiel von der Kugel (als Vorzustand) zum Torus (Nachzustand), soll vor diesem Hintergrund beschrieben werden. Es wurde schon vom Zusammenhang einer Figur gesprochen. Wir brauchen hier nur anzumerken, daß die Zusammenhangszahl gleich zweimal Geschlecht plus eins ist; die Kugel hat dann die Zusammenhangszahl 1, der Torus 3 (die Brezel 5). Die Zusammenhangsstruktur als n-facher (n = 1, 3, 5, ...) Zusammenhang ist allgemeiner definiert: Eine zusammenhängende Figur kann *nicht* als Vereinigung getrennter Teilmengen dargestellt werden – sie ist von vornherein gar nicht getrennt oder in Teilfiguren zerfallen. Dieser *Zusammenhang ersetzt die Dimension* der fraktalen Geometrie, da der Dimensionsbegriff in dieser Theorie eine Metrik voraussetzt, die wir ja fallenlassen. Was bedeutet dies für den Begriff der Emergenz? Es bedeutet, daß jetzt der Ausdruck «Antimorphismus» die Abbildung eines Vorzustandes (zum Beispiel Kugel) in den durch einen *gebrochenen Zusammenhang* (aus diesem Vorzustand) erzeugten Nachzustand (in unserem Beispiel: Torus) bezeichnet. Der Zusammenhang, nicht die Dimension ist gebrochen. Dies ist nicht nur so zu verstehen, daß sich der Zusammenhangscharakter der Figur insgesamt von einfach zusammenhängend zu dreifach zusammenhängend (1/3) ändert, sondern das Zwischenstadium (vgl. Abb. 16) besteht in einer lokalen «Überspannung» des Loches mit einer – bildlich gesprochen – unendlich dünnen «Fläche», die selbst aus lauter Monaden «zusammengesetzt» und damit total unzusammenhängend ist. Man kann auf diese Weise von ganz verschiedenen Figuren ganz verschiedene Teilbereiche aufeinander und ineinander abbilden und jeweils ganz verschiedene, gebrochene Zusammenhangszahlen erhalten.

Was wir hier beschrieben haben ist ein rein *topologischer Phasenübergang* (mathematische Phasenübergänge werden in der nichtlinearen Dynamik behandelt), wobei unter «Phase» nicht wie in der Physik «flüssig – kristallin» (Wasser→Eis) oder «nichtmagnetisch – magnetisch» verstanden wird, sondern «k-fach zusammenhängend – n-fach zusammenhängend». Wie die Physiker betrachten, was während des Phasenübergangs von einem physikalischen Zustand zum anderen geschieht, so blicken wir quasi durch die Lupe unserer Emergenztheorie «in» den kritischen Punkt und behaupten, daß der in dieser Weise charakterisierte, gebrochene Zusammenhang eine universale Eigenschaft aller emergenten Vorgänge ist.

Vor sieben Jahren legten wir in diesem Buch den Ansatz einer solchen Theorie vor; inzwischen hat sich in der nichtlinearen Dynamik, also der übergreifenden Theorie, welche die Chaostheorie, die Theorie komplexer Systeme, die Selbstorganisationstheorie und andere umfaßt oder weitergehend als Spezialfälle enthält, einiges getan. Es kristallisieren sich verschiedene Theorien heraus, die eine jeweils ganz bestimmte inhaltliche Funktion im Rahmen der nichtlinearen Dynamik – der Dynamik komplexer und instabiler Systeme – übernehmen. Wie steht es mit diesen Theorien? Können sie kurz und verständlich charakterisiert werden? Wir müssen zuerst einmal Ordnung in die neuen Theorien nichtlinearer Phänomene bringen. Dazu brauchen wir einen Grundbegriff, der als Vergleichsmaßstab dienen soll; wir entscheiden uns für «Ordnung». Er ist hinreichend allgemein, denn alles, was ist, muß eine bestimmte Ordnung haben – total Ungeordnetes gibt es nicht, da das total Ungeordnete das vollständig Unbestimmte und Verschwommene wäre. Auf der anderen Seite ist dieser Begriff speziell genug, um wesentliche Aspekte der neuen Theorien vergleichen zu helfen, denn sie alle sagen etwas Bestimmtes über Ordnungszustände von Systemen aus, gerade auch die Chaostheorie.

Was ist Ordnung? Die Gegenstände auf einer Schreibtischplatte sind geordnet, wenn sie nicht alle gleich verteilt sind, also jeder Gegenstand an irgendeiner Stelle sein könnte und alle irgendwie «durcheinandergerührt» sind. Dies kann man präzisieren.

Ein Tisch mit einer homogenen runden Platte, auf der sich ähnliche Arbeitsgerätschaften im linken oberen Viertel («neun Uhr») befinden, möge um 90 Grad nach rechts gedreht werden; dann liegen die Gerätschaften im rechten oberen Viertel («drei Uhr»): Der Tisch sieht insgesamt anders aus, denn seine Symmetrie ist gebrochen worden. «Symmetrie» bedeutet nämlich «Unveränderlichkeit bezüglich Drehungen, Spiegelungen und Verschiebungen». Dagegen wäre der Tisch nach der Drehung insgesamt im wesentlichen invariant geblieben, wenn die Arbeitsgeräte über die Tischplatte gleich verteilt gewesen wären. Der erste Zustand ist ein geordneteter, der zweite ein ungeordneter, so wie der erste, grob gesagt, einer der Asymmetrie, der zweite einer der Symmetrie ist. Etwas abstrakter betrachtet hat zum Beispiel ein Kreis eine höhere Drehsymmetrie als ein Quadrat oder ein Kochsalzkristall eine höhere Symmetrie als eine pflanzliche oder eine tierische Zelle.

Wir sagen also: Ordnung ist der Zustand der Asymmetrie. Die Steigerung der Asymmetrie erhöht den Ordnungsgrad. Die Erhaltung der Ordnung bezeichnet Stabilität, die – wesentliche – Änderung der Ordnung Instabilität. *Deterministisches Chaos* ist aus dieser Sicht *Ordnungsaufspaltung* bis hin zur beobachterrelativen völligen Unübersichtlichkeit: Die an sich deterministisch gearteten Zustände eines Systems – also die Zustände der Ordnung – laufen so auseinander und durcheinander, daß die Information über die Anfangsordnung für eine Berechnung des Systems verlorengeht. Das System ist empfindlich gegenüber den Anfangsbedingungen, und zwar so, daß winzige Strömungen übermäßig wachsen. Doch eines ist völlig klar: Könnte ein unendlicher Geist die Anfangsbedingungen präzise bestimmen, wäre er in der Lage, den Systemverlauf so genau vorherzusagen, wie man Planetenbahnen im Sonnensystem vorhersagen kann. Es gibt in chaotischen Systemen keine interne Unbestimmtheit – die Quantenmechanik spielt hier keine Rolle, und das sogenannte Quantenchaos ist keine Hochschaukelung der Heisenbergschen Unschärferelation.

Die *fraktale Geometrie* ist eine im wesentlichen *selbstähnliche*, selbstbezügliche, in der maßstabsbezogenen Ineinanderschachtelung *gebrochene Ordnungsstruktur*: Üblicherweise setzt sich ein größeres Gebilde aus selbstähnlichen kleineren Gebilden so zusammen, daß die Anzahl von der *Dimension* abhängig ist. Eine Gerade (Dimension $\underline{1}$) setzt sich aus zwei ($2^1 = 2$; Dim.$\underline{1}$ = Hochzahl) Geraden (Hälften) zusammen, ein Quadrat (Dimension $\underline{2}$) aus vier ($2^2 = 2 \times 2 = 4$; Dim.$\underline{2}$ = Hochzahl) kleineren Quadraten, ein Würfel (Dimension $\underline{3}$) aus acht $2^3 = 2 \times 2 \times 2 = 8$; Dim.$\underline{3}$ = Hochzahl) kleineren Würfeln.

Bei fraktalen Gebilden kann die jeweils unterstrichene ganze Zahl (die Hochzahl), welche die Dimension des Gebildes ausdrückt, ein Bruch sein, der sich nicht auf eine ganze Zahl zurückführen läßt. So ist diese gebrochene Zahl, 1,5849..., wenn sich ein fraktales Gebilde aus drei ähnlichen reproduzieren läßt (denn $2^{1,5849} = 3$; Dim. $\underline{1,5849}$ = Hochzahl). Chaotische Systeme haben in ihrem Verlauf fraktale Endzustände, sogenannte Attraktoren, auf die sie sich zubewegen.

Selbstorganisation ist eine *systeminterne*, nicht von außen aufgeprägte *Entstehung relativer Ordnung*. Höhere Ordnung entsteht aus niedrigerer Ordnung, nicht aus völliger Unordnung (Chaos im volkstümlichen Sinne), die es ja nicht gibt: «Völlige Unordnung» nannten wir «vollständig unbestimmt»; jetzt kann es heißen «vollständig symmetrisch», da völlig gleichmäßig (verteilt). Etwas total Homogenes ist aber – nichts, denn etwas Reales muß mindestens eine Markierung, einen Symmetriebruch, eine Heterogenität haben.

In einem selbstorganisierten System wird die intern produzierte Ordnung nicht wesentlich durch Randbedingungen geprägt.

Zum Beispiel treten bei biologischen Systemen Vorgänge der Selbstorganisation und Selbsterneuerung auf sowie kohärentes Verhalten bei Form- und Strukturveränderungen im Laufe der Zeit, das heißt bei der Bildung neuer Strukturen. Diese Umwandlungsprozesse nehmen auf sich selbst Bezug im Gegensatz zu vielen technischen Prozeßabläufen, die einer äußeren – also nicht im System liegenden – Steuerung unterworfen sind.

Damit sorgen diese offenen Systeme für die Konstanz ihrer Struktur (zum Beispiel lebende Zellen), wobei sie gezielt die Wechselwirkung mit ihrer Umgebung, also die aufbauenden (anabolitischen) und abbauenden (katabolitischen) Prozesse beeinflussen. Thermodynamisch gesprochen handelt es sich um irreversible, zeitlich gerichtete Prozesse fern vom thermodynamischen Gleichgewicht. Die zeitliche Symmetrie wird also gebrochen, und erstmals tritt Geschichtlichkeit als beschreibende Systemeigenschaft auf. Eine neue stabile Struktur kann das alte System nur erhalten, indem es die Fluktuationen in seinem Innern (Zelle) verstärkt und diese einen bestimmten Schwellenwert überschreiten. Auch chemische und physikalische Systeme können sich selbst organisieren.

Komplexität ist eine allgemeine Eigenschaft selbstorganisierter beziehungsweise dynamischer Systeme, die die unterschiedlichen Niveaus des jeweiligen inneren Ordnungsgrades *beschreibt*: das *Maß für den Ordnungsgrad*, so daß die höhere Ordnung mit der niedrigeren auf irgendeine Weise quantitativ verglichen werden kann. Welche Probleme darin stecken, werden wir noch sehen.

Wir müssen in den eben aufgespannten Rahmen noch einige neuere Begriffe und Theorien stellen, die in den letzten Jahren diskutiert wurden, wie einige Weiterentwicklungen der Theorie des deterministischen Chaos, nämlich die Modelle der schwachen und der starken chaotischen Zustandsänderung. Hier zeigt sich, daß es eine Leerstelle für eine Theorie gibt, deren Name zur Zeit Konjunktur hat, die als notwendig erkannt wird – nur hat sie bislang keiner ausgeführt: Es handelt sich natürlich um eine Theorie der *Emergenz*. Diese allgemeine Theorie muß präzise die Art und Weise des *Übergangs zwischen unterschiedlichen Ordnungsgraden erklären*; es ist die Theorie der Tiefenstruktur komplexer dynamischer Systeme, die universelle Eigenschaften der Übergänge in ganz verschiedenen Systemen behandeln sollte.

Selbstorganisierte Kritizität beschreibt schwach chaotische Ordnungsänderung, also teilweise informationserhaltende Ordnungsaufspaltung (es sind Vorhersagen möglich). Schwach chaotische Systeme bewegen sich von einer abrupten Ordnungsänderung zur anderen, nachdem sie jeweils auf der Grenze von Ordnungserhaltung und Ordnungsänderung verharrten (an der «Grenze des Chaos», wie das Schlagwort lautet). Erdbeben scheinen dieser

Dynamik zu folgen. Gegeneinander und aneinander verschobene Platten der Erdkruste bauen ein Spannungspotential auf, das sich urplötzlich entlädt – in einer bestimmten Folge größerer und kleinerer Beben –, wobei dann wieder ein Potential entsteht; bei Lawinen könnte die Verlaufsform ähnlich sein.

Es gibt auch *stark chaotische Ordnungsänderungen*, die überhaupt keine Vorhersagen gestatten; sie haben keine voneinander getrennten Attraktoren, da sich extrem verschiedene Attraktoren in jedem noch so kleinen Abstand zueinander befinden. Die Verzweigungen und potentiellen Endzustände sind völlig durchmischt, so daß die Ordnungsaufspaltungen überall unentwirrbar übereinandergelagert sind. Eine Minimalordnung ist immer da, doch ist sie geringer als in standard-chaotischen Systemen, in denen die Attraktoren nicht dermaßen durchmischt sind, da noch identifizierbare Einzugsgebiete eine größere Rolle spielen.

Das deterministische Chaos erzeugt aus einfacher Ordnung (Regeln) komplexere Ordnungsaufspaltung und -überlagerung; man kann mit einem simplen Taschenrechner durch einfach Iterationsvorschriften, zum Beispiel $y = ax(1 - x)$, wobei $a \geq 1$, recht komplexe Attraktorenreihen produzieren. Aber es geht auch umgekehrt. Beim *Antichaos* entstehen «einfache» Regeln aus «komplexen» Anfangs- oder Grundzuständen – Jack Cohen und Ian Stewart sprechen davon, daß «komplexe Ursachen einfache Wirkungen hervorrufen» (S. 33). Üblicherweise erklären die Ursachen die Wirkungen: In den meisten Naturwissenschaften wird unter einer wissenschaftlichen Erklärung die Zurückführung (Reduktion) komplexer Eigenschaften von Systemen, insbesondere ihres Verhaltens auf einfache Komponenten (Eigenschaften) dieser Systeme verstanden.

Nun gibt es aber Systeme und Prozesse, bei denen dieser Versuch nicht zum Erfolg führt, da in ihnen einfache Eigenschaften und Muster als Resultat auftauchen – oder emergieren. Es muß also genau umgekehrt erklärt werden, warum aus komplexem Verhalten Einfachheit entsteht. Als Beispiel seien hier chemische Wellen genannt (sogenannte Belusow-Shabotinski-Reaktionen, etwa ein periodischer Farbwechsel von Rot nach Blau). Cohen und Stewart führen in diese Erklärungsproblematik zwei neue Begriffe ein, die auf den ersten Blick den Eindruck erwecken, als handle es sich lediglich um Neologismen.

«Simplexität» (*simplexity*) und «Komplizität» (*complicity*) sind Neukombinationen der Ausdrücke Einfachheit (*simplicity*) und Kompliziertheit (*complexity*) und werden folgendermaßen definiert: Simplexität hängt mit dem Wort Simplex zusammen und bedeutet «aus einzelnen Teilen zusammengesetzt». Sie beschreibt das Auftauchen (Emergieren) von Merkmalen, «großräumigen» (*large scale*) Einfachheiten, als direkte Folge von verschiedenen, aber sehr ähnlichen Regeln, was dem Konzept des Antichaos von Stuart Kauffman sehr nahe kommt: das Auftauchen von einfachem großräumigem Verhalten in komplexen Systemen. Als Beispiel sei an das Auftauchen der Feigenbaum-Konstanten bei Phasenverdopplungen erinnert.

> *Simplexität:* relativ komplexe, ähnliche Regeln → (*simplex features*).

Komplizität wird als eine Art Superemergenz betrachtet, die auftritt, wenn total verschiedene Regeln zusammenwirkende, ähnliche Merkmale produzieren, genauer, wenn dieselben großräumigen «Strukturmuster» (*structual patterns*) auftauchen. Dadurch wird der Raum der Möglichkeiten (Vielfalt) vergrößert. Beispiel: die Evolution insgesamt. Es gibt neben den Regeln auch Regeln von Regeln (Metaregeln) verschiedener Stufen.

> *Komplizität:* verschiedene Regeln → ähnliche Merkmale (Evolution).

Diese ähnlichen Merkmale sind Merkmale einer Kette wachsender Komplexität, deren allgemeine Richtung vorhersagbar ist, wie Cohen und Stewart sich ausdrücken. Inwieweit aber unterscheidet sich die Komplexität eines Lebewesens von der eines Kristalls? Wie ist der genaue Zusammenhang von Komplexität und Emergenz?

Bis heute gibt es auch in den verschiedenen Vorschlägen zu einer Komplexitätstheorie noch keinen überzeugenden Ansatz, der «Emergenz» als den grundlegenden Begriff einer wirklich allgemeinen Theorie eingeführt hätte. Dennoch steht dieser Begriff dort in einem ganz bestimmten Kontext. Wenn von «Emergenz» die Rede ist, ist grundsätzlich «Emergenz von Komplexität» gemeint. Die eigentümliche Unbestimmtheit des Emergenzbegriffs ist dadurch aber noch nicht zu beheben. Zwar ist der Komplexitätsbegriff, der in der Komplexitätstheorie verwendet wird, wohldefiniert – es handelt sich um den Komplexitätsbegriff der algorithmischen Informationstheorie, der sich im wesentlichen auf die Länge der *Zeichenfolge eines Programms* bezieht –, doch läßt er sich leider schwerlich auf physikalische (bilogische etc.) Systeme übertragen, auch nicht über den Begriff der Entropie (wahrscheinlichster Zustand – der Unordnung – eines abgeschlossenen Systems) als Brücke.

Man braucht also nicht zuletzt deshalb einen physikalisch anwendbaren Komplexitätsbegriff, weil man nur mit seiner Hilfe den undeutlichen Emergenzbegriff erklären kann. Denn die verschiedenen Komplexitätstheoretiker sind sich, unseres Erachtens zu Recht, darüber einig, daß Emergenz eben Emergenz von Komplexität ist. Sie teilen wohl weitgehend die Einschätzung, daß erst eine Physik der Emergenz die Einlösung aller stillschweigenden *«kreationistischen»* Ansprüche der Physik darstellen könnte. Diese haben nicht erst seit der neuzeitlichen Mechanik ein höchst unoffizielles Schattendasein gefristet, sondern im Grunde schon seit ihrer Zähmung durch Aristoteles, der mit der Einführung der Begriffe *dynamis* und *energeia* die erste große Zurücknahme der frühen kosmogonischen Entwürfe zugunsten einer praktikableren Physik einleitete. Das «Warum» der Erklärung von Emergenz im Rahmen komplexitätstheoretischer Bemühungen ist also eigentlich klar, bleibt noch das «Wie». Und wenn es sich so verhält, daß der einzig brauchbare Komplexitätsbegriff – der der algorithmischen Informationstheorie – nicht unmittelbar auf physikalische Objekte anwendbar ist, dann geht es vielleicht anders herum, und man definiert «Komplexität» im Rahmen einer Emergenztheorie, anstatt «Emergenz» im Rahmen einer Komplexitätstheorie, über die man ohne Emergenz eben gar nicht wirklich verfügt, ungeklärt zu lassen.

Betrachten wir den Zusammenhang von Thermodynamik und Information. Wir werden dann sehen, wie unangemessen die üblichen Begriffe von Information und Komplexität sind, um die Komplexität von physikalischen Objekten und die Emergenz von

Komplexität zu beschreiben. Es gibt eine Übereinstimmung der thermodynamischen Entropie, also des Maßes für die Wahrscheinlichkeit (der Zustände) eines physikalischen Systems oder Objekts, mit der informationstheoretischen Größe des mittleren Informationsgehaltes einer Nachricht, wie er aus der von Claude Shannon entwickelten Informationstheorie folgt. Dabei entspricht der mathematische Ausdruck des mittleren Informationsgehaltes *H* eines Signals, das aus Zeichen mit verschiedenen Wahrscheinlichkeiten besteht, dem negativen Wert der thermodynamischen Entropie *S* eines physikalischen Systems. Daher wird *H* auch als Negentropie oder Boltzmann-Gibbs-Shannon- beziehungsweise BGS-Entropie bezeichnet. Der Zusammenhang beider Größen besteht im Begriff der Gleichverteilung: Gleiche Häufigkeit des Auftretens von Zeichen einer Nachricht (a, b, c... treten gleich häufig auf, zum Beispiel e nicht häufiger als y) ist analog dem wahrscheinlichsten Zustand eines abgeschlossenen physikalischen Systems (alle Teilchen 1, 2, 3... können gleich wahrscheinlich an jedem Ort sein).

Dieser Zusammenhang hat seit den fünfziger Jahren viele Physiker, Informatiker und auch Philosophen immer wieder fasziniert, aber er hat letztlich nicht den entscheidenden Beitrag zu den kühnsten Projekten der Kybernetik oder der Artificial Intelligence geleistet, den sich viele davon erhofft hatten. So wie die Entropie ein quantitatives Maß für die Wahrscheinlichkeit der möglichen Zustände eines physikalischen Systems darstellt, das im wesentlichen für Vielteilchensysteme geeignet ist, die sich durch große Homogenität beziehungsweise geringe Strukturiertheit auszeichnen, so ist die Negentropie beziehungsweise der mittlere Informationsgehalt einer Nachricht ein rein quantitatives Maß für die Wahrscheinlichkeit des Vorkommens eines Zeichens in einer beliebigen Zeichen- oder Signalfolge und kein allgemeines Maß der Komplexität beliebiger Systeme oder Objekte. *Letztlich sind beide quantitative Bilanz- oder Potentialgrößen und keine Strukturmaße.*

Das eigentliche Problem der Anwendung der BGS-Entropie bei dem Versuch, die strukturelle Komplexität von physikalischen Systemen oder Zeichenfolgen zu erklären, besteht darin, daß sie zuviel leistet und dieses Viele zu undifferenziert bleibt. Mit Hilfe der Entropie läßt sich *jedem Zustand* eines physikalischen Systems eine

Wahrscheinlichkeit zuordnen; für eine Theorie der strukturellen Komplexität sind dagegen von vornherein einerseits nur Zustände, die allesamt höchst unwahrscheinlich sind, und andererseits die spezifischen Übergänge von *einem* derartigen Zustand zu einem *anderen* interessant. Mit anderen Worten, im Rahmen einer Komplexitätstheorie geht es weniger um die Frage, warum und wie überhaupt unwahrscheinliche Zustände, das heißt komplexe Systeme, im Universum entstanden sind, sondern warum und wie sich ein bestimmter solcher Zustand aus einem anderen entwickeln konnte.

Obwohl die quantitative Informationstheorie nur wenig zur Erklärung des Komplexitätsbegriffes hatte beitragen können, blieb man auch weiterhin am Informationsbegriff orientiert, aber an einem anderen. In der zweiten Hälfte der achtziger Jahre tauchte unseres Wissens erstmals in den Diskussionen von Forschern aus dem Umkreis des Santa-Fe-Instituts, die sich explizit mit der Begründung einer Komplexitätstheorie befaßten, ein Begriff auf, den gut zwanzig Jahre zuvor Mathematiker eingeführt hatten, um die Komplexität von Algorithmen zu charakterisieren. (Ein Algorithmus ist ein endliches allgemeines Verfahren, nach genau definierten Regeln aus Eingangsgrößen bestimmte Ausgangsgrößen zu berechnen, das heißt Resultate zu erhalten, zum Beispiel bei der Addition.) Der Begriff ist unter verschiedenen Namen bekannt, als algorithmische Information, algorithmischer Informationsgehalt, Kolmogorov-Komplexität, Solomonoff-Kolmogorov-Chaitin- beziehungsweise SKC-Komplexität oder einfach als algorithmische Komplexität (AK).

Um die Signifikanz der AK für eine naturwissenschaftliche Komplexitätstheorie zu verstehen, müssen wir jetzt endlich unseren intuitiven Komplexitätsbegriff etwas präzisieren. Die beste vortheoretische Definition der Komplexität, die wir kennen, stammt von Murray Gell-Mann und lautet: *Komplexität ist komprimierte Information.* Die Pointe dieser Definition liegt darin, daß sie die Notwendigkeit der Komprimierung betont, und genau das ist auch die Pointe der AK. Denn die algorithmische Komplexität beziehungsweise der algorithmische Informationsgehalt einer Zeichenkette ist als die Größe des kleinsten Programms definiert, das sie als Output ergibt, wenn man es auf einen universellen Computer ausführt. Läßt sich die Zeichenkette nicht komprimieren, entspricht ihre algorithmische Komplexität üblicherweise ihrer Länge in Bits. Die AK einer Zeichenfolge ist also die *Länge des kleinsten Programms, mit dem sich diese Zeichenfolge erzeugen läßt, ausgedrückt in Bits.*

Man erkennt hier zwar sofort, daß die AK von sehr langen Zeichenfolgen, die sich nicht komprimieren lassen, also zum Beispiel von Zufallsfolgen, sehr hoch sein muß, und das erinnert auch sofort an die uninteressanten Fälle, die so reichlich von der quantitativen Informationstheorie angeboten wurden, aber im Falle der AK sind solche Zufallsfolgen auch tatsächlich uninteressante Fälle. Sie erlaubt es im Unterschied zur Informationstheorie, eben gerade zwischen solchen uninteressanten und den für eine Komplexitätstheorie interessanten Fällen zu unterscheiden, eben anhand der Komprimierbarkeit. *Die interessanten Fälle in der algorithmischen Komplexitätstheorie sind genau die Zeichenfolgen, die noch bei annähernd maximaler Komprimierung eine möglichst hohe algorithmische Komplexität aufweisen.*

Natürliche komplexe Systeme, die der obigen Charakterisierung interessanter Fälle der AK entsprechen, sind eigentlich viel eher «komplizierte Systeme», das heißt Systeme oder Objekte, die durch ein hohes Maß an Inhomogenität ihrer Subsysteme oder Elemente gekennzeichnet sind. Ein anderes Merkmal natürlicher komplexer Systeme ist, daß ihre Kompliziertheit das Ergebnis internalisierter Emergenz ist, also der Entwicklungsgeschichte, die zur Ausbildung dieser Systeme führte.

Komplizierte Systeme bestehen soweit immer aus einer größeren Anzahl verschiedenartiger Elemente oder Subsysteme, *komplexe Systeme* im engeren Sinne dagegen aus einer Vielzahl gleicher Elemente und Relationen. Es gibt also durchaus komplexe Systeme, die nicht kompliziert sind, während komplizierte Systeme immer auch eine entsprechende Komplexität haben. Beispiele für komplexe Systeme mit geringer Kompliziertheit sind unter anderem das Go-Spiel, Wolken, Schwämme; Beispiele für eher komplizierte Systeme sind dagegen das Schach-Spiel, Wirbeltiere etc.

Komplizierte Systeme oder Objekte entsprechen den oben als

«interessant» bezeichneten Fällen der algorithmischen Komplexitätstheorie, als Zeichenfolgen, die noch bei (annähernd) maximaler Komprimierung eine möglichst hohe algorithmische Komplexität aufweisen, wobei diese Eigenschaft der der Inhomogenität, also einer möglichst großen Anzahl verschiedenartiger Elemente oder Subsysteme, entsprechen soll.

Um ein geeignetes Kriterium für Kompliziertheit zu finden, muß man zu Komplexitätsmaßen der Theorie rekursiver Funktionen zurückkehren, aus der das Konzept der algorithmischen Komplexität abgeleitet ist. Auch hier gibt es eine Vielzahl von Komplexitätsmaßen, und einige sind bloße Varianten derjenigen, die in der AK diskutiert werden. Es gibt aber wenigstens eines, das vielleicht das Zeug dazu hat, uns auf der Suche nach einem Kompliziertheitskriterium weiterzuhelfen: die sogenannte Schleifenkomplexität *(loop complexity)* eines Programms. Sie wird, primär eine durchaus unspektakuläre Angelegenheit, durch die Anzahl der Schleifendurchläufe festgelegt, die für die Berechnung einer rekursiven Funktion beziehungsweise eines Programms erforderlich sind; demnach ist sie eng mit dem dafür benötigten Zeitaufwand verknüpft. Aber anders als dieser und anders als die anderen erwähnten Komplexitätsmaße bezieht sich die Schleifenkomplexität endlich in erster Linie auf ein Strukturmerkmal eines Programms und nicht auf eine mit diesem verbundene Potential- oder Bilanzgröße wie die Entropie oder die Shannonsche Information.

Daher wurde, aufbauend auf der Schleifenkomplexität, ein Maß für die Kompliziertheit eines Systems beziehungsweise Programms vorgeschlagen, das *emergente Höhe* heißen soll. Für die Schleifenkomplexität als Anzahl der Schleifendurchläufe sind genau zwei Faktoren bedeutsam, erstens die Anzahl der Ausführungen für jeden einzelnen Schleifenbefehl und zweitens die Anzahl der Schleifen insgesamt. Zur Bestimmung der emergenten Höhe sind die Anzahl und die Anordnung der Schleifen die wichtigsten Merkmale, wobei unter «Anordnung» die rekursive Verschachtelung der Schleifen verstanden werden soll, also eine Programmstruktur, bei der Schleifenbefehle innerhalb von Schleifen vorkommen, zum Beispiel bei Unterprogrammen. *Die Verschachtelungstiefe (Unterprogrammverschachtelung) von solchen Programmen entspricht dann, wenn (annähernd) maximale Komprimierung erreicht ist, der emergenten Höhe der dadurch erzeugten beziehungsweise beschriebenen komplizierten Systeme.*

Damit erfüllt die emergente Höhe die gestellte Anforderung an ein Kriterium für Kompliziertheit, nämlich Zeichenfolgen auszuzeichnen, die noch bei (annähernd) maximaler Komprimierung eine möglichst hohe algorithmische Komplexität aufweisen, wobei diese Eigenschaft der Zeichenfolgen der der Inhomogenität der beschriebenen Systeme, also einer möglichst großen Anzahl verschiedenartiger Elemente oder Subsysteme, entsprechen soll. Wir können nun auch eine exaktere Unterscheidung von «Komplexität» und «Kompliziertheit» angeben: *Komplex* sind Zeichenfolgen beziehungsweise die entsprechenden Systeme, wenn sie nur bei geringer Verschachtelungstiefe (annähernd) maximal komprimierbar sind, *kompliziert* dagegen, wenn sie nur bei großer Verschachtelungstiefe (annähernd) maximal komprimierbar sind.

Als «emergente Höhe» bezeichnen wir die große Verschachtelungstiefe komplizierter Systeme deshalb, weil sie auf einem wesentlichen Merkmal jedes emergenten Systems beruht, nämlich der Nichtreduzierbarkeit. Anstelle von «geringer Verschachtelungstiefe» hätten wir auch von «einer oder wenigen Ebenen (Strata oder Level)» sprechen können und anstelle von «großer Verschachtelungstiefe» auch von «einer großen Anzahl von Ebenen (Strata oder Level)». Hier haben wir sie also wieder, die nichtreduzierbaren Strata oder Level, die immer die Eigenart der Emergenz gewesen sind. Damit ist unsere Vermutung, Komplexität müsse etwas mit Emergenz zu tun haben, durch den Umstand bestätigt, daß komplizierte Systeme, wie wir gezeigt haben, insofern durch internalisierte Emergenz charakterisiert sind, als ihre hohe AK auf einer großen Zahl von Strata/Level/Ebenen mit annähernd maximaler Komprimierung auf jedem einzelnen Stratum/Level beruht.

Leider gibt es allerdings so gut wie keine natürlichen komplexen Systeme, die digitale Objekte sind, und es gibt vielleicht nicht einmal welche, die sich auf solche reduzieren lassen, wie das Beispiel von Organismen zeigt, die allen reduktionistischen Illusionen von Molekulargenetikern zum Trotz eben nicht auf den Informationsgehalt des Genoms zu reduzieren sind. Aber selbst wenn mit Hilfe besserer Beschreibungen solche Reduktionen eines Tages doch möglich würden, bliebe die Kluft zwischen erkenntnistheoretisch-beschreibender und realer physischer Ebene bestehen. Einerseits sind die benötigten Idealisierungen einer perfekten Theorie oder gar perfekter Wissenschaftler prinzipiell nie verifizierbar, und sollten wir uns diesbezüglich mit der Annahme annähernder Perfektion zufriedengeben, so ist damit nichts darüber gesagt, ob die Objekte mitspielen oder ob sie sich nicht vielleicht neue Eigenschaften zulegen, die mit unseren Beschreibungen gar nicht erfaßt werden. Bislang haben sie dies jedenfalls, wenn genügend Zeit zur Verfügung stand, immer getan.

Daß die Kompliziertheit natürlicher komplexer Systeme das Ergebnis internalisierter Emergenz ist, legt den Gedanken nahe, die Emergenztheorie könnte die Brücke bilden, über die die Komplexität oder Kompliziertheit endlich zu ihren Objekten gelangte. Schließlich geht es in der Emergenztheorie von Anfang an nicht um Zeichenfolgen, sondern um natürliche Systeme und Objekte. Unter «internalisierter Emergenz» verstehen wir dabei eine dem System oder Objekt eigene interne Schichtung von Leveln beziehungsweise eine interne Stratifikation. Es stellt sich demnach die Frage, ob diese reale Unterscheidung innerer Ebenen angemessen dargestellt werden kann, und wenn ja, in welchem Verhältnis eine derartige Darstellung zu der der Kompliziertheit als emergenter Höhe (Verschachtelungstiefe der Schleifenkomplexität) steht.

Wir kommen zu unserem Vorschlag zurück, Emergenz als antimorphe Abbildung oder Antimorphismus zu beschreiben, der Idee, Emergenz könne durch eine nichthomöomorphe Abbildung dargestellt werden – derart, daß sich dabei das topologische Geschlecht beziehungsweise die Zusammenhangszahl der betrachteten Gebilde im Übergang zum Vor- und Nachzustand ändert. Wie wir am Beispiel der antimorphen Abbildung von einer Kugel in einen Torus gezeigt haben, führt die Brechung der Zusammenhangsstruktur dazu, daß sich die Anzahl der Durchdringungen des betreffenden Objekts verändert (im allgemeinen erhöht). Im folgenden bezeichnen wir die durch solche Durchdringungseigenschaften und ihre emergenten beziehungsweise antimorphen Transformationen charakterisierten Strukturen als solche mit «topologischer Komplexität» oder «Kompliziertheit», wobei diese Eigenschaften gerade auch natürliche komplexe (komplizierte) Systeme oder Objekte aufweisen.

Das Maß der topologischen Komplexität (TK) eines komplizierten Systems, zum Beispiel eines physikalischen oder biologischen Gebildes, sei das *topologische Geschlecht dieses Systems*, also die Anzahl (und zusätzlich insbesondere die Anordnung) der Durchdringungen des Systems. Dies folgt einerseits unmittelbar aus der oben angeführten Definition von Emergenz als Antimorphismus, das heißt Veränderung beziehungsweise Erhöhung der Zusammenhangszahl eines entsprechenden Gebildes im Übergang vom Vor- zum Nachzustand einer Transformation, und andererseits aus der am Anfang dieses Nachworts entwickelten Charakterisierung von Emergenz als Emergenz von Komplexität. In einer etwas groben und in einigen Fällen auch unangemessenen Weise kann man sagen, daß die TK eines Gebildes wesentlich durch die Anzahl und die Anordnung der «Löcher» in ihm gegeben ist. Tatsächlich aber handelt es sich – im Unterschied zur rein topologischen Betrachtung wie etwa dem Kugel-Torus-Beispiel – bei physikalischen Modellen häufig nicht um «Löcher» im eigentlichen Sinne, sondern um beliebige funktional geschlossene oder zyklisch operierende Strukturen oder generell: um Durchdringungen beliebiger Art. Sehr viele solcher Beispiele findet man in der Biologie, wo Durchdringungen als Faltungen, Ein- oder Ausstülpungen, Einschnürungen etc. vorkommen, sie spielen in der Gastrulation der Neurala, der Anlage des Auges und der Chorda eine offensichtliche Rolle, sind aber auch sonst ein fundamentales Bau- und Entwicklungsprinzip der Biologie.

Das eigentlich Überraschende bei dieser Charakterisierung der TK besteht darin, daß hier ein aus der AK entwickeltes Komplexitätsmaß (emergente Höhe basiert auf Schleifenkomplexität) gleichsam «natürlich» mit dem aus der Emergenztheorie stammenden Konzept des Antimorphismus übereinstimmt. Es sieht also so aus, als käme die Komplexitätstheorie tatsächlich nicht ohne einen ausgearbeiteten Begriff der Emergenz aus.

Am Schluß wollen wir noch einmal auf die vorsokratischen Ursprünge unserer Fragen zurückkommen. Ein hartnäckiger Gegner unseres Vorbilds Heraklit war Zenon von Elea, der die Möglichkeit nicht nur von Veränderung, sondern von jeder Art Bewegung abstritt. Als er seine – übrigens bis heute ernstzunehmenden – Argumente wieder einmal im Kreise anderer Gelehrter vortrug, stand ein Sophist ganz einfach auf und ging. Er hielt dies für eine gute Widerlegung Zenons. In unserem Buch haben wir diese praktische Widerlegung Zenons mit einer theoretischen begründet.

Anhang

Nachbemerkung

Als wir uns entschlossen, ein Buch über die erkenntnistheoretischen Voraussetzungen und Konsequenzen der modernen Naturwissenschaften und Mathematik zu schreiben, trugen wir uns mit einem Plan, der – wie bei solchen Projekten nicht unüblich – aufgrund der Menge der Fragestellungen eher zu einer Enzyklopädie als zu einem Sachbuch geführt hätte. Dieses Projekt ließ sich in einer solchen Form natürlich nicht durchführen. Aber wir hatten ein brauchbares Exposé, eine Gliederung und einen zentralen Gedanken: Zwei wesentliche Theorien der modernen Physik, die spezielle Relativitätstheorie und die Quantenmechanik, sind aus der Forderung entstanden, *nur das ernst zu nehmen, was wirklich gemessen werden kann.* Dieser Forderung müssen die Theorien komplexer Systeme auch gehorchen. Erst dann werden sie eine «kanonische» Form erhalten, die sie jetzt noch nicht haben. Erkenntnistheoretisch durchdacht, besagt diese Forderung: «Wirklich» ist das – und nur das – diskrete Ergebnis eines lokalen Wechselwirkungsprozesses.

Verschiebungen der Arbeitsaufteilung und -gewichtung zwischen uns ergaben sich, Asymmetrien in der Produktion, Aufnahme und Wiederaufnahme von Ideen. Durchgearbeitete Beiträge wurden verworfen, Zusätze mußten geschrieben werden. Einer von uns übernahm es, aus handschriftlichen Notizen, losen Blättern, maschinenschriftlichen Manuskriptseiten etc. das zu erstellen, was man einem Verlag als Manuskript anbieten kann. Ein langwieriger und mühevoller Prozeß. Aber ein Prozeß.

Alle Geschichten wurden von Peter Eisenhardt geschrieben. Die im folgenden aufgeführten Kapitel bzw. Abschnitte wurden jeweils von dem bzw. den in Klammern angegebenen Autor/en eigenständig verfaßt:

Einleitung (Eisenhardt, Kurth, Stiehl)
Kapitel «Abstraktion und Wirklichkeit» (Eisenhardt, Kurth, Stiehl):
Abschnitt «Abstraktion und Wissenschaft» (Kurth; mit einem Beitrag von Eisenhardt)
Abschnitt «Sein oder Nichtsein» (Kurth; mit einem Beitrag von Eisenhardt und einem Beitrag von Stiehl)
Abschnitt «Naturgesetz und Erscheinung» (Stiehl)
Abschnitt «Wissenschaft und Wirklichkeit» (Eisenhardt)
Abschnitt «Die Grenzen der wissenschaftlichen Begriffsbildung» (Eisenhardt)
Abschnitt «Identität und Differenz» (Eisenhardt)
Kapitel «Statik und Dynamik» (Eisenhardt, Kurth, Stiehl):
Abschnitt «Form und Zeit» (Eisenhardt, Kurth)
Abschnitt «Modell und Wirklichkeit» (Eisenhardt)
Abschnitt «Diskretum und Kontinuum» (Stiehl)
Abschnitt «Die Paradoxa der Bewegung und der Emergenz» (Eisenhardt; mit Beiträgen von Kurth)
Kapitel «Dimension und Emergenz» (Eisenhardt, Kurth):
Abschnitt «Emergenz und Form» (Eisenhardt, Kurth)
Abschnitt «Die Grenzen der Katastrophentheorie und der Synergetik» (Eisenhardt; mit einem Beitrag von Kurth)
Abschnitt «Emergenz und strukturelle Stabilität» (Eisenhardt, Kurth)
Abschnitt «Emergenz und fraktale Bewegung» (Eisenhardt, Kurth)
Kapitel «Traditionelle und kritische Ökologie» (Eisenhardt, Kurth):
Abschnitt «Zwei Begriffe von ‹Ökologie›» (Kurth)
Abschnitt «Traditionelle Ökologie und Wissenschaft» (Kurth)
Abschnitt «Kritische Ökologie» (Kurth)
Abschnitt «Ökologie und Mythos» (Kurth; mit einem Beitrag von Eisenhardt)
Abschnitt «Das kosmische Bild» (Kurth)
Kapitel «Über die Bewegung» (Eisenhardt)
Nachwort (Eisenhardt, Kurth, Stiehl)
Glossar (Eisenhardt, Stiehl)

Glossar

ABBILDUNG: Eine Abbildung einer Menge A von Gegenständen (Vorbereich) in eine Menge B von Gegenständen (Nachbereich) ist eine Vorschrift, die *jedem* Element von A genau *ein* Element von B zuordnet. Die Abbildung heißt «auf» und nicht «in», wenn *alle* Elemente von B berücksichtigt werden. Beispiel: Abbildung einer Menge A von Schülern auf eine Menge B von Stühlen. *Jedem* Schüler ist *ein* Stuhl zugeordnet; keinem Schüler sind zwei, drei oder mehr Stühle zugeordnet, aber es ist möglich, daß mehrere Schüler nur einem Stuhl zugeordnet sind. Alle Schüler der Menge A sind berücksichtigt; wenn alle Stühle berücksichtigt sind, heißt die Abbildung «auf», wenn nicht, «in» B.

ABSTRAKTION: Begriffsbildung beziehungsweise Bildung einer →Äquivalenzklasse. Ein Begriff (zum Beispiel «Stuhl») wird gebildet durch Absehen von allen unwesentlichen Eigenschaften der in Betracht kommenden Gegenstände (zum Beispiel, ob Stühle vier oder drei Beine, ob sie aus Holz oder Metall sind usw.). Nur die gemeinsamen (wesentlichen) Eigenschaften werden «herausgezogen» (lateinisch: *abstrahere*): Struktur, die zum Sitzen geeignet ist, stabiles Material usw. Alle Stühle sind gleichartig bezüglich dieser wesentlichen Eigenschaften, welche die Klasse aller Stühle bestimmen.

ANFANGSBEDINGUNGEN: In der Physik die Werte der Beschreibungsgrößen, bevor man das System «laufen» läßt, zum Beispiel der Ort eines Pendels, bevor man es zum Schwingen bringt (→Randbedingungen).

ÄQUIVALENZKLASSE: Klasseneinteilung einer Menge von Objekten, die mindestens bezüglich einer Eigenschaft gleich sind, zum Beispiel alle Geraden, die parallel sind. Die Äquivalenzeigenschaft ist hier die Parallelität.

ATOMISTEN: Philosophische Schulrichtung. Wichtige Vertreter: Demokrit (460–371) und Leukipp (um 460 v. Chr.). Vertraten die Auffassung, die Welt sei aus kleinsten, unteilbaren Bausteinen – den Atomen – zusammengesetzt (→Diskretheit).

AUTOMATEN: Erdachte oder auch realisierte Maschinen, die einen Input mittels Zuständen, die durch ihren inneren Aufbau bedingt sind, in einen Output transformieren.

AUTOMATENTHEORIE: Mathematische Theorie, die sich mit der Konstruktion und den Eigenschaften abstrakter Automaten befaßt. Diese können →deterministisch oder stochastisch, das heißt zufallsbedingt, sein.

AXIOME: Unbegründete Voraussetzungen und Annahmen einer →Theorie.

Aus ihnen werden zentrale Sätze (Theoreme) einer Theorie abgeleitet und damit begründet.

BIFURKATION: Verzweigung im Verhalten eines Systems. Beispiel: Eine Kugel, die man auf ein hochkant gestelltes Lineal legt, wird entweder rechts oder links herunterfallen. Den Punkt, an dem sich diese Gabelung vollzieht, nennt man Bifurkationspunkt.

CHAOS: Ein →deterministisches System ist chaotisch, wenn eine beliebig kleine Änderung der →Anfangsbedingungen (Ursachen) zu qualitativ völlig anderen Ergebnissen (Wirkungen) führt. Eine sich drehende Münze ist ein einfaches chaotisches System: Jede winzige Änderung des Anschnippens führt entweder zu Kopf oder Zahl. Diese Systeme sind anfangsbedingungssensitiv, so daß auch Systemteile, die am Anfang beliebig nahe zusammen sind, nach endlicher Zeit beliebig weit voneinander entfernt sein können. Das starke Kausalitätsprinzip ist nicht erfüllt (→Kausalität; →Determinismus).

DARSTELLUNGSRAUM: Abstrakter, manchmal hochdimensionaler Raum, in dem ein Systemverlauf dargestellt wird. Die das System charakterisierenden physikalischen, chemischen etc. Größen werden auf den Raumachsen (Koordinaten) aufgetragen, sodann wird das Verhalten eines Punktes oder einer Fläche im D. betrachtet. Zum Beispiel erhält man den (zweidimensionalen) Phasenraum, wenn man auf der x-Achse den Ort und auf der y-Achse den Impuls aufträgt.

DETERMINISMUS: Deterministische→ Gesetze nehmen die präzise Vorausberechenbarkeit und vollständige Bestimmtheit von einzelnen Zustandsgrößen an, wie zum Beispiel für den Ort und Impuls eines Teilchens. Es gehen keine Wahrscheinlichkeitsverteilungen in die Formulierung deterministischer Gesetze ein.

DIFFERENTIALTOPOLOGIE: Mathematische Theorie, die topologische Räume zum Gegenstand haben, die differenzierbar sind, das heißt die wenige oder keine inhärent verborgenen Brüche oder Knicke aufweisen (→Topologie).

DIMENSION: Ausdehnung einer Form. Ein Punkt kann nicht zerteilt werden und hat die Dimension Null (keine Ausdehnung, nur eine Lage). Ein Punkt zerteilt eine Kurve, sie hat daher die Dimension 1, eine Kurve zerteilt eine Fläche – diese hat somit die nächsthöhere Dimension, nämlich 2. Eine Fläche kann einen Körper der Dimension 3 zerteilen. Es sind mathematisch auch Ausdehnungen möglich, die nur von einem Körper zerteilt werden usw. (→Fraktale).

DISKRETHEIT: Eine aus einzelnen, identifizierbaren letzten Teilen bestehende Struktur, im Gegensatz zu einer kontinuierlichen Struktur, die unendlich teilbar ist, nennt man diskret (→Kontinuum; →Atomismus).

EIGENZEIT: Die interne Zeit eines Systems im Gegensatz zur externen Koordinatenzeit. Die E. wird durch die Aufeinanderfolge interner Systemzustände so gemessen, daß man jedem Zustand eine Zahl zuordnet und damit eine →Abbildung verschiedener Zustände aufeinander konstruiert. Das interne Alter hängt dann von der Abbildungsvorschrift ab; zum Beispiel kann ein

Zustand mit höherer Zahl älter sein als einer mit niedrigerer. Jeder Organismus hat eine E., die seinen autonomen inneren Rhythmus repräsentiert, sein internes periodisches Verhalten (→Automaten).

ELEATEN: Griechische Philosophenschule um 500 v. Chr. Wichtigste Vertreter: Xenophanes, Parmenides, Zenon aus Elea. Vertraten die ontologische Position, das Sein sei unveränderlich und unteilbar. Zenon zog speziell den Schluß, daß Bewegung unmöglich sei, und stellte seine berühmten →Paradoxien auf.

EMERGENZ: Auftauchen, Zum-Vorschein-Kommen (lateinisch: *emergere*) einer neuen, wesentlich kennzeichnenden Eigenschaft eines Systems. Diese Eigenschaft entsteht im Zeitverlauf der Änderung eines Systems (etwa durch Erhöhung einer äußeren Wirkungsgröße, durch Vergrößerung des Systems oder auch durch →Fluktuationen). Zum Beispiel bildet Wasser Blasen und verdampft (neue Eigenschaft), wenn die Temperatur (äußere Wirkungsgröße) erhöht wird. Die E. wird durch einen kritischen Punkt (→Singularität; →Bifurkation), hier 100 °C bei normalem Druck, angezeigt, der den alten Vorzustand, der die neue Eigenschaft noch nicht zeigt, vom neuen Nachzustand trennt, wobei dieser durch →Wechselwirkung im Vorzustand und des Vorzustandes mit seiner Umgebung entstanden ist. Der Nachzustand ist nicht auf den Vorzustand reduzierbar.

ERHALTUNGSSÄTZE: Aussagen der Physik, die behaupten, daß bestimmte Beschreibungsgrößen oder Variablen (zum Beispiel Impuls, Energie) sich im allgemeinen nicht verändern, wie auch immer die →Randbedingungen und →Anfangsbedingungen eines physikalischen Vorgangs beschaffen sind. E. gelten nur für ein →System, das korrekt vom Co-System abgegrenzt wurde (→Invarianz).

FLUKTUATION: Zufallsschwankung. Zufällige Abweichungen einer Größe von ihrem wahrscheinlichsten Wert oder Mittelwert.

FRAKTALE: Formen, die eine nicht ganzzahlige, das heißt eine gebrochene →Dimension aufweisen. So ist ein Fraktal zum Beispiel ein Gebilde zwischen einer Linie und einer Fläche.

FREIHEITSGRAD: In der Mechanik die Bewegungsmöglichkeit eines Körpers, die unabhängig von anderen Bewegungsmöglichkeiten betrachtet werden kann, zum Beispiel Drehbewegung und – unabhängig davon – gleichzeitige gradlinige Fortbewegung. Die Zahl der Freiheitsgrade wird durch die Anzahl der unabhängigen Koordinaten festgelegt, die für die Bestimmung der Lage des Systems notwendig sind.

GESETZ: Universelle Regelmäßigkeit im Gegenstandsbereich einer →Theorie. Mit Hilfe von Gesetzesaussagen gelingt es, Phänomene vorherzusagen und ihre Tiefenstruktur zu beschreiben.

HOLISMUS: Metaphysische Annahme, daß die Welt eine analytisch nicht trennbare Ganzheit ist, in der alles mit allem instantan zusammenwirkt.

INFINITESIMALRECHNUNG: Kontinuumsmathematik (→Kontinuum; →Diskretheit). Sie rechnet mit «unendlich kleinen Größen», die sie jedoch nicht einfach als solche setzt, sondern die sie mit Hilfe von Funktionenfolgen «anstreben» läßt. Diese Folgen von Funktionen (→Abbildung: wenn A der Vorbereich und B der Nachbereich, dann ist B Funktion von A) nähern sich in ihrer immer kleineren Verschachtelung (Folge) einer Größe, «erreichen» sie jedoch nie. Wenn man eine «unendlich kleine Größe» erfolgreich mit einer Funktionenfolge anstreben kann, hat man die diese Folge charakterisierende Funktion an der Stelle der «unendlich kleinen Größe» *abgeleitet*. Größenänderungen geschehen in der I. kontinuierlich, nicht →diskret.

INTERFERENZ: Überlagerung von zwei oder mehreren Wellen, die zu einer räumlich verschiedenen Intensitätsverteilung führt. Verstärkung oder Auslöschung der Wellen sind im Extremfall möglich.

INVARIANZ: Unveränderlichkeit von Größen bezüglich einer Operation. Zahlen sind invariant bezüglich der Addition von Null oder der Multiplikation mit Eins. Die Länge von Strecken ist invariant bezüglich einer Drehung des Koordinatensystems, in welchem sie aufgetragen sind. Im allgemeinen ist eine Invariante eine Größe, die sich bei einer Transformation, das heißt bei einer Änderung von Größen, die mit der Invariante durch eine →Abbildung zusammenhängen, nicht ändert (→Erhaltungssätze; →Naturkonstanten).

ITERATION: Schrittweise Rückanwendung des immer selben Rechenvorgangs auf die von ihm jeweils berechneten Werte, wodurch eine Annäherung an einen bestimmten Wert durchgeführt wird, den man erreichen will.

KATASTROPHENTHEORIE: Topologische Theorie, die verschiedene Arten sprunghaft auftretender Instabilitäten (Katastrophen) von Systemen klassifiziert. Diese Katastrophen sind →Singularitäten von →Abbildungen eines topologischen Raumes auf einen anderen (→Topologie; →Bifurkation; →Stabilität).

KAUSALITÄT: Bedingungsverhältnis zwischen einer Ereignisklasse «Ursache» und einer Ereignisklasse «Wirkung», das aussagt: Wenn die Ursache nicht stattgefunden hätte, so hätte auch die Wirkung nicht stattgefunden. Universell ausgedrückt: «Alles, was geschieht, setzt etwas voraus, worauf es nach einer Regel folgt» (Kant). Im modernen Sprachgebrauch ersetzt man «Regel» durch «Gesetz». Das schwache Kausalitätsprinzip nimmt an, daß gleiche Ursachen gleiche Wirkungen haben, daß starke, daß ähnliche Ursachen ähnliche Wirkungen haben (→Gesetz).

KONFIDENZINTERVALL: In der Statistik das Vertrauensintervall, in dem man die Häufigkeit von Zufallsereignissen erwarten darf.

KONTINGENZ: Zufälligkeit. Ein kontingentes Phänomen ist nicht aus einer →Theorie ableitbar (→Gesetz).

KONTINUUM: →Mächtigkeit der reellen Zahlen. Die Zahlen, die man zum Beispiel durch einen nichtabbrechenden Dezimalbruch darstellen kann, sind so viele, daß man sie nicht abzählen, den natürlichen Zahlen eindeutig zuordnen (→Abbildung) kann. Von daher ist ein K. eine mathematische Struktur, die man nicht in Einzelelemente oder Punkte zerlegen kann. Die «Punkte» liegen so «gedrängt», daß man nicht auf sie zugreifen kann (→Diskretheit).

LINEAR: In einer linearen Funktion tauchen keine Exponenten (Hochzahlen) größer als zwei an den Variablen x (Element von A) und y (Element von B) auf (→Abbildung; →Infinitesimalrechnung). Der Graph einer linearen Funktion, das heißt ihre geometrische Darstellung in einem (kartesischen) Koordinatensystem, ist immer eine Gerade. Die Summe der Funktionsvariablen einer l-Funktion [$f(x+y)$] ist gleich der Summe der Funktionen der einzelnen Variablen [$f(x)+f(y)$]. Nichtlineare Funktionen sind alle, für welche die obigen Bedingungen präzise nicht gelten.

LOKAL: Lokale Aussagen sind solche, die auf die nähere Umgebung eines Ortes in einem Raum beschränkt sind, im Gegensatz zu globalen, das heißt für den gesamten Raum gültigen Aussagen.

MÄCHTIGKEIT: Anzahl der Elemente einer Menge.

MASSTHEORIE: Mathematische Theorie, die die geometrischen Begriffe der Länge, der Fläche und des Volumens, mit denen man die Ausdehnung und Größe geometrischer Formen messen kann, so verallgemeinert hat, daß man in der Lage ist, ganz abstrakt Funktionen und Inhalte von Mengen zu messen.

MATRIZEN: In der Mathematik rechteckige Zahlenanordnungen, mit denen man Operationen wie Addition, Multiplikation etc. durchführen kann, aber auch zusätzliche Operationen, die nicht für Zahlen erklärt sind.

MITTLERE PROPORTIONALE: Das geometrische Mittel aus zwei positiven Größen (Längen). Sie wird errechnet, indem man die zwei Größen multipliziert und aus dem Ergebnis die Quadratwurzel zieht.

MORPHOGENESE: Formentstehung, in der Biologie die Beschreibung der Entstehung von Formen des Organismus durch Zelldifferenzierung.

MODELL: Abbildung, die Wirklichkeit schematisch repräsentiert und als verbindendes Glied zwischen Theorie und Realität fungiert. Ein Modell ist somit einerseits «Stellvertreter» der Wirklichkeit, andererseits struktureller Teil einer Theorie.

NATURKONSTANTEN: Invariante, →kontingente Grundgrößen der Physik, auf deren Existenz letztlich jede Naturbeschreibung und Berechnung gegründet ist. Ein Beispiel ist die Lichtgeschwindigkeit, die nach der Relativitätstheorie nicht überschritten werden kann. Es ist möglich, daß bei Änderung anderer Größen Konstanten Variablen werden (→Invarianz).

ONTOLOGIE: Seinslehre. Die traditionelle Ontologie sucht nach allgemeinen und durchgehenden Eigenschaften der Wirklichkeit, zum Beispiel Form und Materie, Wesen und Erscheinung, Prozessualität etc. Diese brauchen selbst nichts gegenständlich Vorstellbares zu sein. In einem nichtmetaphysischen Sinn kann freilich nur eine wissenschaftliche Theorie bestimmen, was es alles gibt (zum Beispiel Elektronen, Quarks, weiße Zwerge, Butterblumen, Eifersucht, Funktionen, Dichter etc.) und was es alles nicht gibt (zum Beispiel den Äther, die Weltseele, echte Atome, Nessy, die größte Zahl, Geist ohne Körper, ewige Liebe etc.); zumindest in dieser wirklichen Welt. Daher bedeutet O. auch die Menge von Aussagen, die bestimmen, welchen Gegenstandsbereich eine Theorie als existierend voraussetzt.

OPERATIONALISMUS: Philosophische Lehre, welche Meßvorschriften und Anweisungen zum Bau von Meßinstrumenten und experimentellen Anordnungen als wesentlich für die Konstruktion der Wirklichkeit erachtet. Im radikalen Sinn *ist* ein Begriff eine Klasse von Meßoperationen. Auf jeden Fall muß für den O. völlig sichergestellt sein, daß man jederzeit darüber entscheiden kann, ob ein Begriff auf einen Gegenstand zutrifft oder nicht.

PARADOXIE: Ein Widerspruch, der aus einsichtig erscheinenden →Axiomen und korrekten Schlußregeln abgeleitet worden ist. Um eine Paradoxie zu vermeiden, muß man neue Begriffe einführen, Axiome fallenlassen oder den Gültigkeitsbereich von Schlußregeln und Definitionen begrenzen. Ein Beispiel für eine Paradoxie: *Dieser Satz ist falsch*. Ist er richtig, ist er falsch; ist er falsch, ist er richtig. Auflösung: Man muß «zitieren», das heißt, eine andere, übergeordnete Sprachebene einführen: Der Satz «Dieser Satz ist falsch» ist falsch.

POTENTIAL: Ein System unterliegt einem Potential, wenn es von einer Kraft zu einem bestimmten Punkt hin angezogen wird, wobei es gleichgültig ist, welchen Weg es nimmt. In der Physik ist ein Potential zum Beispiel eine Größe, die angibt, welche Arbeit ein Körper leisten kann, wenn er sich in einer bestimmten Höhe befindet. Die Kraft ist hier die Gravitation.

PRÄPARIERTE GESAMTHEIT: Klasse von Ereignissen oder Objekten, die nach einem für alle Objekte gemeinsamen Verfahren konstruiert worden sind und bezüglich der dieses Verfahren kennzeichnenden Operationseigenschaften äquivalent sind, zum Beispiel Elektronen aus einer Elektronenquelle (statistische Ereignisse), Zweimarkstücke aus einer Münzprägeanstalt (→Äquivalenzklasse; →Operationalismus).

PROZESSUALITÄT: Die Annahme, daß die Wirklichkeit sich permanent wesentlich ändert und nicht statisch durch Invarianten ausreichend beschrieben werden kann (→Invarianz).

PYTHAGORÄER: Griechische Philosophenschule (580–500) in Unteritalien, die sich im wesentlichen mit Mathematik und Astronomie befaßte. Die P. gingen von der Vorstellung aus, daß alles Erkennbare nur in Zahlen und Zahlenverhältnissen (Proportionen) ausdrückbar ist und daß letztlich alles, was ist, aus Zahlen und den Bestandteilen von Zahlen besteht.

QUANTENTHEORIE: Physikalische Theorie, die sich mit atomaren und molekularen Vorgängen befaßt und für diese Vorgänge einen kleinsten Wirkungsübertrag postuliert (→Diskretheit; →Wechselwirkung).

RANDBEDINGUNGEN: Physikalische Bedingungen, die vorschreiben, welche Werte ein System an seiner Grenze höchstens annehmen kann. Zum Beispiel ist die Auslenkung eines Trommelfells am Rand gleich Null (→Anfangsbedingungen).

SELBSTORGANISATION: Beim einfachsten Fall der Selbstorganisation betrachtet man den Anfangs- und Endzustand zweier Systeme, die man zu einem Gesamtsystem zusammenfaßt, wobei die *externe* Wirkung des einen Systems auf das andere als eine *interne* Wirkung des Gesamtsystems gesehen wird:

Dies ist der Übergang von der Fremdorganisation des einen Systems durch das andere zur Selbstorganisation des Gesamtsystems. Das Gesamtsystem hat in begrenztem Maße eine Umgebungsunabhängigkeit.

SINGULARITÄT: «Bruchstelle» im Verlauf einer mathematischen Funktion. Wenn ein Systemverlauf mathematisch dargestellt wird, zeigt die Singularität die abrupte qualitative Änderung des Systems an (→Bifurkation; →Katastrophentheorie; →Emergenz).

STABILITÄT: Ein System heißt stabil, wenn es bei einer Störung nach kurzer Abweichung von seinem Anfangszustand wieder in diesen zurückkehrt.

SYNERGETIK: Selbstorganisationstheorie komplexer Systeme, welche die Entstehung und Struktur einer neuen Eigenschaft eines Systems durch Zusammenwirken (griechisch: *synergein*) vieler gleichartiger Untersysteme beschreibt.

SYSTEM: Geordnete Menge irgendwelcher Gegenstände oder Ereignisse, die mindestens ein Co-System hat, das heißt sich von einer Umgebung, die wieder ein System ist, abgrenzt.

THEORIE: Menge von Gesetzesaussagen und Modellen über die Struktur eines Gegenstandsbereiches. Dieser Gegenstandsbereich ist abstrakt, kann aber durch zunehmende Verfeinerung der Theorie konkretisiert werden. So macht die Physik keine Aussagen über wirklich an sich seiende Elektronen, sondern über abstrakte Gegenstände, die eine bestimmte Masse, Ladung etc. haben und bestimmten Gesetzen (elektromagnetische Wechselwirkung) gehorchen (→Gesetz; →Ontologie; →Modell).

TOPOLOGIE: Mathematische Theorie, welche die →Äquivalenzklassen von Formen in beliebiger ganzzahliger Dimension beschreibt, die sich ohne Risse oder Brüche ineinander überführen lassen. So sind ein Würfel, eine Kugel und ein Zylinder topologisch äquivalent, ein Torus (ringförmiges Gebilde), eine Tasse mit einem Henkel und ein Faß ohne Boden ebenfalls. Die ersteren sind aber nicht mit den letzteren topologisch äquivalent. Die Topologie konstruiert ihren topologischen Raum dadurch, daß sie für einen Punkt Umgebungen annimmt und für diese Umgebungen Axiome formuliert.

VORSOKRATIKER: Die ersten Philosophen und Theoretiker in unserem Sinne. Um 600 v. Chr. postulierten sie eine nur theoretisch erfaßbare Tiefenstruktur der Welt (Wasser, Geist, Unbegrenztes), die sie *archē*, ersten Grund, nannten. Sie führten als erste den Beweis in die Mathematik ein. Wichtige Vertreter sind Thales, Anaxagoras, Anaximenes, Heraklit.

WECHSELWIRKUNG: Grundlegende Größe in der Physik, speziell der →Quantentheorie, die den Austausch von *Energie* in einer bestimmten *Zeit* beschreibt. Sie ist mit einer Informationsänderung verbunden. Wirkungen werden immer →diskret übertragen; wirkende Systeme spüren ihren Effekt wechselseitig, das heißt, A wirkt auf B und B auf A.

Bibliographie

Adler, Robert J.: The Geometry of Random Fields. Chichester/New York 1982.

Aristoteles: Physikvorlesung. Berlin 1967.

Ders.: Über den Himmel/Vom Werden und Vergehen. Paderborn 1958.

Augustinus, Aurelius: Confessiones – Bekenntnisse. München 1966.

Billingsley, Peter: Ergodic Theory and Information. New York 1965.

Börner, Manfred: Quantelung der Zeit und Quantenmechanik. *Zeitschrift f. Naturf.* 40 a, 1985.

Brockhaus Enzyklopädie, Band 10. Wiesbaden 1970.

Burton, Robert et al.: Evolution und Ökologie. München 1986.

Buzzati, Dino: Das Haus mit den sieben Stockwerken. Frankfurt/Berlin 1986.

Cantor, Georg: Siehe Meschkowski 1974.

Capelle, Wilhelm: Die Vorsokratiker. Stuttgart 1968.

Capra, Fritjof: Das Tao der Physik. Bern/München/Wien 1983.

Couturat, Louis: Opuscules et fragments inédites de Leibniz. Paris 1903.

Davis, Philip J.; Hersh, Reuben: Erfahrung Mathematik. Basel/Boston/Stuttgart 1985.

Diels, Hermann; Kranz, Walter: Die Fragmente der Vorsokratiker, Band 1. Berlin 1961.

Döring, Werner: Naturwissenschaftliche und historische Weltbetrachtung. *Universitas*, 14. Jg., Heft 9, 1959.

Einstein, Albert; Podolsky, Boris; Rosen, Nathan: Can Quantum-Mechanical Description of Physical Reality Be Considered Complete? *Phys. Rev.* 47, 15. Mai 1935.

Eisenhardt, Peter; Kurth, Dan: Aufriß einer Theorie der Emergenz. In: Walter Saltzer (Hg.): Einheit der Naturwissenschaften aus historischer und inhärent-systematischer Sicht. Darmstadt 1988.

d'Espagnat, Bernard: Quantentheorie und Realität. *Spektrum der Wissenschaft* 1/1980.

Euklid: Die Elemente. Darmstadt 1969.

Exner, Franz: Vorlesungen über die physikalischen Grundlagen der Naturwissenschaften. Leipzig/Wien 1922.

Ferber, Rafael: Zenons Paradoxien der Bewegung und die Struktur von Raum und Zeit. München 1981.

Frankfurter Allgemeine Zeitung: Natur und Wissenschaft, 17.4.1985.

Fraser, Julius T.: The Genesis and Evolution of Time. Brighton 1982.

Goldblatt, Robert: Topoi: The Categorical Analysis of Logic. Amsterdam/New York/Oxford 1979.
Grünbaum, Adolf: Modern Science and Zeno's Paradoxes. London 1967.
Haken, Hermann: Synergetik. Berlin/Heidelberg/New York/Tokio 1973.
Ders. (Hg.): Chaos and Order in Nature. Berlin/Heidelberg/New York 1981.
Hausdorff, Felix: Dimension und äußeres Maß. *Math. Ann.* 79, 1919.
Hawking, Stephen W.: A Brief History of Time. Toronto/New York/London 1988.
Heisenberg, Werner: Harmonie der Materie. Ein Gespräch mit Werner Heisenberg. In: Gesammelte Werke (GW). München/Zürich 1984.
Ders.: Die Kopenhagener Deutung der Quantentheorie. In: GW.
Ders.: Die Rolle der phänomenologischen Theorien im System der theoretischen Physik. In: GW.
Ders.: Manuskript zum Vortrag in Dubrovnik 1974.
Heraklit: Siehe Diels; Kranz 1961.
Heuser-Keßler, Marie-Luise: Die Produktivität der Natur. Berlin 1986.
Hölderlin, Friedrich: Sämtliche Werke, Bd. 2, 1. Stuttgart 1951.
Krüger, Franz R.; Eisenhardt, Peter; Kurth, Dan; Stiehl, Horst: Physik und Evolution. Berlin/Hamburg 1984.
Lao Tse: Tao Te King. Stuttgart 1979.
Leibniz, Gottfried Wilhelm: Siehe Couturat 1903.
Lem, Stanislaw: Nacht und Schimmel. Frankfurt 1978.
Lin Yutang (Hg.): Die Weisheit des Lao Tse. Frankfurt 1986.
Mach, Ernst: Die Mechanik, historisch-kritisch dargestellt. Darmstadt 1976.
Mandelbrot, Benoit: Die fraktale Geometrie der Natur. Basel/Boston 1987.
Maturana, Humberto R.; Varela, Francisco J.: Der Baum der Erkenntnis. Bern/München 1987.
Mauthner, Fritz: Wörterbuch der Philosophie. 2 Bde. Zürich 1980.
Meißner, Bruno: Babylonien und Assyrien, Bd. 2. Heidelberg 1925.
Mende, Werner; Peschel, Manfred: Structure-building Phenomena in Systems with Powerproduct Forces. In: Hermann Haken (Hg.): Chaos and Order in Nature.
Meschkowski, Herbert (Hg.): Das Problem des Unendlichen. München 1974.
Ders.: Was wir wirklich wissen. München/Zürich 1984.
Minsky, Marvin: Cellular Vacuum. *Intern. J. Theor. Phys.* 21, Nr. 6/7, 1982.
Monod, Jacques: Zufall und Notwendigkeit. München 1971.
Müller, A. M. Klaus: Über philosophischen Umgang mit exakter Forschung und seine Notwendigkeit. In: A. M. Klaus Müller, Wolfhard Pannenberg (Hg.): Erwägungen zu einer Theologie der Natur. Gütersloh 1970.
Parmenides: Siehe Diels; Kranz 1961.
Popper, Karl R.: Objektive Erkenntnis. Hamburg 1973.
Prigogine, Ilya: Vom Sein zum Werden. München/Zürich 1985.
Richter, Otto: Simulation des Verhaltens ökologischer Systeme. Mathematische Methoden und Modelle. Weinheim 1985.

Robbe-Grillet, Alain: Der wiederkehrende Spiegel. Frankfurt 1986.

de Sahagún, Bernardino: Universalgeschichte und Beschreibung aller Dinge von Neu-Spanien (Original 1552), deutsch 7. und 11. Buch. *Kursbuch* 5, Mai 1967.

Schmidt, Siegfried (Hg.): Der Diskurs des Radikalen Konstruktivismus. Frankfurt 1987.

Schopenhauer, Arthur: Die Welt als Wille und Vorstellung. Darmstadt 1968.

Schrödinger, Erwin: Die Besonderheit des Weltbildes der Naturwissenschaft. In: Ders. (Hg.): Was ist ein Naturgesetz? München/Wien 1962.

Selleri, Franco: Die Debatte um die Quantentheorie. Braunschweig/Wiesbaden 1984.

Sorel, Georges: Über die Gewalt. Frankfurt 1969.

Stegmüller, Wolfgang: Probleme und Resultate der Wissenschaftstheorie und Analytischen Philosophie, Bd. 4. Berlin/Heidelberg/New York 1973.

Sussmann, Hector J.: Catastrophe Theory. *Synthese* 31, 1975.

Thales: siehe Diels; Kranz 1961.

Thom, René: Structural Stability and Morphogenesis. Reading (Mass.) 1975.

Thomson, d'Arcy Wentworth: siehe Haken (Hg.), Chaos and Order in Nature.

Vester, Frederic: Neuland des Denkens. Stuttgart 1981.

Waddington, C. H.: Der gegenwärtige Stand der Evolutionstheorie. In: Arthur Koestler, J. R. Smythies (Hg.): Das neue Menschenbild. Wien/München/Zürich 1970.

Wheeler, John A.: The Computer and the Universe. *Intern. J. Theor. Phys.* 21, Nr. 6/7, 1982.

Windelband, Wilhelm: Geschichte und Naturwissenschaft. In: Ders. (Hg.): Präludien. Tübingen 1907.

Zenon: Siehe Ferber 1981.

Zeigler, Bernard P.: Discrete Event Models for Cell Space Simulation. *Intern. J. Theor. Phys.*, 21, Nr. 6/7, 1982.

Zuse, Konrad: The Computing Universe. *Intern. J. Theor. Phys.*, 21, Nr. 6/7, 1982.

Literatur zum Nachwort

Bak, Per; Chen, Kan: Selbstorganisierte Kritizität. *Spektrum der Wissenschaft*, März 1991.

Cohen, Jack; Stewart, Ian: Chaos – Antichaos. Ein Ausblick auf die Wissenschaft des 21. Jahrhunderts. Berlin 1994.

Eisenhardt, Peter; Kurth, Dan; Stiehl, Horst: Aufriß einer Theorie der Emergenz. In: Walter Saltzer (Hg.): Zur Einheit der Naturwissenschaften in Geschichte und Gegenwart. Darmstadt 1990.

Eisenhardt, Peter; Kurth, Dan: Emergenz und Dynamik. Cuxhaven 1993.

Haken, Hermann: Synergetik – eine interdisziplinäre Theorie der Selbstorganisation. Akten des 13. Internationalen Wittgenstein Symposions, Wien 1989.

Ders.: Synergetik als Strategie zur Behandlung komplexer Systeme. Vortrag im Rahmen der Vorlesungsreihe «Chaos – ein Dialog zwischen den Wissenschaften», Johann Wolfgang Goethe-Universität, Frankfurt a. M., Wintersemester 1994/95.

Haken, Hermann; Wunderlin, Arne: Die Selbststrukturierung der Materie. Synergetik in der unbelebten Welt. Braunschweig 1991.

Kratky, Karl; Wallner, Friedrich (Hg.): Grundprinzipien der Selbstorganisation. Darmstadt 1990.

Lewin, Roger: Die Komplexitätstheorie. Wissenschaft nach der Chaosforschung. Hamburg 1993.

Paslack, Rainer: Urgeschichte der Selbstorganisation. Braunschweig/Wiesbaden 1991.

Waldrop, M. Mitchell: Inseln im Chaos. Die Erforschung komplexer Systeme. Reinbek 1993.

Zurek, Wojciech (Hg.): Complexity, Entropy, and the Physics of Information. Santa Fe Institute Studies in the Sciences of Complexity 8. Redwood City 1990.

Register

science

Angelika Anders-von Ahlften/
Jürgen Altheide
Laser - das andere Licht
(rororo science 9664)
Erhältlich ab August '94.
Laser - das andere Licht: Was ist das? Wie funktioniert es? Was kann man damit machen? Immer mehr Menschen haben mit dieser wichtigen technischen Neuerung zu tun: in der Meß- und Informationstechnik, in Labors und Fabrikhallen, in medizinischen wie in künstlerischen Berufen.

John D. Barrow
Theorien für Alles
Die Suche nach der Weltformel
(rororo science 9534)
Erhältlich ab September '94.
«Alles» ist ein großes Wort. Gibt es eine Theorie, in der alle Naturkräfte und -gesetze vereinigt sind und die das Weltgeschehen vom Anfang bis zum Ende erklären kann? Das ist die zentrale Frage der Naturwissenschaft. Schon Sokrates geriet bei diesem Gedanken ins Schwärmen - und Ende des 20. Jahrhunderts zeigen sich Wissenschaftler wie Stephen W. Hawking zuversichtlich: «Es ist möglich, daß uns eines Tages der Durchbruch zu einer vollständigen Theorie des Universums gelingt.»

Adrian Desmond/James Moore
Darwin
(rororo science 9574)
Erhältlich ab Mai '94.
Als «erste wirkliche Darwin-Biographie» würdigte die britische Presse dieses Werk, das in weiten Teilen erst seit wenigen Jahren zugängliches Material auswertet: die umfangreichen geheimen Tagebücher und die 14.000 Briefe umfassende Korrespondenz. «Desmond und Moore haben aus dieser Fundgrube ein Darwin-Bild von bislang nicht denkbarer Lebensnähe rekonstruiert», schreibt Peter Brügge in seiner *Spiegel*-Rezension.

rororo sachbuch

Gaby Miketta
Netzwerk Mensch
Den Verbindungen von Körper und Seele auf der Spur
(Rororo science 9662)
Erhältlich ab Oktober '94.
Der Mensch als Netzwerk: Wie wir uns fühlen, wie wir mit Belastungen fertig werden, wie anfällig wir für Erkrankungen sind - all das hängt mit der stetigen Wechselwirkung von Nerven-, Hormon- und Immunsystem zusammen, dem Forschungsfeld der neuen Wissenschaft «Psychoneuroimmunologie».

3414/5a

Stephen W. Hawking

Ein «Jahrhundertgenie wie Albert Einstein»(*Der Spiegel)*, ein Wissenschaftler, der der Weltformel auf der Spur ist, ein Mann, der entgegen allen Prognosen der Ärzte seit zwanzig Jahren mit einer unheilbaren tödlichen Nervenerkrankung lebt, kurz ein Mythos - **Stehen W. Hawking**,1942 geboren, Physiker und Mathematiker an der Universität Cambridge, seit 1979 Nachfolger Newtons auf dem berühmten «Lukasischen Lehrstuhl» und der wohl bekannteste Wissenschaftler unserer Zeit.

Eine kurze Geschichte der Zeit
Die Suche nach der Urkraft des Universums
(rororo science 8850 und als gebundene Ausgabe)
Der Bestseller, der Hawking weltberühmt machte.
«Eine rasante Geisterbahnfahrt durch das Labyrinth kosmologischer Denkmodelle.»
Der Spiegel

Einsteins Traum *Expeditionen an die Grenzen der Raumzeit*
(192 Seiten. Gebunden)

Stephen W. Hawking (Hg.)
Stephen Hawkings Kurze Geschichte der Zeit
Ein Wissenschaftler und sein Werk
(224 Seiten mit zahlreichen Abbildungen. Gebunden)

Über Stephen W.Hawking:

John Boslough
Jenseits des Ereignishorizonts
Stephen Hawkings Universum
(176 Seiten. Gebunden)

Michael White/John Gribbin
Stephen Hawking *Die Biographie*
(rororo science 9528)

rororo sachbuch

Ein Gesamtverzeichnis aller lieferbaren Bücher und Taschenbücher der Rowohlt Verlage und des Wunderlich Verlags finden Sie in der *Rowohlt Revue*. Jedes Viereljahr neu. Kostenlos in Ihrer Buchhandlung.

3504/3a

James Trefil

Physik im Strandkorb *Von Wasser, Wind und Wellen*
Deutsch von Helmut Mennicken
Mit Illustrationen von Gloria Walters
(rororo science 9683 - erhältlich ab Juli '94 - und als gebundene Ausgabe im Wunderlich Verlag)
Wie kommt das Salz ins Meer? Warum gibt es Ebbe und Flut? Wieso rollen die Wellen immer parallel auf den Strand zu?
«Ein herrlicher Ausflug vom Strand bis ans Ende des Sonnensystems.»
The New York Times

Physik in der Berghütte *Von Gipfeln, Gletschern und Gestein*
Deutsch von Helmut Mennicken
(rororo science 9382 und als gebundene Ausgabe im Wunderlich Verlag)
James Trefils Streifzüge durchs Gebirge sind keine schweißtreibenden Kletterpartien, sondern lustvolle Gedankenreisen: von Felsmassiven zur Geschichte der Erde, vom sprudelnden Gebirgsbach zu Strömungslehre und Chaostheorie, vom Drehwuchs der Bäume zum Ursprung des Lebens.
«Trefil ist einer der wenigen Wissenschaftler, die dem Leser nicht nur die wissenschaftlichen Sachverhalte, sondern auch den Spaß daran vermitteln.»
Los Angeles Times

Wunderlich und rororo

1000 Rätsel der Natur
Deutsch von Helmut Mennicken
(als gebundene Ausgabe im Wunderlich Verlag)
In lebendiger Sprache werden die Grundlagen der Biologie, der Physik, der Geologie und Astronomie dargestellt. Wir erfahren aber auch, was der Daumen des Panda-Bären evolutionsgeschichtlich bedeutet, warum wir alt werden, warum Blumen einst für das Dinosaurier-Sterben verantwortlich gemacht worden sind und was Computerviren mit Krankheitserregern gemeinsam haben.

Fünf Gründe, warum es die Welt nicht geben kann *Die Astrophysik der Dunklen Materie*
(rororo science 9313)